Martin Kramer

Mathematik als Abenteuer

Band II: Algebra und Vektorrechnung

Klett | Kallmeyer

Dr. phil. Martin Kramer ist Vater, Theaterpädagoge (Bundesverband Theaterpädagogik) und hat eine Zusatzausbildung in Kommunikationspsychologie (Schulz von Thun Institut). 2015 hat er für sein Engagement zu handlungs- und erlebnisorientierter Didaktik den Robert-Boyle-Preis erhalten. Er hat über "Begreifen durch Begreifen" promoviert, über 20 Bücher zu gelingendem Unterricht und viele Unterrichtsmaterialien publiziert. Zusammen mit der Abteilung Didaktik des Swiss Science Center Technorama entwickelte er den Lehrgang *"Unterricht als Abenteuer"*. Aktuell unterrichtet er Mathematik und Physik an einem Gymnasium in Tübingen. Informationen zum Konzept „Unterricht als Abenteuer", zu erlebnisorientierten Lehrerfortbildungen, interaktiven Vorträgen und Publikationen unter www.unterricht-als-abenteuer.de

Bibliografische Information der Deutschen Nationalbibliothek
Die Deutsche Nationalbibliothek verzeichnet diese Publikation in der Deutschen Nationalbibliografie; detaillierte bibliografische Daten sind im Internet über http://dnb.d-nb.de abrufbar.

Impressum

Martin Kramer
Mathematik als Abenteuer
Band II: Algebra und Vektorrechnung

6. Auflage

Redaktion: Gesine Bechtloff, Tiefenbronn
Fotos: Martin Kramer, Tübingen
Realisation: Bernd Burkart, Weinstadt-Baach
Druck: Offsetdruckerei KOPA, Litauen
Printed in Europe

ISBN: 978-3-7727-1004-9

Martin Kramer

Mathematik als Abenteuer

Band II: Algebra und Vektorrechnung

Erleben wird zur Grundlage des Unterrichtens

Klett | Kallmeyer

„Das brauche ich nicht zu lernen,
das habe ich erlebt!"

Für Jim

Inhaltsverzeichnis

Geleitwort von Prof. Dr. Dr. h.c. Albrecht Beutelspacher

(Gründer und Leiter des Mathematikums in Gießen)

Was an diesem Buch sofort auffällt, ist seine Lebendigkeit. Es erzählt aus dem Leben der Schule, ist mit jugendlichem Schwung und großer Begeisterung geschrieben und möchte diese Begeisterung weitertragen. Wenn man das Buch irgendwo aufschlägt, bleibt man sofort hängen und liest sich fest.

Die zahlreichen Vorschläge haben immer den Lernprozess der Schüler im Blick, sie aktivieren die Schülerinnen und Schüler und beziehen sie häufig als Personen mit ein. Bei manchen Bildern könnte man sich fragen, ob diese aus einem Mathematikunterricht stammen oder ob die Kinder „nur spielen“. Es wird überzeugend dargelegt, dass die Kinder etwas erleben, und zwar Mathematik, noch genauer: Sie erleben Erkenntnisprozesse und -momente, die zentral mit mathematischen Vorstellungen zu tun haben. Es kann kein Zweifel herrschen, dass dieser konsequent konstruktivistische Ansatz große Nachhaltigkeit bewirkt: Schülerinnen und Schüler werden sich lange an einen solchen Mathematikunterricht erinnern.

Das Besondere an dem Ansatz von Martin Kramer scheint mir zu sein, dass er diesen Konstruktivismus auch den Lehrerinnen und Lehrern zumutet. Dieses Buch ist weder eine Sammlung fertiger Unterrichtsentwürfe mit Erfolgsgarantie noch ein didaktisches Lehrbuch und auch keine fachmathematische Abhandlung, obwohl es von allem etwas hat. Nein, dieses Buch möchte durch die mit spürbarer Begeisterung vorgestellten Beispiele, durch die klaren didaktischen Bewertungen und die vielen spitzen Bemerkungen zwischendurch Lehrerinnen und Lehrer anregen, stimulieren, ja: verführen, sich ebenfalls auf den Weg zu machen und Mathematik als Abenteuer zu sehen und zu wagen.

Also: Lassen Sie sich anregen, suchen Sie sich ein Thema aus, das Sie anspricht, überlegen Sie, wie Sie das bei sich umsetzen können, machen Sie es ein bisschen anders.

Das ist nicht nur für die Schülerinnen und Schüler, sondern auch für Sie ein Abenteuer. Sicher werden Situationen eintreten, die Sie nicht vorhergesehen haben, aber vertrauen Sie darauf, dass nicht nur den Schülerinnen und Schülern, sondern auch Ihnen in der jeweiligen Situation das Richtige einfällt. Mathematik als Abenteuer ist ein Weg, für den man Mut braucht, der manchmal anstrengend ist, der sich aber garantiert lohnt: für die Schülerinnen und Schüler und für Sie!

Gießen, im April 2014
Albrecht Beutelspacher

Vorwort zum zweiten Band

In „Mathematik als Abenteuer“ geht es um Theaterpädagogik, Gestaltpsychologie, Kommunikation, um Gruppe und Individuum, um Neurodidaktik, um Gruppendynamik, um das Anleiten von Gruppen, um den Umgang mit Material und um Rollenverständnis. Das sind sehr wichtige Dinge für die Gestaltung einer lebendigen Lernumgebung. Und trotzdem möchte ich Sie bitten, die Gedanken und Strukturen spielerisch zu begreifen und anzuwenden. „Spielerisch“, nicht „oberflächlich“. Ich wollte kein neues System entwerfen, sondern möchte den Leser ermuntern, selbst Abenteurer zu werden.
Lassen sich abstrakte Themen wie Bruchrechnung, Potenzrechnung oder lineare Gleichungssysteme handlungsorientiert erleben? Ja! Und zwar intensiver und nachhaltiger als nur auf der Oberfläche einer Schultafel. Das Gehirn braucht zwei oder drei konkrete Beispiele, um das Allgemeine zu erfassen. Es benötigt Modelle, um Wissen zu konstruieren: Wie kann ich mir vorstellen, dass Minus mal Minus Plus ergibt? Wo und wie kann ich exponentielles Wachstum erfahren? Warum ist unser Zahlensystem so, wie es ist, und warum ist es das denkbar beste? Gibt es andere, vergleichbare?
Dieser Band lädt Sie ein, in Ihrem Unterricht konstruktive Antworten zu geben.

Trilogie – inhaltliche Gliederung
„Mathematik als Abenteuer“ liegt in drei Bänden vor: In Band I spielen Geometrie und Rechnen mit Größen die Hauptrolle. Band II wendet sich der Algebra und Vektorrechnung zu, Band III schließt mit Analysis und Wahrscheinlichkeitsrechnung.
Allerdings lässt der exemplarische Umgang mit dem Konkreten eine klare Abgrenzung der Themenbereiche nicht zu. Auf den ersten Blick wird man z. B. das Thema „Potenzrechnung“ in der Algebra, also in dem vorliegenden Band II, vermuten. Aber Potenzen spielen ebenso eine zentrale Rolle in unserem Stellenwertsystem, bei Funktionen oder in der Wahrscheinlichkeitsrechnung. Sie werden also, in unterschiedlichen Aspekten, in allen drei Bänden fündig. Damit die einzelnen Kapitel und Abschnitte trotzdem weitgehend unabhängig bleiben, gibt es an einigen Stellen Doppelungen.

Für den eiligen Leser
Gute Methoden sind Methoden, die sich einfach und ohne große Erklärung umsetzen lassen. Aber wer versteht, warum bestimmte Dinge erfolgreich sind, welche systemischen, kommunikativen Hintergründe es gibt, der wird vom Nachahmer zum Gestalter. Aus diesem Grund wurden hinter den einzelnen konkreten Beschreibungen bzw. der Vorgehensweise die Hintergründe erläutert. Der eilige Leser, der vorerst nur an konkreten Übungen interessiert ist, kann bei der ersten Lektüre die zusätzlichen Bemerkungen übergehen.

Altersangaben
Auf konkrete Altersangaben wurde an den meisten Stellen bewusst verzichtet, da eine handlungs- und erlebnisorientierte Didaktik prinzipiell (binnen-)differenzierend ist. Dadurch ist „Mathematik als Abenteuer" für alle Schularten geeignet. Die Mathematik ändert sich nicht von Schulart zu Schulart.

Kostenfreier Download
An verschiedenen Stellen im Buch wird auf Download-Materialien hingewiesen. Sie finden diese Vorlagen auf meiner Homepage unter www.unterricht-als-abenteuer.de wie auch auf der Seite des Verlages unter www.klett-kallmeyer.de. Die Dokumente können, dürfen und sollen beliebig frei im Unterricht eingesetzt und verbreitet werden. Für den Download benötigen Sie keine Anmeldung oder einen speziellen Zugang.

Männliche und weibliche Schreibweise
Mit dem Begriff „Lehrer" möchte ich lediglich eine bestimmte Funktion bzw. Rolle im Unterricht bezeichnen. Diese ist für mich weder weiblich noch männlich. Dabei möchte ich die Wirkung des Geschlechts im Klassenraum keinesfalls leugnen, es ist für mich eine weitere, sogar wesentliche Eigenschaft des „Lehrers". Wenn ich im Buch von einer „Person" oder „Lehrperson" spreche, möchte ich den männlichen Teil unseres Berufstandes ebenso wenig ausschließen wie beim „Schüler" den weiblichen Teil der Klasse. Die verbreitete Kurzform „SuS" gefällt mir nicht und ist lateinisch betrachtet eine „Schweinerei" (lat. sus = Schwein), außerdem empfinde ich „LuL", „LoL", „SuS" oder „SoS" sprachlich ebenso unschön wie SchülerInnen und LehrerInnen. Ich bitte den Lesenden um Verständnis.

Die zum Lehrer passenden Methoden

Die dargestellten didaktischen Ideen sollen nicht als eine Methodenverordnung, sondern als Möglichkeitsraum verstanden werden. „Mathematik als Abenteuer" möchte zum didaktischen Experimentieren anstiften und nicht in ein neues Methodenkorsett zwängen. Es geht nicht um die bessere oder schlechtere Methode, sondern um die zum jeweiligen Lehrer passende bzw. unpassende. Der Leser darf und soll verändern, hinzufügen, experimentieren oder verwerfen. Es geht nicht darum, besondere Leistungen anzustreben oder etwas zu kopieren, sondern ein Abenteuer des Geistes umzusetzen: Jeder Lehrer kann das. Aber kein Lehrer muss das. Ob sich „Mathematik als Abenteuer" gewinnbringend umsetzen lässt, hängt nur von Ihnen ab: Das Abenteuer passiert nicht im Buch, sondern im Klassenraum. In der Begegnung von Mensch und Mathematik.

Martin Kramer

Algebra

Teil IV

Algebra

Kapitel 11

Zahlen und Zahlensysteme

Unser heutiges Zahlensystem ist ein gutes Zahlensystem. Mit „gut" ist gemeint, dass es nach heutigem Wissen kein besseres gibt. Um das zu verstehen, hilft es, in aller Kürze die Geschichte der Zahlen durchzugehen. Ich mache das aus einem didaktischen Grund, weil ich glaube, dass sich der entwickelnde Mensch kurz auf die einzelnen Entwicklungsstufen stellen muss, um das heutige System zu begreifen und wertzuschätzen. Erst in der Abgrenzung erkennt man die Bedeutung der einzelnen Ideen (z. B. die Idee der Null oder der Ortskodierung), erst wenn man die Vorläufer unserer Zahlen kennt, tritt das Geniale an unserem Zahlensystem hervor.

Die folgende Darstellung ist einerseits im Sinne Martin Wagenscheins historisch-genetisch, da wir der Entwicklungsgeschichte der Zahlen folgen, andererseits psychologisch-genetisch, da es der Entwicklung des Kindes entspricht.

historisch-genetisch

psychologisch-genetisch

11.1 Vorläufer unserer Zahlen

Bühne

Schüler und Lehrer stehen um einen Tisch herum. Das ist die Bühne, auf der die Geschichte der Zahlen vom Lehrer dargestellt wird.

Strichlisten

Es gibt in Australien und im Amazonasbecken Völker, die „eins, zwei, viele" zählen. Auch in unserer Welt beginnen kleine Kinder häufig

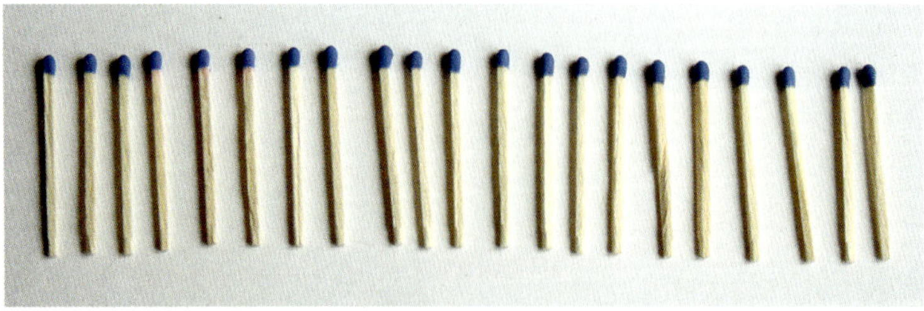

auf diese Weise. Mit einer Strichliste kommt man über „drei" hinaus. Schon in der Steinzeit, lange vor der Erfindung der Schrift, wurden Anzahlen in Form von strichartigen Kerben markiert. (Der Lehrer holt eine beliebige Anzahl von Streichhölzern aus der Box.)

Die erste Idee des Zählens besteht im Anfertigen einer Strichliste, aber das wird schnell unübersichtlich. Die Schüler versuchen, die Hölzer ohne Berührung zu zählen. Es geht fast nicht. Viel leichter gelingt das Abzählen, wenn jedes fünfte Hölzchen quer gelegt wird. Jetzt kann man auf einen Schlag erkennen, dass es sich um 21 Stück handelt.

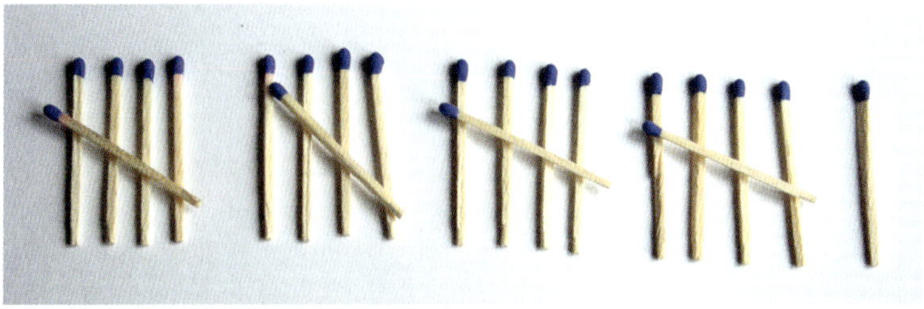

Warum gerade fünf Striche als Bündel dargestellt werden, liegt in unserer Wahrnehmung begründet: Wir können die Anzahl von vier Dingen mit einem Blick erkennen, ab fünf beginnen wir zu zählen.

Ein neues Symbol

Mit der Bündelung wurde stillschweigend ein neues Zeichen eingeführt. Es hätte auch ganz andere Möglichkeiten gegeben:

Aber da das Zeichen aus einer Strichliste heraus entstanden ist, hat es eben diese Form.

In unserer einfachen Zahlenwelt gibt es jetzt zwei Symbole.

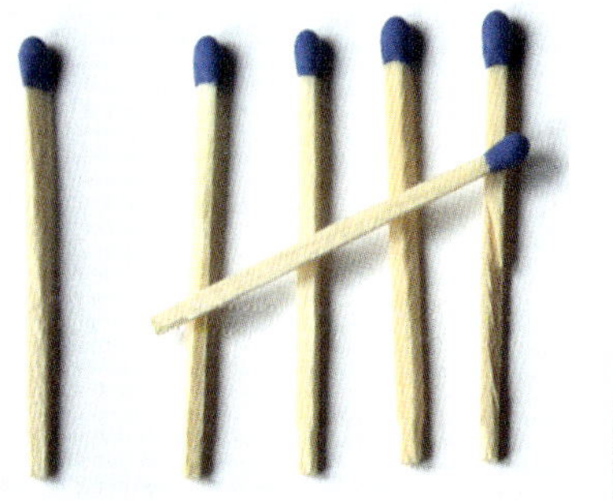

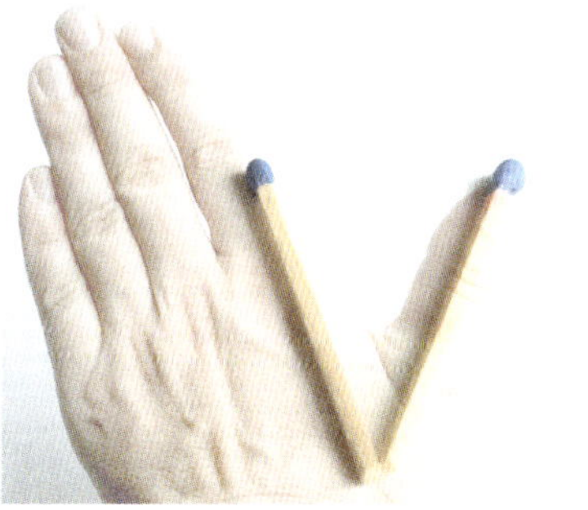

Statt immer fünf Hölzchen zu legen, könnte man auch ein anderes Symbol nehmen. Vielleicht ein „V“, weil das an die Hand erinnert (siehe Bild auf voriger Seite). Jetzt benötigen wir nur noch zwei Hölzchen, um eine Fünf zu notieren. Das Symbol hat sich vom konkreten Wert gelöst. Es wird also abstrakter, aber noch nicht viel. Eine erste Struktur ist entstanden.

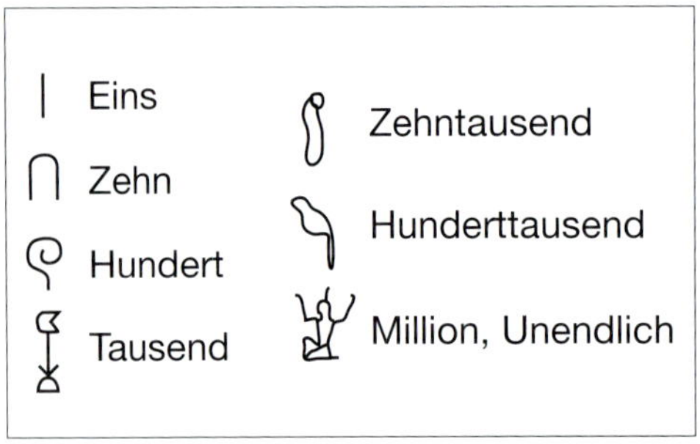

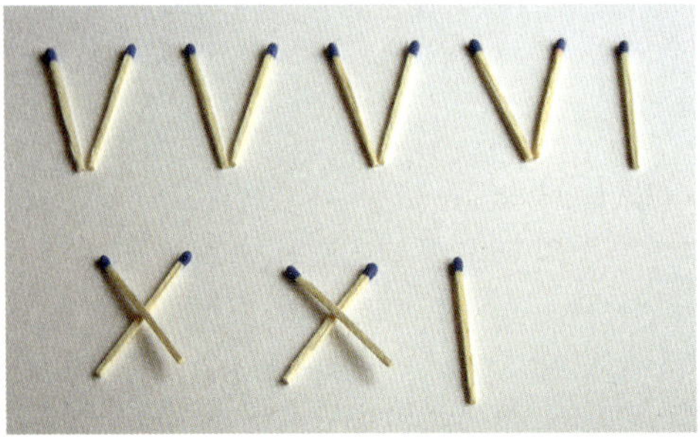

Wenn die Anzahlen größer werden, wird es wieder unübersichtlich, also braucht es neue Symbole. Wir könnten weitere Zeichen einführen. Etwa nach dem Vorbild der Hieroglyphen.

Wir können auch zwei Arme überkreuzen und dieses Zeichen entsprechend 10 Fingern für die Zehn nehmen. Damit schreibt sich die 21 kompakter (vgl. Abbildung).

Bisher spielt es noch keine Rolle, wo welches Zeichen liegt. Das einzelne Hölzchen könnte irgendwo liegen. Eine Neun könnte verschiede Formen annehmen: VIIII = IIIIV = IVIII = IIVII = IIIVI.

Römische Zahlen und erste Ortskodierung

Damit man kompakter schreiben konnte, führten die Römer eine Ortskodierung ein: Rechts und Links erhalten die Bedeutung von Plus und Minus. Auf einmal kommt es darauf an, wo sich welches Symbol befindet, was eine echte strukturelle Erweiterung bedeutet:

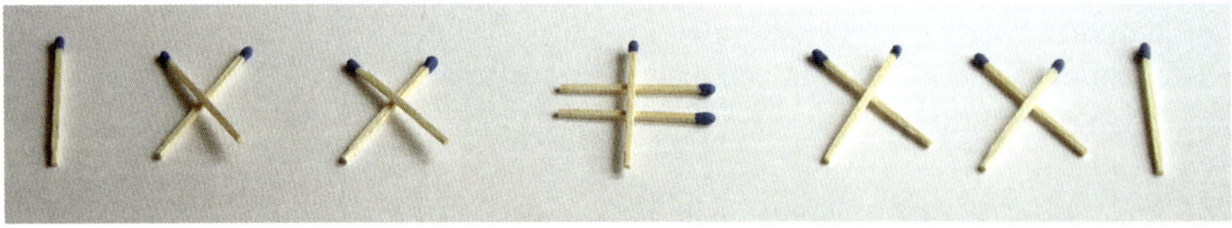

Dank der Ortskodierung und der dadurch erweiterten Struktur wird die Darstellung wesentlich übersichtlicher. Aber man tut sich immer noch schwer, große Zahlen darzustellen: 7438 schreibt sich römisch MMMMMMMCDXXXVIII. Und natürlich bereitet auch das Darstellen von Bruchteilen ein Problem. Auch für die schriftliche Addition (mit Übertrag) gibt es keine Schreibweise, von der Multiplikation noch ganz zu schweigen.

Das Stellenwertsystem

Noch immer befinden wir uns nicht in heutiger Zeit. Um sehr große und sehr kleine Zahlen aufschreiben zu können, bedarf es einer verbesserten Ortskodierung. (Der Lehrer leert mehrere Streichholzschachteln aus.)

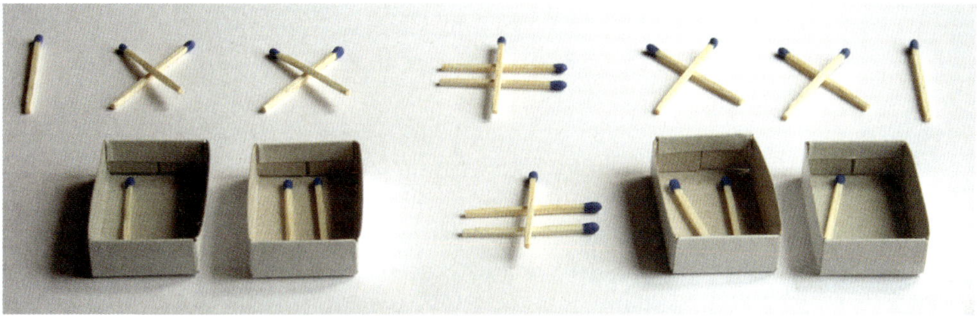

Auch hier kommt es auf die Reihenfolge an. Zwölf ist nicht einundzwanzig, $12 \neq 21$. Das Geniale am Stellenwertsystem ist, dass es nicht auf der Addition, sondern auf der Multiplikation beruht und dass die Zahlen mit der Ziffernlänge exponentiell anwachsen.

Die Null ermöglicht unser Zahlensystem

Eine der bedeutendsten Entdeckungen der Menschheit ist die der Null. Heute kommt uns der Umgang mit der Null so selbstverständlich vor, dass wir kaum nachvollziehen können, wie genial die Idee ist: Es wird etwas bezeichnet, was nicht da ist. Das ist im höchsten Sinne abstrakt. Erst die Null ermöglicht unser heutiges Zahlensystem: ein Stellenwertsystem, das die Zahlen 110, 101, 1001, 11 auf einfache Weise unterscheidbar macht. Ohne den Platzhalter „0" würden die Zahlen so aussehen: 11 , 1 1, 1 1, 11. Ohne die Null gäbe es unser Zahlensystem schlichtweg nicht, wir könnten weder sehr große noch sehr kleine Zahlen darstellen, wir könnten weder den Durchmesser unserer Milchstraße noch den eines Atoms angeben. Ohne die Null würde unsere Kultur nicht so aussehen, wie wir sie kennen.

null ist nicht nichts

Didaktisch-methodische Bemerkung

Es handelt sich im weitesten Sinne um Objekttheater. Der Lehrer wird zum Geschichtenerzähler. Wie weit Sie in die Rolle des Märchenonkels eintauchen, ist Geschmacksache. Didaktisch interessant ist, dass Sie immer dieselbe Sache in den Händen halten: Streichhölzer. Aber während der Geschichte ändert sich die Betrachtungsweise. Es geht

Objekttheater

verschiedene Rollen desselben Materials

um verschiedene Verwendungsweisen desselben Materials. Aus einfachen Hölzern werden schließlich (abstrakte) Symbole. Oder etwas genauer formuliert: Aus einer bildlichen Mengenangabe (abgebildete Hölzchen) wird eine informelle (symbolische) Darstellung. Es wird abstrakter, der Geist löst sich vom Material.

11.2 Das Fünfersystem im Unterricht

erste Begegnung mit Potenzen

Für die Schüler ist unser Zahlensystem die erste Begegnung mit exponentiellem Wachstum bzw. mit Potenzen. So betrachtet bietet die Behandlung von Zahlensystemen im Unterricht eine wunderbare Möglichkeit zur propädeutischen Einführung in eines der zentralsten Themen der Schulmathematik.

Man versteht unser bekanntes Zehnersystem besser, wenn man auch andere Systeme behandelt. Wir sind so an das Zehnersystem gewohnt, dass wir die Struktur des innewohnenden Mechanismus leicht übersehen. Zehner-, Fünfer- oder Sechsersystem sind prinzipiell alle gleich leicht oder gleich schwer zu verstehen. Es gibt keinen strukturellen Grund, warum das Zehnersystem leichter sein sollte. Es ist lediglich die Macht der Gewohnheit. In der Tat ist für eine strukturelle Untersuchung eine ungewohnte Basis einfacher.

prinzipiell sind alle Systeme gleich schwer

Konkrete Umsetzung

Tische und Bänke werden zur Seite gerückt. Auf dem Boden werden mit Kreide oder mit Kreppband vier „Stellen" markiert:

Zählen im Fünfersystem

Der Lehrer zählt langsam im Zehnersystem hoch, während die Schüler die gesagte Zahl im Fünfersystem nachstellen. Die „Stellen" bilden die Bühne, zu Beginn befinden sich alle Schüler am Rand des Klassenzimmers.

Bühne im Klassenzimmer

„Eins" – ohne Absprache geht ein Schüler auf die Bühne und betritt die Stelle der Einer. Er hält einen Daumen hoch, um die Ziffer „1" anzudeuten. Es darf sich immer nur einer in der Klasse bewegen, sonst gibt's Chaos. Die Schüler müssen also gleichzeitig auf ihre Kameraden achten. Stehen noch alle oder ist schon jemand unterwegs? Steht die „Eins", zählt der Lehrer weiter.

gruppendynamische Übung

Im Fünfersystem gibt es fünf verschiedene Ziffern: 0, 1, 2, 3 und 4. Bis zum ersten Übertrag ist es einfach. Wenn aber fünf Kinder im ersten Feld stehen, geben viere ihren Wert „1" an den fünften ab, indem sie ihren Daumenwert an dessen Hand abstreifen. Der Auserwählte hält jetzt fünf Finger hoch. Diese „Fünf" darf jetzt auf das zweite Feld; die anderen gehen wieder zum Rand des Klassenzimmers zurück. Im Moment des Stellenwechsels werden allerdings vier Finger eingezogen. Die Fünf ist nun in der Ziffernfolge 1–0 dargestellt, wir schreiben dafür $(10)_5$.

Übertrag

Der Lehrer zählt weiter, wieder gibt es keine Schwierigkeit, bis zur Neun. Bei der Zehn stehen zum zweiten Mal fünf Kinder auf der ersten Stelle. Wieder geben vier Schüler ihren Wert „1" an den fünften ab, und dieser rückt auf das zweite Feld (die zweite Stelle). Jetzt ist die Zehn im Fünfersystem als $(20)_5$ dargestellt. Entsprechend wird bis 24 = $(44)_5$ weitergezählt. Kommt jetzt noch ein Kind hinzu, gibt es zwei Überträge. Zuerst bei den Einern, dann bei den Fünfern: 25 = $(100)_5$. Damit ist die Bedeutung der dritten Stelle geklärt. Zählen Sie noch ein paar Zahlen weiter, damit kein Schüler denkt, bei $(100)_5$ hört das Fünfersystem auf.

Einer, Fünfer, Fünfundzwanziger, Hundertfünfundzwanziger ...

Welchen *Wert* die Ziffer „1" annimmt, kommt offensichtlich auf ihren Standort, ihre Stelle an. Das lässt sich (frei nach dem „Zahlenteufel"[1]) leicht demonstrieren: Ein Freiwilliger stellt sich auf die erste Stelle, die Stelle der Einer. Dann hüpft er um eine

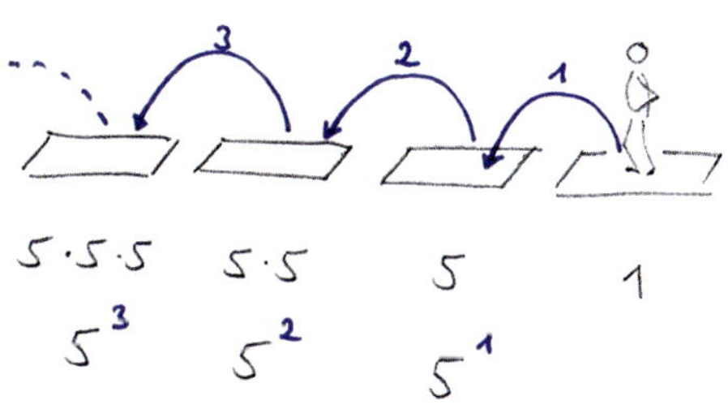

1 Hans Magnus Enzensberger, Der Zahlenteufel, dtv 1999, S. 40

Stelle weiter und ist somit fünfmal mehr wert. Beim nächsten Hüpfer verfünffacht sich wieder der Wert. Und so weiter.

Auf diese Weise kann die Potenzschreibweise eingeführt werden: Wir schreiben die Anzahl der Hüpfer oben rechts an die Fünf.

5^0 bedeutet nullmal hüpfen

Das Bild erklärt auch, warum $5^0 = 1$ ist: Nullmal hüpfen! Wir können noch einen Schritt weiter gehen und zwischen vorwärts und rückwärts hüpfen unterscheiden:

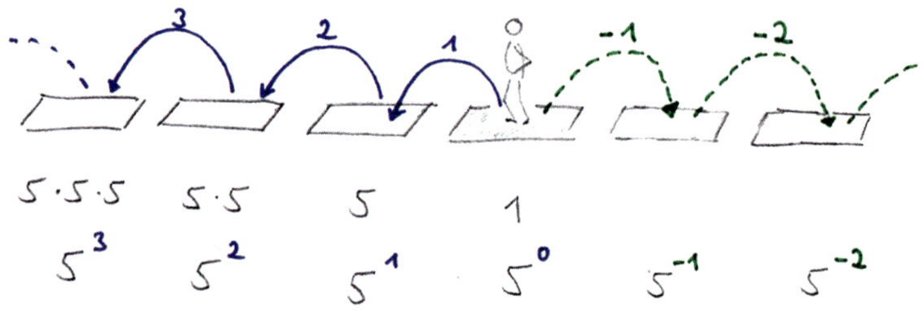

Nachkommastellen

Auch der Wert der rechts hinzugekommenen Stellen (hinter den Einern) lässt sich leicht erschließen. Man benötigt ja immer fünf, um einen Hüpfer nach vorne zu machen, also ist die erste Stelle hinter den Einern der fünfte Teil von Eins. Damit wir an einer vorgegebenen Zahl ablesen können, wo sich die Einer befinden, ziehen wir dahinter eine Grenze: das Komma.

Wenn Sie sich überlegen, was $(1{,}2)_5$ im Zehnersystem bedeutet, erfahren Sie dieselben strukturellen Schwierigkeiten, die in etwa ein Sechstklässler im Zehnersystem erfährt[2] (vgl. auch Abschnitt 14.8 *Kommazahlen verstehen: Andere Zahlensysteme*).

Zahlen im Fünfersystem

Wenn das Zählen verstanden ist, werden Zahlen, die im Zehnersystem vorgegebenen werden, direkt (im Fünfersystem) gestellt. Hierzu wird die Klasse in zwei Gruppen aufgeteilt, z. B. in Mädchen und Jungs. Auf dem Foto haben die Jungs als erstes eine Aufgabe gestellt. Die Aufgabensteller sind auch gleichzeitig die Prüfer. Wenn die Stellenbesetzung der Mädchen richtig ist, klatschen die Jungs zum Zeichen und die Bühne wird wieder freigegeben. Jetzt sind die Mädchen an der Reihe, den Jungs eine Aufgabe zu stellen.

Schüler in der Prüferrolle

2 $(1{,}2)_5 = 1 \cdot 5^0 + 2 \cdot 5^{-1} = 1{,}4$

Wenn der Ablauf klar ist, werden die Regeln verschärft: Nach dem Vorgeben der Aufgabe darf nicht mehr gesprochen werden. Jeder überlegt sich selbst, wohin er sich stellen muss, ob noch irgendwo jemand fehlt oder eine Stelle falsch besetzt ist. Wieder wird durch Beifall aufgelöst. Hier wird als Beispiel die Zahl 271 dargestellt:

$271 = 2 \cdot 125 + 0 \cdot 25 + 4 \cdot 5 + 1 \cdot 1 = (2041)_5$

Bei einem Fehler zeigen die Prüfer zuerst selbst die Lösung, bevor der Lehrer die Auflösung preis gibt. Häufig hat die „Prüfungskommission" selbst Schwierigkeiten, dann können schließlich beide Gruppen zusammen versuchen, die Lösung zu finden.

Erweiterung
Der Schwierigkeitsgrad kann erhöht werden, indem nicht nur die darzustellende Zahl, sondern auch das System gewünscht wird. So soll zum Beispiel die Zahl 63 im Siebenersystem als $(120)_7$ dargestellt werden.

Zahlen im Zehnersystem
In der Folgestunde wiederholte ich in der Klasse 5c die Darstellung von Zahlen in unterschiedlichen Systemen. Ich begann die theatrale Abfrage im Fünfersystem, ging über zum Sechser-, Achter- und Dreiersystem. Alle Aufgaben meisterte die Klasse bestens und so stellte ich nicht wirklich ernsthaft eine letzte Aufgabe: Die Zahl 126 sollte im Zehnersystem dargestellt werden. Überraschenderweise war für die Schüler die Aufgabe im ersten Moment nicht leichter als die Aufgaben zuvor! Ich brauchte einen Moment, um zu verstehen, dass die Schüler das vertraute Zehnersystem jetzt mit einem anderen, viel tieferen Verständnis begriffen hatten. Ein kurzes Zögern, dann das Aha-Erlebnis, und jedem wurde klar, wie simpel die Aufgabe war.

theatrales Abfragen

Pädagogische Bemerkung über das Spiel
Bei diesen Übungen geht es nicht nur um Mathematik. Richtig fruchtbar wird es durch den gruppendynamischen Aspekt. Werden die Schüler vom Lehrer gleich Schachfiguren auf den Stellen hin und hergerückt, wird die Sache öde. Der Motor für Konzentration und Freude im Spiel liegt darin, dass die Schüler die Regie übernehmen und nicht zu Marionetten des Lehrers degradiert werden, der sie hin- und herschiebt, im Glauben an die Anschaulichkeit der Darstellung. Die Aufgabe des Lehrers besteht darin, die Strukturen festzulegen, die Spielregeln. Er ist für den Rahmen, die Lernumgebung, nicht für das Spiel zuständig. Dazu gehört es, Diskussionen zuzulassen und Schülerfehler auszuhalten. Was tut in einem Fußballspiel der Schiedsrichter, wenn ein Spielfehler passiert? Er hütet die Regel, nicht das Spiel! Der Lehrer sollte sich als Spielleiter so weit als möglich aus dem Geschehen zurückziehen und die Bühne den Schülern freigeben, dabei streng auf die Einhaltung der Regeln achten. Das ist das Paradoxon des Spiels: Ohne Regeln ist ein Spiel nicht möglich. Erst ein in diesem Sinne strenger Lehrer ermöglicht seinen Schülern Spielfreude.

gruppendynamischer Aspekt

der Lehrer als Spielleiter

Wird das Nachstellen hingegen dazu benutzt, um die Lösung nach der Regie des Lehrers nachzuspielen, entspricht das einem Beschulen und nimmt die Lebendigkeit.

11.3 Darstellung großer Zahlen

Noch ist die Mächtigkeit unseres Stellenwertsystems nicht erfasst. Die Stellen wachsen exponentiell und somit können wir sehr, sehr große Zahlen darstellen. Hier taucht in der Schule zum ersten Mal exponentielles Wachstum auf.

exponentielles Wachstum

Schüler und Lehrer stehen gemeinsam um einen Tisch. Eine Treppe (Folge) aus Centstücktürmchen entsteht vor den Augen der Schüler. Dabei verdoppelt sich bei jeder nachfolgenden Stelle die Anzahl. In einige Entfernung (ca. 30 cm) wird ein einzelnes Centstück gelegt. Wie hoch wäre der Turm an dieser Stelle? Wäre er größer als ein Mensch? Würde er überhaupt noch ins Klassenzimmer passen? Wäre der Turm so hoch, dass wir Angst vor der Höhe hätten, wenn wir oben stehen würden?

Die Schüler sollen für sich schätzen und dann ihre Vermutungen bekannt geben. Jeder hat eine ungefähre Vorstellung davon, dass die Kurve immer steiler nach oben gehen wird. Aber diese Vorstellung ist „sehr ungefähr". In meiner Klasse hat kein Schüler auch nur annähernd richtig getippt. Die mutigste Schätzung lag bei drei Metern, alle anderen lagen darunter.

Auflösung

Die vierte Stufe besteht aus acht Centstücken und ist etwas höher als ein Zentimeter. Nach und nach markieren wir die folgenden Stellen durch weitere Münzen und rechnen mit: 1 cm – 2 cm – 4 cm – 8 cm – 16 cm – 32 cm – 64 cm … Man beachte: Auf jeder neuen Stelle liegt genau eine Münze mehr, als alle vorherigen zusammengerechnet ergeben!

Auch zu diesem Zeitpunkt erkennt noch niemand das wirkliche Ausmaß. Im Beispiel ist das Ziel (die letzte Münze) 20 Stellen entfernt. Das wären 2^{20} cm bzw. 10,5 km. In dieser Höhe fliegen Linienflugzeuge! Treibt man das Spiel um ca. 15 Stellen weiter, kann man bereits auf den Mond klettern. Man läuft quasi auf eine senkrechte Wand zu.

Didaktische Bemerkung

Es ist besser, wenn die Schüler selbst in ihren Geldbeuteln nach Centstücken kramen, als wenn der Lehrer genügend mitbringt. Wenn Sie mit dem Geld der Schüler Türmchen aufhäufen, dann hat die Aufgabe bereits materiell etwas mit der Klasse zu tun. Es ist ein großer Unterschied, ob mein Geld oder ob fremdes Geld gestapelt wird.

materieller Bezug

Bemerkung: Der Glaube an Wirtschaftswachstum

Wenn mit jeder Stelle der Münzturm statt um den Faktor 2 um 1,5 oder um 1,05 bzw. statt um 100 % nur um 50 % oder um 5 % wächst, erhält man ebenfalls ein exponentielles Wachstum. Nur „explodiert" die Turmhöhe „etwas" später. Kein Mensch mit nur minimalem mathematischen Verständnis wird an ein System glauben, das auf Wirtschaftswachstum aufgebaut ist.

Wirtschaftswachstum

Taschengeld

Alternativ oder ergänzend können die Schüler ausrechnen, ob sich folgende Taschengeldregelung lohnen würde: Am ersten Tag des Monats gibt es einen Cent, danach verdoppelt sich die Auszahlung bis zum Monatsende täglich. An den ersten Tagen gibt es demnach 0,01 € – 0,02 € – 0,04 € – 0,08 € – 0,16 € ... an Taschengeld.

wir Menschen denken linear

Wir Menschen denken linear. Das wundert nicht, da unsere Zeit linear verstreicht und die Wegstrecken, die wir zurücklegen, in etwa linear mit der Zeit anwachsen. Aber wir sind sehr, sehr schlecht im Abschätzen exponentieller Prozesse. Sogar wenn wir mathematisch „vorbelastet" sind, überrascht uns mitunter, dass am 30. des Monats über 10 Millionen Euro ausbezahlt werden müssten.

Es ist ein sehr eindrucksvolles Beispiel, das zeigt, wie schnell die Werte der Stellen anwachsen. Und dabei wächst das Zweiersystem von allen Stellenwertsystemen am langsamsten.

Didaktische Bemerkung

Bei dieser Übung liegt der Fokus auf den Stellen. Deswegen werden (aus Schülerperspektive) die Türmchen vom „Komma" aus, also von rechts nach links aufgebaut. Es ist gut, die Sache mit einem emotionalen Erlebnis wie der Höhenangst oder dem Erhalt von viel Taschengeld zu verknüpfen.[3] Das prägt sich tiefer ein.

emotionales Lernen

11.4 Eine technische Veranschaulichung von Zahlensystemen bzw. exponentiellem Wachstum: Übersetzung von Zahnrädern

Veranschaulichung eines Zahlensystems

Ein Zahlensystem soll veranschaulicht werden. Wie könnte man ein Zählwerk für ein bestimmtes Zahlensystem bauen? Vielleicht hat der ein oder andere Schüler zu Hause ein konstruktives Spielzeug wie etwa Fischer- oder Legotechnik. Hier eine mögliche Umsetzung des Dreiersystems von meinem Jungen (5. Klasse):

Die großen Zahnräder haben 30, die kleinen (auf dem Bild verdeckt jeweils hinter dem großen Zahnrad) haben 10 Zähne. Damit ergibt sich ein Übersetzungsverhältnis von 3, also läuft die nachfolgende Achse jeweils mit einem Drittel der Frequenz. Im konkreten Beispiel dauert eine Umdrehung des langsamsten Zahnrades 105 Sekunden, bei den vorangehenden entsprechend weniger: 35 Sekunden; 11,7 Sekunden; 3,89 Sekunden; 1,30 Sekunden; 0,432 Sekunden. Der Aufbau ähnelt einer Uhr. Bei ihr käme man mit zwei Übersetzungen aus: Das Übersetzungsverhältnis vom Sekunden- zum Minutenzeiger beträgt 60, vom Minuten- zum Stundenzeiger 12.[4]

3 In Abschnitt 15.5 wird eine ähnliche Übung vorgestellt, in der ein Papier über 42-mal gefaltet wird, um schließlich zum Mond zu gelangen.

4 Vgl. auch Abschnitt 14.13 *Algebra der Übersetzungen – Bruchrechnen mit Getrieben.* Während hier nur der Betrag der Umläufe Beachtung findet, wird dort die Drehrichtung als Vorzeichen gedeutet.

Bringt ein Schüler oder der Lehrer ein Modell mit in den Unterricht, können folgende offene Fragen gestellt werden: „Hier steht ein Modell eines Zahlensystems. Um welches handelt es sich?“ Oder etwas interessanter: „Bestimmt die Umdrehungsdauer des schnellsten Zahnrades auf möglichst viele Nachkommastellen genau.“

Theaterpädagogisches Modell eines Zahnradsystems

theaterpädagogisches Material: der Mensch

So gut das obige Modell ist, mitunter hat man keines zur Hand. Ein Vorteil der Theaterpädagogik besteht darin, dass die Schüler das Material immer mitbringen: sich selbst. Die Darstellung im Schülermodell besitzt ihren eigenen Reiz:

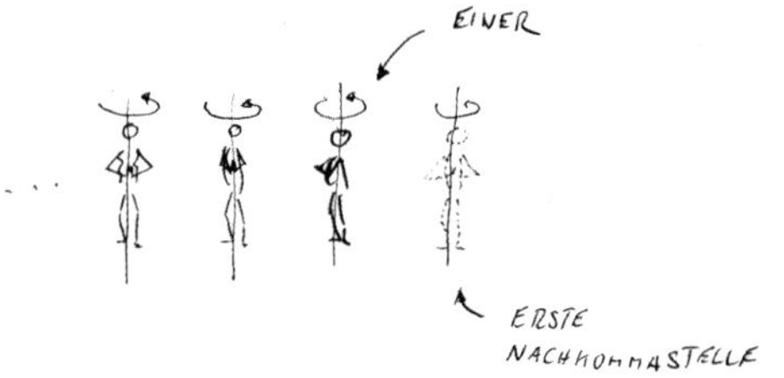

Eine Zählmaschine fürs Zehnersystem soll gebaut werden. Zuerst wird ein Zählmeister gesucht, der den Takt durch Händeklatschen vorgibt. Das erste Rädchen im Getriebe wird von einem Freiwilligen dargestellt, der sich bei jedem Klatscher einmal um die eigene Achse dreht und dabei die Anzahl der vollständigen Umdrehungen mit seinen Fingern anzeigt. Beim zehnten Finger findet der Übertrag statt. Ein zweites Rädchen links vom ersten wird benötigt, der erste Schüler überträgt den Wert aller zehn Finger auf einen Finger des zweiten Schülers.
Eine energetische Betrachtung kann für das Verständnis helfen: Es werden aufgrund von Reibung zehn Finger gebraucht, um das zweite Rädchen einmal um die Achse drehen zu lassen, so dass dieses jetzt einen Finger anzeigt. Und so weiter.

Weitere Systeme und Nachkommastellen

Ebenso können andere Zahlensysteme dargestellt werden. Zählt man beispielsweise im Fünfersystem hoch, gibt es häufiger Überträge, wodurch schneller bei mehr Rädchen etwas passiert. Für das Zählen der Umdrehungen wird jetzt nur noch eine Hand benötigt, die andere kommt in die Hosentasche. Weiter können Nachkommastellen behandelt werden. So bedeutet es für die erste Nachkommastelle, dass sie sich (im Fünfersystem) fünfmal dreht, bis die Einerstelle sich einmal dreht.

Addition und Subtraktion

Dem Zählwerk soll eine Zahl hinzugefügt werden. Die Zahl wird mit weiteren Schülern dargestellt, pro Ziffer wird ein Schüler benötigt, der sie mit seinen Fingern anzeigt. Zählwerk und Zahl stellen sich gegenüber auf. Die Addition wird Ziffer für Ziffer durchgeführt: Eine Ziffer der Zahl geht zum entsprechenden Rädchen und dreht dieses gemäß der Anzahl seiner Finger. Eventuelle Überträge werden vom Zählwerk beachtet und umgesetzt. Analog kann die Subtraktion durchgeführt werden, hier drehen die Rädchen in die andere Richtung.

Vorzeichen und Drehrichtung

In dieser Übung wurde jede Ziffer durch einen Schüler dargestellt. Mit der Addition wurde der folgenden Übung vorgegriffen, die in der Art und Weise des schriftlichen Addierens stattfindet und mehr Schüler mit einbezieht. Die Darstellung mit Rädchen in diesem Abschnitt ist technischer Natur und ein bisschen weiter vom schriftlichen Addieren entfernt.

11.5 Addition und Übertrag

Bisher haben wir Zahlen nur dargestellt. Jetzt sollen diese miteinander verknüpft werden. Als Beispiel werden die Zahlen $(342)_5$ und $(223)_5$ im Fünfersystem addiert. Die einzige Schwierigkeit liegt im Übertrag. Der Lehrer schreibt die Aufgabe an die Tafel, während gleichzeitig Schüler in „Stellung" gehen, um links und rechts des mit Kreppband markierten Stellensystems die entsprechenden Zahlen darzustellen.

Übertrag

$$\begin{array}{r} (342)_5 \\ +\ (223)_5 \\ \hline \end{array}$$

Die Schüler sollen selbst herausfinden, wie addiert wird. Es ist zu Beginn keinesfalls offensichtlich, dass man am geschicktesten von rechts nach links die Stellen abarbeitet. Der Lehrer schreibt synchron in der Rechnung mit, was die Schüler darstellen. Damit kein Chaos entsteht, wird immer nur ein Rechenschritt ausgeführt. Das kann zum Beispiel so aussehen:

$$\begin{array}{r} (342)_5 \\ (223)_5 \\ {\scriptstyle 1}\ \ \\ \hline 0\ \ \end{array}$$

Links im Bild (auf voriger Seite) das anschauliche, theatrale Rechnen, rechts der synchrone Tafelanschrieb des Lehrers. Die „1" wird im Moment des Übertrags (bzw. im kurzen Innehalten danach) hingeschrieben. Der Übertrag kann in Form eines Rituals dargestellt werden: Jeder der „Einer" hält einen Daumen hoch. Diese Einer werden von einem Ausgewählten eingesammelt, so dass er am Schluss fünf Finger ausstreckt und, wie mit dem grünen Pfeil angedeutet, eine Stelle weiterhüpft. Damit hat er die fünf Finger gegen den Daumen eingetauscht, der ja an dieser Stelle den fünffachen Wert hat. Die „Fingerlosen" verlassen die Bühne. Schließlich steht die vollständige Rechnung an der Tafel.

Ritual

$$
\begin{array}{r}
(3\ 4\ 2)_5 \\
+\ {}_1(2\,{}_1 2\,{}_1 3)_5 \\
\hline
(1\ 1\ 2\ 0)_5
\end{array}
$$

Zum Schluss werden die Zahlen ins Zehnersystem übersetzt, die Übersetzung addiert und das Ergebnis mit der ursprünglichen Rechnung verglichen:

$(342)_5 = 3 \cdot 25 + 4 \cdot 5 + 2 \cdot 1 = 75 + 20 + 2 = 97$

$(223)_5 = 2 \cdot 25 + 2 \cdot 5 + 3 \cdot 1 = 50 + 10 + 3 = 63$

Es wird genauso wie im Fünfersystem addiert.
Man kann auch diese Rechnung theatral nachstellen.

$$
\begin{array}{r}
(9\ 7)_{10} \\
+\ {}_1(6\,{}_1 3)_{10} \\
\hline
(1\ 6\ 0)_{10}
\end{array}
$$

Schließlich folgt die Probe:
$(1120)_5 = 1 \cdot 125 + 1 \cdot 25 + 2 \cdot 5 + 0 \cdot 1 = 125 + 25 + 10 + 0 = 160$

Didaktische Bemerkungen

Zwei Regeln genügen

In der Übung werden zwei Zahlen im Fünfersystem zusammengezählt, ohne dass diese bereits (im Zehnersystem) bekannt sind. Auch das Ergebnis ist noch nicht in die vertraute Darstellung überführt. Interessant: Es werden zwei unbekannte Zahlen zusammengezählt, indem lediglich zwei Regeln eingehalten werden. Erstens werden gleiche Stellen zusammengezählt und zweitens hüpfen die Überträge eins nach links. Dem Schüler kann es also egal sein, wie die gesamte Zahl aussieht, er muss nur „lokal" auf der „Stelle" addieren. Das entspricht der Vorgehensweise des schriftlichen Addierens bzw. von Rechnern.

unbekannte Zahlen

Formaler Aufschrieb als „Fernbedienung"

In der Übung protokolliert der Lehrer das Handeln der Schüler an der Tafel mit. Umgekehrt kann mit dem formalen Aufschrieb das Handeln gesteuert werden: Ein Schüler geht an die Tafel und vollzieht einen Rechenschritt. Anschließend wird von den Schülern an den Stellen die Rechenoperation entsprechend nachgespielt.

11.6 Multiplikation und das kleine Einmaleins im Fünfersystem

Um beliebige Zahlen (schriftlich) multiplizieren zu können, benötigt man im Fünfersystem, genau wie im Zehnersystem, das kleine Einmaleins. Es ist nicht möglich, im kleinen Einmaleins ein Produkt *direkt* zu berechnen. Die Aufforderung, sechs mal sieben im Kopf zu *berechnen*, ergibt keinen Sinn. Man müsste hierzu die Aufgabe 7 + 7 + 7 + 7 + 7 + 7 lösen. Einige Produkte können wir ableiten, so ist zum Beispiel 8 · 9 dasselbe wie 8 · 10 – 8. Je mehr solcher Ableitungen, je mehr Zusammenhänge und Strukturen wir kennen, desto besser „rechnen" wir im Kopf, desto besser ist unser Verständnis für Zahlen.

Strukturen im Einmaleins

Das Fünfersystem ist nicht schwerer als das Zehnersystem, letzteres ist nur vertrauter. Alle Schwierigkeiten, auf die Sie als Lehrer mit dem Fünfersystem stoßen, haben die Schüler ebenfalls mit dem Zehnersystem. Bei anderen Systemen haben Sie sozusagen „nur" keinen Vorsprung mehr.

Lehrer ohne Vorsprung

Konkrete Übung
Wie sieht nun das kleine Einmaleins im Fünfersystem aus? Die Schüler sollen die Produkte in die entsprechende Matrix eintragen. Quadratzahlen werden blau unterlegt und schwere Aufgaben in Rot eingetragen. Als Beispiel wird die Quadratzahl von $(4)_5$ bestimmt. Offensichtlich kann man das Produkt nicht direkt berechnen. Es verhält sich genauso wie mit sechs mal sieben im Zehnersystem. Wenn Sie die Lösung nicht auswendig gelernt haben, *müssen* Sie additiv vorgehen.

$$(4)_5 \cdot (4)_5 = \underbrace{(4)_5 + (4)_5}_{(13)_5} + \underbrace{(4)_5 + (4)_5}_{(13)_5} = (13)_5 + (13)_5 = (20)_5 + \underbrace{(3)_5 + (3)_5}_{(11)_5} = (31)_5$$

Lösung
Man erkennt die Gemeinsamkeiten mit dem Zehnersystem: So stehen die Quadratzahlen auf der Spiegelachse und unten rechts eine Eins mit zwei Nullen. Geht man von einer Quadratzahl schräg nach rechts oben oder links unten, erhält man eine Zahl, die um eins kleiner ist.[5] Die Quadratzahl $(31)_5$ hätte man viel einfacher mittels $(30)_5 + (1)_5 = (31)_5$ berechnen können. Je mehr Struktur man in dem Zahlenschema erkennt, desto mehr Abkürzungen kann man gehen.

·	1	2	3	4	10
1	1	2	3	4	10
2	2	4	11	13	20
3	3	11	14	22	30
4	4	13	22	31	40
10	10	20	30	40	100

5 Diese Eigenschaft lässt sich mit dem dritten Binom begründen, vgl. *Diagonale Wege im Einmaleins* in Abschnitt 12.5.

11.7 Wunderkerzen und exponentielles Wachstum

Auf dem Pult liegen Wunderkerzen und eine Schachtel Streichhölzer. Es soll ein Foto geschossen werden, auf dem alle Schüler in einem exakten Kreis stehen und alle Wunderkerzen brennen. Wir untersuchen als erstes die Zeit, wie lange eine Wunderkerze brennt: Es sind 28 Sekunden. Wenn innerhalb von 15 Sekunden alle Wunderkerzen brennen, dann verbleiben noch ca. 13 Sekunden für das Foto. Reicht die Zeit? Wie könnte man vorgehen?

Konkrete Umsetzung

Wenn es keine Frage zur Aufgabenstellung mehr gibt, überlegt jeder für sich eine mögliche Lösung. Es herrscht Stille; wer für sich eine Lösung gefunden hat, verschränkt die Arme. Es geht erst weiter, wenn alle Arme verschränkt sind, also jeder einen Ansatz gefunden hat. Die verschiedenen Ideen werden vorgestellt und noch ohne Feuer ausprobiert. Es ist gut, wenn nicht genügend Wunderkerzen für einen zweiten Versuch vorhanden sind, dann gibt es kein zweites Mal und die Sache wird ernster genommen. Natürlich kann ohne Feuer getestet werden: Wir schätzen, dass der Funke ca. eine Sekunde Berührung benötigt, um überzuspringen. Die gesamte Weitergabe des Feuers, von einer Kerze zur nächsten, dauert wesentlich länger, da die Wunderkerzen sich ja erst zueinander finden müssen. Die Übung habe ich in der Faschingszeit durchgeführt, daher die Verkleidung auf den Bildern.

es gibt keinen zweiten Versuch

Fast immer denken die Schüler zuerst linear, d. h. ein Schüler (der Zünder) brennt eine Wunderkerze an, sein Nachbar entzündet an der bereits Funken sprühenden seine eigene, und so wird das Feuer Wunderkerze für Wunderkerze weitergereicht. Aber auch wenn beide Nachbarn des Zünders ihre Kerze gleichzeitig entzünden und das Feuer weitergeben, so dass das Feuer den Kreis auf zwei Wegen durchläuft, reicht die Zeit nicht.

zuerst denkt der Mensch linear

Die Übung zeigt, wie schwer es den Schülern (uns Menschen) fällt, nicht in linearen Strukturen zu denken. Ein weiterer Versuch wird gestartet: Das umlaufende Feuer wird immer zuerst an den Übernächsten weitergegeben. Trotzdem dauert es auch bei dieser Methode eine halbe Minute, bis alle Wunderkerzen brennen würden.

Eine mögliche Lösung

Ideal wäre, wenn alle Schüler gleichzeitig ihre Wunderkerze direkt am Streichholz anzünden könnten. Leider ist dafür nicht genügend Platz. Die schnellste Verbreitung des Feuers geschieht jedoch nicht wie bei einer Zündschnur (lineares Vorgehen), sondern nach dem Vorbild des Stellenwertsystems. Wir gehen nach dem Fünfersystem vor, da fünf Schüler genügend Platz haben, ihre Kerze an einer zu entzünden: Ein Schüler zündet seine Wunderkerze an. Im Augenblick brennt eine Kerze. Das entspricht im Fünfersystem 5^0. Jetzt treten fünf Schüler vor, die ihre Kerze an der ersten entzünden. In diesem Schritt werden 5^1 Kerzen entfacht.

Jede der fünf neu entzündeten Kerzen entfacht ihrerseits wieder fünf Kerzen. Im zweiten Schritt werden also $5^2 = 25$ Kerzen entzündet. Insgesamt brennen jetzt $5^0 + 5^1 + 5^2 = 31$ Kerzen.

Didaktische Bemerkung

exponentielles Wachstum ist schwer vorstellbar

Die Übung thematisiert lineares und exponentielles Wachstum. Als Lehrer kann man sich aus der Diskussion zur Lösungsfindung herausnehmen, sich still in eine Ecke setzen und die Lösungsstrategien der Schüler beobachten. Es ist spannend zu sehen und den Schülern rückzumelden, welche Ideen in welcher Reihenfolge entwickelt und ausprobiert wurden. Wir Menschen halten eben sehr lange an einer linearen Herangehensweise fest, weil wir uns eine exponentielle schlecht vorstellen können.

11.8 Einführung von Wurzeln – Intervallschachtelung

Aus zwei Geodreiecken wird ein Quadrat gelegt. Seine Kantenlänge sei eins. Auch mit vier Dreiecken lässt sich ein Quadrat legen. Hierzu gehen die Schüler jeweils mit ihrem eigenen Dreieck in Vierergruppen zusammen. Die grafische Lösung ist schnell gefunden, und dass sich der Flächeninhalt bei vier Dreiecken verdoppelt, ist offensichtlich.

Die Seitenlänge des neuen Quadrates hat sich jedoch nicht verdoppelt. Ohne Verwendung der Wurzeltaste des Taschenrechners sollen die Gruppen möglichst genau die neue Seitenlänge angeben.

Zur konkreten Umsetzung

Es wird geklärt, ob jeder in der Klasse die Aufgabenstellung verstanden hat oder ob es noch Fragen dazu gibt.

Dann erhalten die Schüler zwei Minuten Zeit, um alleine (ohne den Nachbarn) über eine mögliche Vorgehensweise nachzudenken. Auf ein Zeichen des Lehrers treffen sich die Schüler in Vierergruppen. In den folgenden zehn Minuten sollen sie die Seitenlänge auf möglichst viele Nachkommastellen bestimmen. Das Ergebnis wird an die Tafel geschrieben.

Auf die Methode der Intervallschachtelung kommen fast alle Schülergruppen von selbst: Ein Schätzwert (z. B. 1,5) wird mit dem Taschenrechner quadriert. Ist die Zahl zu hoch (im Beispiel 2,25), wird es mit einem kleineren Wert versucht. 1,4 im Quadrat ergibt 1,96. Also muss die gesuchte Länge zwischen 1,4 und 1,5 liegen. Auf diese Weise tasten sich die Schüler näherungsweise an $\sqrt{2}$ heran. Der Lehrer kann den langsameren Gruppen den Anfang zeigen.

Welches Ergebnis der einzelnen Gruppen ist nun richtig? Die Antwort ist: keines. Zwar sind einige Gruppen weiter als andere gekommen und haben somit bessere Rundungswerte. Aber *exakt* sind auch diese nicht. Auf der ganzen Welt kennt niemand die Länge der Diagonale des Einheitsquadrates! Es gibt *prinzipiell* nur Näherungswerte. Natürlich können wir mit der Gleichung $x^2 = 2$ die Zahl „einfangen", aber trotzdem weiß niemand ihren exakten Wert. Man kann im Anschluss an die Übung die Näherung im Kasten auf nächster Seite kopieren und austeilen[6] oder die ersten 100 Stellen ins Heft diktieren.

niemand kennt den exakten Wert

Didaktische Bemerkungen

Irrationale Zahlen

Aus dem Blickwinkel des Schülers existieren keine irrationalen Zahlen. Aus seiner Sicht beherrscht der Taschenrechner bereits alle Zahlen.

Wir können nicht „verhältnislos" denken, sondern nur „rational". Irrationale Zahlen sind nicht rational, von der Ratio nicht erfassbar. So gesehen sind sie etwas, was jenseits unserer Vorstellungswelt liegt. Kein Taschenrechner, kein Computer kann mit irrationalen Zahlen arbeiten.

nicht von der Ratio erfassbar

6 Kostenfreier Download unter www.unterricht-als-abenteuer.de.

$\sqrt{2}$ = *1,4142135623730950488016887242096980785696718753769480731766797379907324784621*
07038850387534327641572735013846230912297024924836055850737212644121497099935
831413222665927505592755799950501152782060571470109559971605970274534596862014
728517418640889198609552329230484308714321450839762603627995251407989687253396
546331808829640620615258352395054745750287759961729835575220337531857011354374
603408498847160386899970699004815030544027790316454247823068492936918621580578
463111596668713013015618568987237235288509264861249497715421833420428568606014
682472077143585487415565706967765372022648544701585880162075847492265722600208
558446652145839889394437092659180031138824646815708263010059485870400318648034
219489727829064104507263688131373985525611732204024509122770022694112757362728
049573810896750401836986836845072579936472906076299694138047565482372899718032
680247442062926912485905218100445984215059112024944134172853147810580360337107
730918286931471017111168391658172688941975871658215212822951848847208969463386
289156288276595263514054226765323969461751129160240871551013515045538128756005
263146801712740265396947024030051749531886292563138518816347800156936917688185
237868405228783762938921430065586956868596459515550164472450983689603688732311
438941557665104088391429233811320605243362948531704991577175622854974143899918
802176243096520656421182731672625753959471725593463723863226148274262220867115
583959992652117625269891754098815934864008345708518147223181420407042650905653
233339843645786579679651926729239987536661721598257886026336361782749599421940
377775368142621773879919455139723127406689832998989538672882285637869774966251
996658352577619893932284534473569479496295216889148549253890475582883452609652
409654288939453864662574492755638196441031697983306185201937938494005715633372
054806854057586799967012137223947582142630658513221740883238294728761739364746
783743196000159218880734785761725221186749042497736692920731109636972160893370
866115673458533483329525467585164471075784860246360083444911481858765555428645-
512331421992631133251797060843655970435285641008791850076036100915946567067688
360557174007675690509613671940132493560524018599910506210816359772643138060546
701029356997104242510578174953105725593498445112692278034491350663756874776028
316282960553242242695753452902883876844642917328277088831808702533985233812274
999081237189254072647536785030482159180188616710897286922920119759988070381854
333253646021108229927929307287178079988809917674177410898306080032631181642798
823117154363869661702999934161614878686018045505553986913115186010386375325004
558186044804075024119518430567453368361367459737442398855328517930896037389891
517319587413442881784212502191695187559344438739618931454999990610758704909026
088351763622474975785885836803745793115733980209998662218694992259591327642361
941059210032802614987456659968887406795616739185957288864247346358588686449682
238600698335264279905628316561391394255764906206518602164726303336297507569787
060660685649816009271870929215313236828135698893709741650447459096053747279652
447709409924123871061447054398674364733847745481910087288622214958952959118789
214917983398108378827815306556231581036064867587303601450227320882935134138722
768417667843690529428698490838455744579409598626074249954916802853077398938296
036213353987532050919989360751390644449576845699347127636450716327915470159773
354863893942325727754003826027478567417258095141630715959784981800944356037939
098559016827215403458158152100493666295344882710729239660232163823826661262683
050257278116945103537937156882336593229782319298606467978986409208560955814261
436363100461559433255047449397593399912541953230093217530447653396470662761166
175351875464620967634558738616488019884849747926404506544489691004079421181692
579685756378488149898641685499491635761448404702103398921534237703723335311564
594438970365316672194904935188290580630740134686264167247011065346349391640714
628556798017793381442404526913706660977763878486623800339232437047411533187253-
190601916599645538115788841380843323210533767461812178014296092832411362752540
887372905129407339479433061943956936702079429515878228349321931666411130154959
469837897767434443539337709957134988407890850815892366070088658105470949790465
722988880892461282816013133701029080290999745647849581545614648715516390502419
857906131093458783306200262207372471676685455499904994085710809925759928893236
615438271955005781625133038153146577907926868500806984428479152424275441026805
756321565322061885751225113063937025362927161968251259192025216058701189596732
244239267423734490764646727375347964598819149807931718002423855453886038368310
800779182466462754117444250018727779518164383451463461299020763343017968554385
631667723518389336670422221109391449302879638128398893117313084300421255501854
985065294556377660314612559091046113847682823595924772286290426427361632645854
43392877263860343149804896397363329754885925681149296836126725898573833216 ...

Irrationaler Unterricht
Ich habe in einer 8. Klasse mit allen mir zur Verfügung stehenden Mitteln versucht zu klären, dass $\sqrt{2}$ nicht als Verhältnis zweier ganzer Zahlen darstellbar ist. Die Antwort: *„Na und, dann ist die Zahl halt kein Bruch. Wo ist das Problem?"*
Das Magische an diesem Thema ist, dass $\sqrt{2}$ eine Lücke im bisher bekannten Zahlenbereich darstellt. Die Menge der Brüche, die wir selbstverständlich als die Menge aller Zahlen angesehen haben, ist unvollständig! Aber aus Schülersicht fehlt keine Zahl. Mit einem Blick auf Jean Piagets kognitive Entwicklungstheorie scheint es nicht möglich zu sein, das Wesen der Irrationalität in seiner Bedeutungstiefe einem Achtklässler auf kognitivem Weg erklären zu können.
Daher wurde hier eine emotionale Herangehensweise gewählt. Der Schüler lernt an einem vertrauten Gegenstand (seinem Geodreieck), dass es reale Größen gibt, die nicht exakt angegeben werden können. Der Zugang über Näherungswerte (Intervallschachtelung) zeigt eine Eigenart der Wurzeln auf. Intuitiv geht der Schüler von sich aus den richtigen Weg. Dieses langsame „Annähern" darf nicht übersprungen werden, möchte man eine Vorstellung von der Eigenart dieser neuen Zahl geben.

emotionale Herangehensweise

11.9 Strukturverlust durch Zahlenbereichserweiterung

„Je mehr Zahlen, desto mehr kann man machen." Auf den ersten Blick erscheint die Zahlenbereichserweiterung als gewinnbringend:

Natürliche Zahlen
Am Anfang stehen die natürlichen Zahlen $\mathbb{N}$.[7]

Ganze Zahlen
Aber das genügt nicht, man möchte auch mit negativen Zahlen rechnen können und erweitert zum Zahlenbereich der ganzen Zahlen $\mathbb{Z}$. Die Erweiterung wird etwa mit der Differenz zweier natürlicher Zahlen konstruiert. So steht (4|1) beispielsweise für die ganze Zahl 3, da $4 - 1 = 3$ gilt. (1|4) bezeichnet –3. Man erkennt sofort, dass

7 Eigentlich steht am Anfang die leere Menge. Mehr braucht es nicht, mit ihr lassen sich bereits die natürlichen Zahlen konstruieren: Die leere Menge entspricht der Zahl Null, die Menge, welche die leere Menge enthält, der Eins. Neumann und Dedekind zeigen unterschiedliche Konstruktionen der natürlichen Zahlen.

es für eine ganze Zahl beliebig viele Repräsentantenpaare gibt: (4|1), (18|15), (7|4), (5847|5844), (3|0), ... stehen alle für die ganze Zahl 3.

Rationale Zahlen

Dann werden die ganzen Zahlen in die Menge der Brüche (Quotienten) $\mathbb{Q}$ eingebettet. Wieder werden Paare zur Konstruktion benötigt: Eine ganze Zahl steht über dem Bruchstrich, eine zweite unterhalb[8]. Und wieder gibt es unendlich viele Möglichkeiten, eine Bruchzahl auszudrücken. Kürzen und Erweitern sind die Folge davon.

In unserem Kopf können wir uns die Menge aller Brüche vorstellen. Das sind Zahlen, von denen unsere Taschenrechner, unsere Computer und Maschinen eine endliche Menge kennen. Die Brüche scheinen vollständig, aber der Leser weiß, dass es mehr gibt, viel mehr.

Reelle Zahlen

Es existieren Zahlen, die es verstandesmäßig, sprich rational, gar nicht geben dürfte.

Die Menge der Brüche sind ein Teil der reellen Zahlen $\mathbb{R}$. Und plötzlich stellt man fest, dass diese „verbotenen" Zahlen viel mehr sind als alles zuvor. In der Tat stellen die Brüche eine Nullmenge im Vergleich zu den reellen Zahlen dar. Das bedeutet: Stellen Sie sich eine Urne vor, in der alle reellen Zahlen sind. Die Wahrscheinlichkeit, blind einen Bruch zu ziehen, ist genauso hoch, wie unter allen natürlichen Zahlen seine Lieblingszahl zu ziehen: Die Wahrscheinlichkeit ist null.

Komplexe Zahlen

Auch der Zahlenbereich der reellen Zahlen, der nur noch durch Denken zugänglich ist, reicht nicht. Man möchte auch Wurzeln aus negativen Zahlen ziehen und konstruiert die komplexen Zahlen $\mathbb{C}$, wieder durch Paare. Links der Streit des irrationalen π und des komplexen i.

Quaternionen

Mittels Paaren von komplexen Zahlen werden Quaternionen oder Hamiltonzahlen $\mathbb{H}$ dargestellt.

Und so könnte man weiter und weiter konstruieren. Oder etwa doch nicht? Gibt es eine Grenze für Zahlen?

8 Für den Nenner reichen auch die natürlichen Zahlen ohne die Null.

Zahlenbereichserweiterung als Verlustgeschäft

Man kann die Geschichte der Zahlenerweiterung als Verlustgeschäft betrachten. Bei jeder Erweiterung verliert man eine Struktur. Am bekanntesten ist wahrscheinlich der Verlust der Abzählbarkeit beim Übergang von den Brüchen zu den reellen Zahlen. Wenn Sie Lust haben, können Sie sich vor dem Weiterlesen die Erweiterungen nochmals vor Augen führen und knobeln, welche Struktur jeweils verloren geht. Hier eine Übersicht:

Natürliche Zahlen $\mathbb{N} = \{0, 1, 2, ...\}$	
	Der Anfang geht verloren.
Ganze Zahlen $\mathbb{Z} = \{... , -2, -1, 0, 1, 2, ...\}$	
	Die Nachfolgereigenschaft geht verloren. Die Frage, was nach $\frac{5}{15}$ kommt, kann nicht beantwortet werden.
Rationale Zahlen $\mathbb{Q}$	
	Die Abzählbarkeit geht verloren.
Reelle Zahlen $\mathbb{R}$	
	Die Anordnung geht verloren. Eine komplexe Zahl kann nicht mehr kleiner oder größer als eine andere sein.
Komplexe Zahlen $\mathbb{C}$	
	Die Kommutativität $a \cdot b = b \cdot a$ geht verloren.
Quaternionen $\mathbb{H}$	
	Das Assoziativgesetz $a \cdot (b \cdot c) = (a \cdot b) \cdot c$ geht verloren.
Oktaven oder Oktonionen $\mathbb{O}$	

Umsetzung im Unterricht

Verständnis für Irrationalität

Inwieweit man Zahlenbereichserweiterung im Unterricht durchnehmen möchte, bleibt dem Leser überlassen. In der Mittelstufe zumindest, in der irrationale Zahlen meist eingeführt werden, hat der Schüler selten Verständnis für Irrationalität.
Ich denke, dass man frühestens in der Kursstufe echtes Interesse an diesem abstrakten Thema entwickeln kann.

Eine pädagogische und eine philosophische Bemerkung

Möchte man alles haben, bleibt nichts mehr. Vielleicht sind die komplexen Zahlen ein guter Kompromiss zwischen Größe des Zahlenbereiches und Größe der Struktur.

Man kann die Sache auch pädagogisch deuten: Gibt man zu viel an Struktur vor, kommt auch nicht viel dabei heraus, man kann gerade mal zählen.

Ein philosophisches Thema, ein Dilemma: Ohne Struktur hat man prinzipiell alles, aber man kann auch nichts mehr damit anfangen ... Es ist wie mit den Grundfarben: Wenn man alle benützen möchte, geht alles verloren. Aus Rot, Blau und Gelb entsteht im Wasserfarbkasten ein schwarz-schmutziges Etwas. Es ist die Kunst des Weglassens, die leuchtende Farben ermöglicht – möchte man alles haben, verliert man alles. Mit jeder Erweiterung geht auch immer etwas verloren.

Fortschritt ist immer auch Amputation

Jeder Fortschritt ist gleichzeitig auch eine Amputation. Zum Beispiel haben die Möglichkeiten neuer Kommunikationstechnologien die Verwendung der Handschrift auf ein Minimum reduziert. Allzeit und überall erreichbar zu sein, wird manchmal als angenehm und manchmal als Last empfunden. Man kann nichts Neues schaffen, ohne gleichzeitig abzuschaffen.

Teil IV

Algebra

Kapitel 12

Rechnen

Das Aus-x-en von Gleichungen, das Umformen von Termen, das Beherrschen des kleinen und großen Einmaleins – ist das alles noch wichtig in einer Welt, in der Rechner dem Menschen zumindest bei einfachen Berechnungen weit überlegen sind? Wozu soll etwas geübt werden, was man nicht braucht? Es geht doch in erster Linie um das Erkennen von Strukturen, also um das Wissen und die Fähigkeit, *wie* man etwas rechnet, und nicht darum, *dass* man es tatsächlich rechnet. Oder?

Dieses Kapitel möchte das sicherlich notwendige Kopfrechnen weitgehend als Begleiterscheinung eines strukturellen Verständnisses der Zahlenwelt begreifen. Es geht darum, Rechenstrukturen zu nutzen, verschiedene Wege zu kennen und Abkürzungen anzuwenden. Didaktisch zentral sind die Diskussionen der Schüler untereinander über unterschiedliche Lösungswege (dialogisches Lernen).

strukturelles Verständnis der Zahlenwelt

dialogisches Lernen

12.1 Rechteck- und Quadratzahlen im kleinen Einmaleins

Das Heft wird quer genommen, so dass ein rechteckiges Zahlenschema (10 cm × 20 cm) Platz findet: das große Einmaleins. An den linken Rand werden die Zahlen von 1 bis 10, an den oberen entsprechend die Zahlen von 1 bis 20 geschrieben. Das folgende Bild der Tafel zeigt für den Moment zu viel: Das (graue) Innere wird erst später ausgefüllt:

Vorerst wird nur das kleine Einmaleins betrachtet, also die schon aus der Grundschule bekannte, einfachere Hälfte.

Geometrische Interpretation der Multiplikation: Quadrat- und Rechteckzahlen

Die Multiplikation zweier Zahlen entspricht einer Fläche.[9] In der linken Abbildung auf nächster Seite ist 3 · 8 als ein Rechteck mit den Seiten 3 und 8 hervorgehoben, in der rechten entsprechend 8 · 3.

9 Vgl. *Algebra der Übersetzungen* in Abschnitt 14.13. Mit Hilfe von Übersetzungen lässt sich die Multiplikation auch im Sinne eines Operators verstehen. Die flächenhafte Vorstellung eines Produktes zweier Zahlen führt sehr weit, ist aber nicht die einzige anschauliche Interpretation.

1	2	3	4	5	6	7	8	9	10
2	4	6	8	10	12	14	16	18	20
3	6	9	12	15	18	21	24	27	30
4	8	12	16	20	24	28	32	36	40
5	10	15	20	25	30	35	40	45	50
6	12	18	24	30	36	42	48	54	60
7	14	21	28	35	42	49	56	63	70
8	16	24	32	40	48	56	64	72	80
9	18	27	36	45	54	63	72	81	90
10	20	30	40	50	60	70	80	90	100

1	2	3	4	5	6	7	8	9	10
2	4	6	8	10	12	14	16	18	20
3	6	9	12	15	18	21	24	27	30
4	8	12	16	20	24	28	32	36	40
5	10	15	20	25	30	35	40	45	50
6	12	18	24	30	36	42	48	54	60
7	14	21	28	35	42	49	56	63	70
8	16	24	32	40	48	56	64	72	80
9	18	27	36	45	54	63	72	81	90
10	20	30	40	50	60	70	80	90	100

Dabei bezeichnet der erste Faktor die Breite (Zeilen), der zweite die Länge (Spalten). In beiden Fällen wurden jeweils 24 kleine Quadrate eingefärbt. Die Tatsache, dass $3 \cdot 8 = 8 \cdot 3$ ist, lässt sich so interpretieren, dass ein Rechteck immer noch denselben Flächeninhalt besitzt, wenn man es um 90° dreht. In diesem Sinne kann man die Zahl 24 eine „Rechteckzahl“ nennen, analog zu den Quadratzahlen. Die Quadratzahlen sind somit besondere Rechteckzahlen, die im Zahlenschema eine Diagonale bilden.

Kommutativität

Rechteckzahl

Das kleine Einmaleins besteht aus 100 Aufgaben. Aber nur ein Teil davon muss wirklich gelernt werden. Wie sich zeigen wird, sind es nur ca. 14 Aufgaben. Da die Reihenfolge bei der Multiplikation kei-

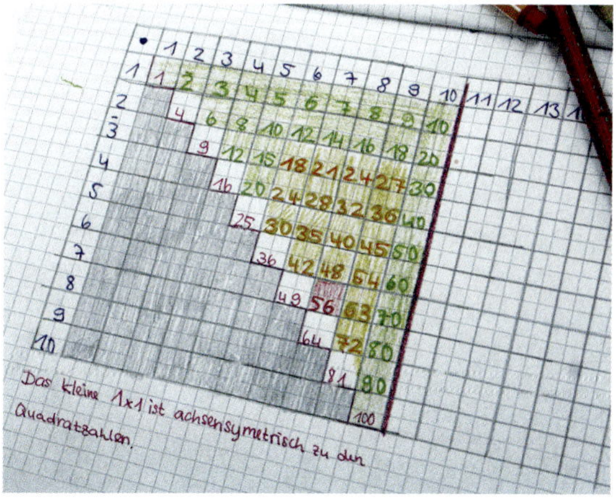

ne Rolle spielt (3 · 8 = 8 · 3), werden die Zahlen unterhalb der Quadratzahlen mit dem Bleistift schraffiert. Dieser Bereich muss aus Symmetriegründen nicht gelernt werden. Den Quadratzahlen fällt eine Sonderrolle zu: Sie bilden die Symmetrieachse im kleinen Einmaleins. Deshalb erhalten sie eine eigene Farbe. Da im Folgenden der Schwierigkeitsgrad der Aufgaben mit den „Ampelfarben" eingefärbt wird (leicht, mittel, schwer), bietet sich für die Quadratzahlen lila oder blau an.
Einige Aufgaben wie 1 · 8 oder 3 · 10 sind offensichtlich sehr, sehr einfach. Im nächsten Schritt trägt jeder Schüler nach seiner persönlichen Einschätzung die einfachsten Produkte ein und unterlegt diese mit grüner Farbe. Die Einer- und Zehnerreihe werden sicherlich grün werden. Auch die Zweierreihe und Produkte, die nur aus Faktoren kleiner als fünf bestehen, haben gute Chancen. Als nächstes werden mittelschwere Aufgaben gelb unterlegt, schließlich die als schwierig empfundenen Aufgaben rot.

12.2 Die schwierigste Aufgabe des kleinen Einmaleins

Fast alle Schüler empfinden die Aufgabe $7 \cdot 8$ als schwer und färben sie entsprechend rot ein. Das hat einen Grund, der sich strukturell verstehen lässt. Statt sich über die Schwierigkeit zu ärgern, soll geklärt werden, warum $7 \cdot 8 = 56$ nicht so recht in den Kopf gehen will. Zwangsläufig wird man verschiedene Rechenmethoden überprüfen und feststellen, dass bei der 56 keine geschickt passt. Auf diese Weise ermöglicht gerade die Aufgabe $7 \cdot 8$ am besten ein strukturelles Verständnis des kleinen Einmaleins. Dass die Lösung dabei mitgelernt wird, ist ein willkommenes Nebenprodukt.

strukturelles Verständnis

Übung
Die Schüler haben das kleine Einmaleins wie im letzten Kapitel eingefärbt und sollen zusammen mit ihrem Nachbarn entscheiden, welche Aufgabe prinzipiell am schwersten ist. Es geht nicht um ein vages Gefühl, sondern um (für die ganze Klasse) nachvollziehbare Argumente, warum die gewählte Aufgabe die schwierigste ist.

Eine mögliche Argumentation
Die Quadratzahlen nehmen als Symmetrieachse eine Sonderstellung im Zahlenschema ein und prägen sich gut ein[10], sie sind hier blau eingefärbt. Die Einer-, Zweier-, Fünfer- und Zehnerreihe sind einfach und werden entsprechend grün eingefärbt:

1	2	3	4	5	6	7	8	9	10
2	4	6	8	10	12	14	16	18	20
3	6	9	12	15	18	21	24	27	30
4	8	12	16	20	24	28	32	36	40
5	10	15	20	25	30	35	40	45	50
6	12	18	24	30	36	42	48	54	60
7	14	21	28	35	42	49	56	63	70
8	16	24	32	40	48	56	64	72	80
9	18	27	36	45	54	63	72	81	90
10	20	30	40	50	60	70	80	90	100

10 Es gibt für fast alle Quadrate eine Begründung, warum sie prinzipiell nicht schwierig sind: Die ersten fünf Quadrate sind klein (bzw. in der Fünferreihe) und daher einfach. Dass $100 = 10 \cdot 10$ sehr einfach ist, ist eine Konsequenz des Aufbaus unseres Zahlensystems (vgl. auch Abschnitt 11.6). Die Zahlen 36 und 64 lassen sich aus vier kleineren Quadraten zusammensetzen: $36 = 4 \cdot 3^2$ bzw. $64 = 4 \cdot 4^2$, damit sind die Multiplikationen auf die Viererreihe zurückgeführt. Es bleibt noch zu klären, warum die 49 leicht zu lernen ist. Tja ... Aus der Praxis weiß ich, dass es hier keine Schwierigkeiten gibt. Wenn Sie jedoch ein strukturelles Argument haben, dann lassen Sie es mich wissen!

1	2	3	4	5	6	7	8	9	10
2	4	6	8	10	12	14	16	18	20
3	6	9	12	15	18	21	24	27	30
4	8	12	16	20	24	28	32	36	40
5	10	15	20	25	30	35	40	45	50
6	12	18	24	30	36	42	48	54	60
7	14	21	28	35	42	49	56	63	70
8	16	24	32	40	48	56	64	72	80
9	18	27	36	45	54	63	72	81	90
10	20	30	40	50	60	70	80	90	100

Das Produkt 3 · 4 besteht nur aus Faktoren, welche kleiner als fünf sind, und ist daher einfach. Etwas schwerer wird es, wenn *ein* Faktor größer als fünf ist. Diese Produkte sind hier gelb unterlegt.

1	2	3	4	5	6	7	8	9	10
2	4	6	8	10	12	14	16	18	20
3	6	9	12	15	18	21	24	27	30
4	8	12	16	20	24	28	32	36	40
5	10	15	20	25	30	35	40	45	50
6	12	18	24	30	36	42	48	54	60
7	14	21	28	35	42	49	56	63	70
8	16	24	32	40	48	56	64	72	80
9	18	27	36	45	54	63	72	81	90
10	20	30	40	50	60	70	80	90	100

Es sind noch sechs Aufgaben zu bewerten: Die Neunerreihe lässt sich mit Hilfe der Zehnerreihe finden, z. B. ist $7 \cdot 9 = 7 \cdot (10 - 1) = 70 - 7$. Wir können auch grafisch argumentieren: Die Neunerreihe liegt *nahe* an der Zehnerreihe und daher hilft die letztere.

Es verbleiben noch die Aufgaben $6 \cdot 7$, $6 \cdot 8$ und $7 \cdot 8$. In der Tat werden von vielen Schülern alle drei rot eingefärbt. Aber die Frage war ja, welche Aufgabe prinzipiell die schwerste ist. Dabei kommt $7 \cdot 8$ eine Sonderrolle zu: Sie ist kein direkter Nachbar einer grünen. Anders formuliert: Wer die Fünferreihe beherrscht, rechnet $6 \cdot 7$ mittels $5 \cdot 7 + 7$, bzw. $6 \cdot 8$ mittels $5 \cdot 8 + 8$. Diese Aufgaben wurden hier gelb markiert.

Man kann einen recht hübschen Zusammenhang zwischen dem Schwierigkeitsgrad der Aufgabe und ihrem Ort in der grafischen Darstellung erkennen: Eine Aufgabe ist dann strukturell schwierig, wenn sie keinen grünen Nachbarn hat.

Um schließlich die Frage zu klären, wie viele Aufgaben des kleinen Einmaleins man tatsächlich auswendig parat haben muss, kann jeder Schüler die Anzahl der gelben und roten Einfärbungen bestimmen. Im gezeigten Beispiel sind es 14. Die Schüler empfinden häufig auch noch Teile der Dreier- und Viererreihe als einfach, mitunter kann sich aber ein Schüler eine bestimmte Quadratzahl nicht merken. Die genaue Anzahl hängt also vom jeweiligen Schüler ab.

Didaktische Bemerkung: Reines Auswendiglernen von Zahlenreihen

Es gibt Kinder, die bereits im Alter von drei Jahren bis 20 oder noch höher zählen können. Aber diese Form des „Zählens" hat nichts mit einem Zahlenverständnis zu tun: Wenn Sie das Kind fragen, was vor der Sieben kommt, bleibt es die Antwort schuldig. Ebenso, wenn es die Zahlen rückwärts aufsagen soll. Das Zählen in den ersten Jahren funktioniert über Reizleitung. Ihnen geht es vermutlich genauso, wenn Sie versuchen, das Alphabet rückwärts aufzusagen. Wenn man die Reihen des kleinen oder großen Einmaleins auswendig lernt und anschließend wie ein Kleinkind aufsagen kann, gleicht es einem Auswendiglernen von Vokabeln und hilft wenig zum Aufbau eines tiefen Zahlenverständnisses.

Zählen funktioniert über Reizleitung

In höheren Klassen fördert das reine Reihenpauken die Unlust und wird von manchem Schüler als eine Bürde empfunden, die er nicht so recht einsieht. Freude wird er hier nicht erfahren. Und seine Empfindung gibt ihm Recht: Er muss lernen, weil man ihn (von außen) dazu zwingt. Vielleicht fragt er sich, warum er nicht das städtische Telefonbuch auswendig lernen soll. Für ihn macht das keinen großen Unterschied: Beides hat nichts mit ihm zu tun.

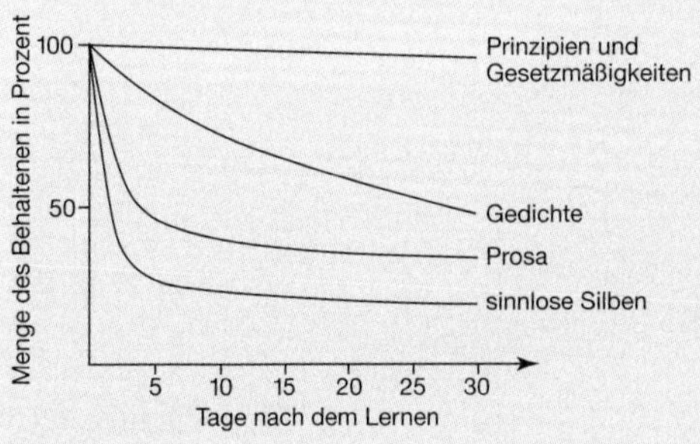

Dabei ist Mathematik etwas zutiefst Menschliches. Wir sehnen uns nach Vereinfachung und Strukturen. Das wundert nicht, da unser Gehirn darauf spezialisiert ist, sich Strukturen, Prinzipien und Gesetzmäßigkeiten langfristig zu merken (vgl. die Grafik[11]).

Mathematik ist zutiefst menschlich

Lernt man das Einmaleins ohne Struktur einfach auswendig, gleicht das einem Lernen sinnloser Silben. Die einzelnen Rechnungen stehen isoliert und ohne Zusammenhang zueinander.

11 Grafik nach Heinz Hartmann, 2000. Quelle: www.psychophilo.at/content/psycho/lernen.html

12.3 Rechenwege abschreiten – das große Einmaleins erkunden

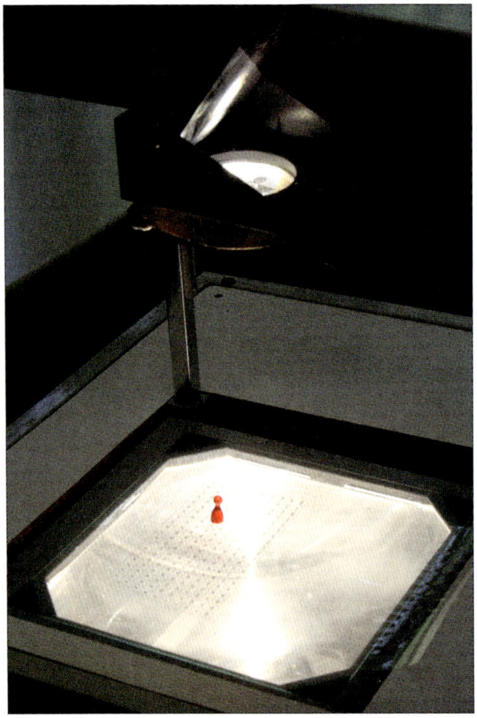

In den letzten beiden Abschnitten wurde eine grafische Interpretation des kleinen Einmaleins benutzt, um Rechen- und Denkstrukturen aufzuzeigen. In diesem Abschnitt soll mittels Figuren die Vernetzung vertieft werden und Rechenwege tatsächlich „Schritt für Schritt" mit Hilfe einer Figur abgeschritten werden.

Was ergibt $8 \cdot 18$? Mit einem Tageslichtprojektor wird das große Einmaleins (10×20)[12] an die Tafel projiziert und eine Spielfigur („Mensch ärgere dich nicht") auf die Lösungsstelle 144 gestellt. Alternativ tut es auch ein kleiner Radiergummi, ein Stiftdeckel oder ein Papierschnipsel.

Es gibt unterschiedliche Wege, um ans Ziel zu gelangen. Ein Schüler lässt ein handgroßes Stofftier[13] einen Lösungsweg abschreiten, z. B. könnte dieser Weg vorgeschlagen werden:

$8 \cdot 18 = 8 \cdot (10 + 8) = 80 + 64 = 144.$

12 Folienvorlage unter www.unterricht-als-abenteuer.de

13 Vgl. Abschnitt „Figurentheater" in: M. Kramer: Didaktik für Abenteurer (2018)

Die Figur läuft also entsprechend der Rechnung zuerst die Zehnerreihe von oben nach unten bis zur 80. Der Schüler kann die Figur schrittweise laufen lassen, dann bedeutet jeder Schritt eine Addition um 10 ($\underbrace{10 + 10 + \ldots + 10}_{8\ mal}$), oder er lässt sie direkt zur 80 ($8 \cdot 10$) hopsen. Im nächsten Schritt geht es 8 Schritte nach rechts (im Streifen der Achterreihe) weiter ($\underbrace{8 + 8 + 8 + \ldots + 8}_{8\ mal}$) oder es wird um $8 \cdot 8$ weitergehopst, so dass die Figur auf 144 landet.

Rechenweg als Weg

Nicht jeder hat diesen Rechenweg gewählt. Die Figur wird an einen Mitschüler weitergegeben, der einen anderen, alternativen Rechenweg vorstellt:

$8 \cdot 18 = 8 \cdot (20 - 2) = 160 - 16 = 144$.

Aber auch

$8 \cdot 18 = (10 - 2) \cdot 18 = 180 - 36 = 144$

führt zum Ziel. Ebenso ein auf Verdopplung basierender Weg:

$8 \cdot 18 = (2 \cdot 2 \cdot 2) \cdot 18 = 2 \cdot 2 \cdot 36 = 2 \cdot 72 = 144$.

Der folgende Weg beginnt an anderer Stelle, mündet jedoch in den bekannten ($2 \cdot 72 = 144$):

$8 \cdot 18 = 8 \cdot 2 \cdot 9 = 2 \cdot 8 \cdot 9 = 2 \cdot 72 = 144$.

An dem Beispiel 4 · 14 lässt sich eine neue Möglichkeit zeigen: Wir führen eine Aufgabe des großen Einmaleins auf das kleine Einmaleins zurück. Anschaulich wird dabei das zugehörige Rechteck der Länge nach halbiert und anschließend in der Breite wieder verdoppelt, so dass der Flächeninhalt erhalten bleibt. Die Spielfigur wird auf das Feld 4 · 14 gestellt, also auf die 56, die rechts unten im blauen diagonal schraffierten Rechteck sitzt.

Lösungsschritte werden sichtbar

Im ersten Lösungsschritt wird das Stofftier auf 4 · 7 gesetzt und damit der Flächeninhalt halbiert. Schließlich wird die Breite des Rechteckes verdoppelt, indem das Stofftier auf das Feld 2 · 4 · 7 = 8 · 7 gezogen wird: $4 \cdot 14 = 4 \cdot (2 \cdot 7) = (4 \cdot 2) \cdot 7$

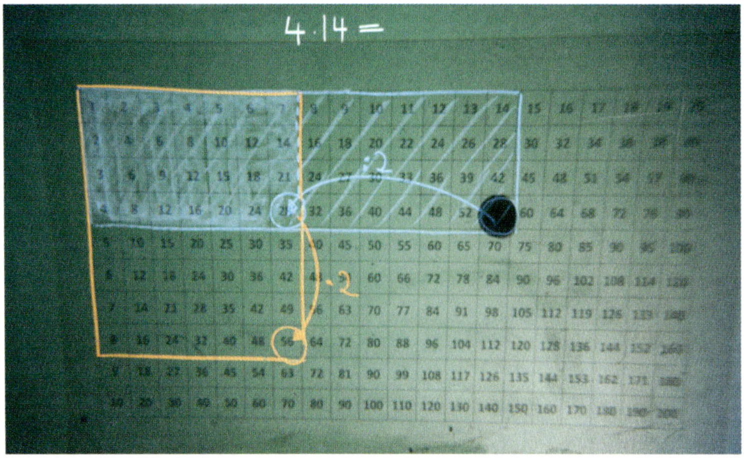

Eine Aufgabe des großen Einmaleins wird somit zu einer des kleinen. Es ist ein typisches mathematisches Vorgehen: Ein Problem wird auf ein bereits gelöstes zurückgeführt. Die Zurückführung auf das kleine Einmaleins gelingt bei allen geraden Spalten bis zur fünften Zeile.

Eine Partnerübung

Nachdem an der Tafel an unterschiedlichen Beispielen verschiedene Rechenwege vorgestellt wurden, wird in einer Partnerübung das Auffinden verschiedener Lösungsmöglichkeiten trainiert. Es geht in erster Linie um die Lösungsstrategien, nicht um das konkrete Rechenergebnis. Dass dabei das Einmaleins mitgelernt wird, ist eine willkommene Begleiterscheinung.

Lösungsstrategien statt Rechenergebnis

Einmaleins als Spielbrett

Das Spielbrett besteht aus dem bereits eingefärbten großen Einmaleins (vgl. Abschnitt 12.2). Weiter werden jeweils drei Mensch-ärgere-dich-nicht-Figuren (in Rot und zwei weiteren Farben) benötigt, notfalls können auch Deckel von Filzstiften zweckentfremdet werden. Einer von beiden Schülern stellt eine Aufgabe, indem er die rote Figur auf ein nicht einfach zu berechnendes Feld stellt. Das kann zum Beispiel das Feld 8 · 18 aus der Einleitung dieses Abschnittes sein. Sein Gegenüber überlegt sich einen Lösungsweg und platziert z. B. eine grüne Figur auf das Feld, welches dem ersten Lösungsschritt entspricht. Das könnte beispielsweise das Feld 8 · 10 sein. Anschließend wird der restliche Lösungsweg mit dem Finger abgeschritten. Jetzt ist der Aufgabensteller, also der, der die rote Figur platziert hat, an der Reihe und setzt eine andersfarbige Figur (z. B. gelb) als einen alternativen ersten Lösungsschritt. Das könnte beispielsweise das Feld 8 · 20 sein.

Nun werden die verschiedenen Lösungsstrategien aufgezeichnet: Hierzu bekommen die Schüler sechsmal das große Einmaleins auf einem DIN-A4-Blatt als Vorlage[14]. Hier wurden Lösungen zur Aufgabe 4 · 14 notiert:

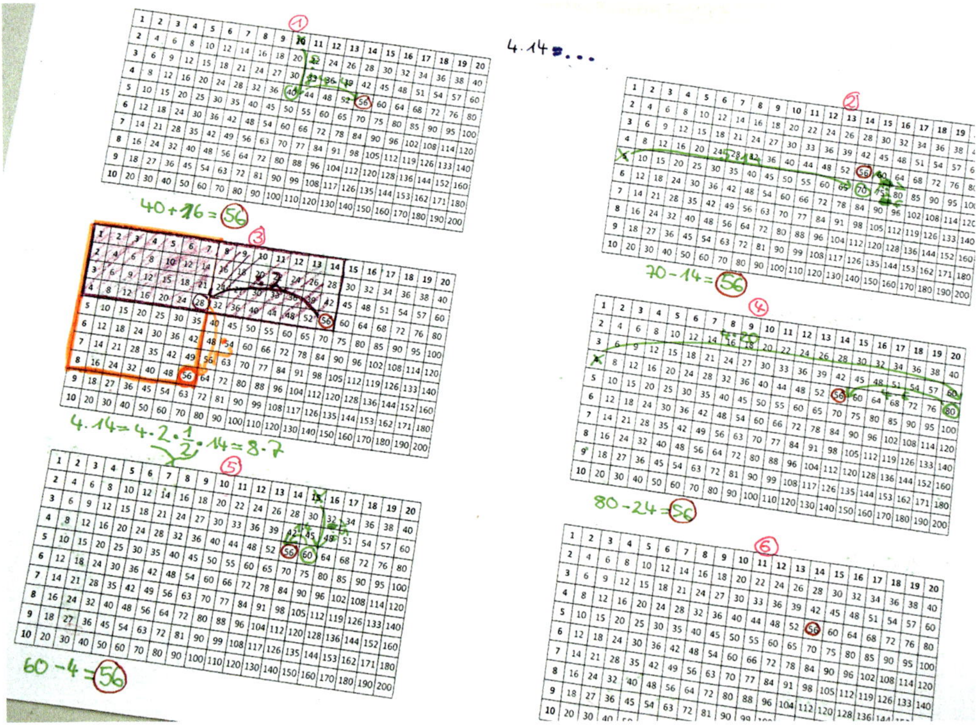

Alternative und Erweiterung:
Falls wenig Zeit ist, kann alternativ zu dem selbstgezeichneten Spielbrett ein Vordruck ausgegeben werden. Auf dem Foto rechts sehen Sie, wie in einer Folgestunde, also nach dem selbstgezeichneten Einmaleins, ergänzend und abschließend an einem größeren Einmaleins (bis 20 × 20) Lösungsstrategien gesucht wurden.[15]

Didaktische Hintergründe

Spielfigur
Es ist nicht gleichgültig, ob bei der Partnerübung mit einer Spielfigur wie bei „Mensch ärgere dich nicht" die verschiedenen Wege abge-

14 Kostenfreier Download (Rechenwege Einmaleins 10 × 20) unter www.unterricht-als-abenteuer.de

15 Kostenloser Download unter www.unterricht-als-abenteuer.de („Partnerübung Einmaleins – 20 × 20", wenn möglich, am Kopierer auf DIN A3 vergrößern)

schritten werden oder mit einem Füllerdeckel oder einem sonstigen Ersatz. Die Spielfigur ist mit einem positiven Wert belegt. Man wird an Spiel und Freude erinnert, die Spielfigur vermittelt einen spielerischen Umgang: Es geht darum, Verschiedenes auszuprobieren, man hat verschiedene Möglichkeiten, aber es gibt auch feste (Spiel-)Regeln. Verschiedene Wege entsprechen verschiedenen Rechenwegen, die Spielregeln ergeben sich aus der Arithmetik.

belegt mit positivem Wert

Visualisieren, Gesetz der Gleichzeitigkeit

Dass es sich bei dieser Übung um ein Lernen mit mehreren Sinnen (vielkanaliges Lernen) handelt, ist offensichtlich. Aber in der Übung steckt weit mehr: Wie bei den vorhergehenden Übungen findet jeder Rechenweg eine geometrische Entsprechung. Dem Ziehen der Figur kommt noch eine weitere Bedeutung zu: Geschehen zwei Dinge *gleichzeitig*, unterstellt unser Gehirn automatisch einen Zusammenhang. In der Gestaltpsychologie wird dieses Phänomen das *Gesetz der Gleichzeitigkeit* genannt. Hier wird dieser Zusammenhang didaktisch ausgenutzt: Wenn die (abstrakte) Rechnung *gleichzeitig* mit der Figur abgeschritten wird, wird automatisch ein Zusammenhang hergestellt. Am intensivsten ist die Übung also, wenn während dem Ziehen der Figur die abstrakte Rechnung formal ausgesprochen oder aufgeschrieben wird![16]

geometrische Entsprechung des Rechenwegs

Gestaltpsychologie

16 Vgl. die didaktische Bemerkung über das EIS-Prinzip nach Bruner in 17.1.

Verschiedene Rechenwege

Umweg

Bei dieser Übung kann man lernen, dass der räumlich kürzeste Weg nicht unbedingt der leichteste Weg ist. Es ist wie das Begehen einer Landschaft auf unterschiedlichen Wegen. Jeder empfindet einen anderen Weg als einfach. „Umständliches Rechnen" erfährt eine neue Bedeutung. Was für den einen einen Umweg bedeutet, ist für den anderen der beste Weg!

Vertrautheit mit der ganzen Rechenlandschaft

Zahlenschema als Landschaft

Es geht darum, die ganze Landkarte, das ganze (Rechen-)Gebiet zu erkunden. Wenn man lediglich einen (Rechen-)Weg kennt, weiß man nur bedingt, wo man sich befindet. Es ist, wie wenn Sie mit einem Navigationssystem durch eine fremde Gegend gelotst werden. Obwohl man den Weg gegangen ist, kann man wohl kaum behaupten, dass man sich auskennt! Man weiß nicht, ob man einen geschickten oder umständlichen Weg gewählt hat, schlichtweg deswegen, weil man keinen Vergleich hat. „Man sieht immer nur im Vergleich gut oder schlecht aus."[17]

Zahlenverständnis

Je mehr Lösungswege man kennt, desto vertrauter wird man mit der Zahlenwelt. Je mehr Verknüpfungen zwischen den einzelnen Aufgaben geschaffen werden, desto einfacher und freier kann man sich in dem Gebiet des Einmaleins bewegen, versteht Zusammenhänge und erreicht ein tieferes Zahlenverständnis. Nur so lässt sich einsehen, dass z. B. $7 \cdot 8$ eine schwierige Aufgabe ist.

Auf diese Weise wird ein „Gefühl für Zahlen" entwickelt, was bedeutet, dass die einzelnen Lösungen nicht isoliert im Raum, sondern in Bezug zueinander stehen. Es existiert eine Struktur und diese kann wesentlich besser behalten werden als auswendig gelernte Zahlenreihen.

Lob des Umwegs und der Fehler

Die Deutung des Zahlenschemas als Landschaft rückt auch die Bedeutung von Fehlern in ein anderes Licht. Wer noch nie in eine unbekannte Gasse eingebogen ist, weiß nicht, dass es Sackgassen gibt oder wohin diese eine führt. Umwege helfen, sich mit einer Landschaft vertraut zu machen. Wer stets direkt nach Hause fährt, nie einen Umweg macht, der kennt vielleicht seine Adresse, aber er weiß nicht, wo er wohnt und wie er die Gegend für sich nutzen kann.

17 Frank Schimann, deutscher Pädagoge

So fragt man sich, was der tadelnde Rotstift in einer modernen Didaktik zu suchen hat. Oder der Tintenkiller und das Tippex, die Fehler vertuschen und ungeschehen machen sollen. Tadeln und Vertuschen! Dabei sind Fehler Lernpotentiale und somit ein wesentlicher Bestandteil von wissenschaftlichem Arbeiten. Trial and error!

Fehler als Lernpotential

12.4 Strukturelles Lernen des großen Einmaleins

Um schnell, flexibel und geschickt rechnen zu können, muss man bestimmte Aufgaben schlichtweg auswendig können. Auch im kleinen Einmaleins müssen schließlich ca. 14 Aufgaben gelernt werden (vgl. den Abschnitt 12.2). Wir wollen auch hier wieder versuchen, so strukturell wie möglich vorzugehen.

Es sind 100 neue Produkte zu lernen, und wieder gibt es sehr einfache und recht schwierige Aufgaben. Immer bis zur nächsten Mathematikstunde soll eine Reihe beherrscht werden. Damit ist gemeint, dass die Produkte in einer Reihe durcheinander abgefragt werden können. Die Schüler entscheiden, mit welcher Reihe sie beginnen möchten. Die Frage ist also: Welche Reihe ist die einfachste, welche die zweiteinfachste usw.? Es ist ein typisches Phänomen: Die Schüler beginnen zu diskutieren, welche Reihe warum am einfachsten ist. Als Lehrer sollte man dieser Diskussion Raum geben. Jedes Argument, warum diese Reihe leichter oder schwerer als die andere ist, lehrt eine Struktur. Dieses strukturelle Nachdenken über die Reihen ist der mathematische Aspekt am Auswendiglernen.

Bewertung der Aufgabenschwierigkeit

strukturelles Nachdenken

Fast immer wird in dieser Abfolge gelernt: 11er, 20er, 12er, 15er, 19er, 13er, 14er, 16er, 18er und 17er. Die aktuellen Reihen werden zu Hause eingetragen und in den Ampelfarben (leicht, mittel, schwer) entsprechend nach persönlichem Schwierigkeitsempfinden wie auch beim kleinen Einmaleins eingefärbt (vgl. den Abschnitt 12.2). Ab jetzt gleicht das Lernen des Einmaleins dem Lernen von Vokabeln. Je mehr Bezüge bereits geschaffen wurden, desto leichter fällt das Lernen. Die schwierigen Reihen sollen die Schüler an einem Ort in ihrer Wohnung aufhängen, wo sie regelmäßig vorbeikommen. Ein guter Ort ist z. B. das stille Örtchen, wo man sich zumindest einmal am Tag einige Minuten lang sehr intensiv mit den jeweiligen Produkten befassen kann.

12.5 Noch mehr Rechenwege: diagonale Wege im Einmaleins und binomische Formeln

Bisher haben wir uns in dem rechteckigen Zahlenschema nur wie ein Turm im Schachspiel bewegt, also waagrecht und senkrecht. Die Kenntnis diagonaler Wege ermöglicht in der Nähe der Quadratzahlen weitere Rechenvorteile, die durch die binomischen Formeln gegeben werden.

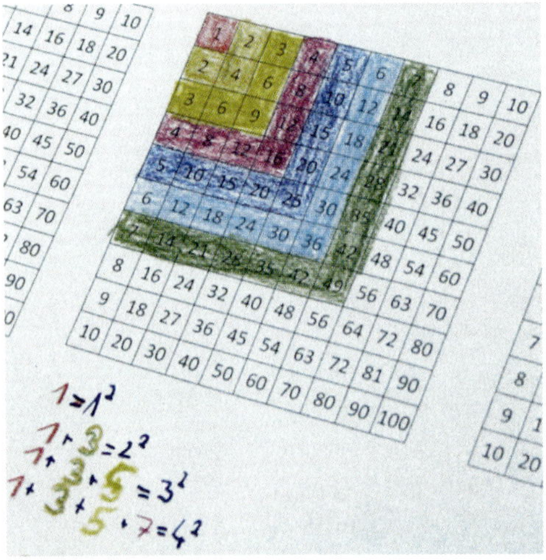

Man kann auf grafische Weise bereits in der Unterstufe zeigen, dass die Summe der ersten ungeraden Zahlen stets eine Quadratzahl ergibt. Die Abbildung ist selbsterklärend.

In höheren Klassen lässt sich das mit Variablen berechnen. Möchte man zum Beispiel von der Quadratzahl a^2 zur nächst höheren Quadratzahl schräg nach unten, so ist $(a + 1)^2$ zu bestimmen. Mit dem ersten Binom ergibt sich: $(a + 1)^2 = a^2 + 2a + 1$. Also ist die folgende Quadratzahl um die ungerade Zahl $2a + 1$ größer. Anschaulich bezeichnet a die Seitenlänge des kleineren Quadrates.

Ein Beispiel: Kennt man das Quadrat von 13 ($13^2 = 169$), so lässt sich 14^2 dadurch bestimmen, dass man $2 \cdot 13 + 1$ zu 169 hinzuzählt. – Entsprechend läuft man die Quadratzahlen rückwärts mit dem zweiten Binom (vgl. Abbildung).

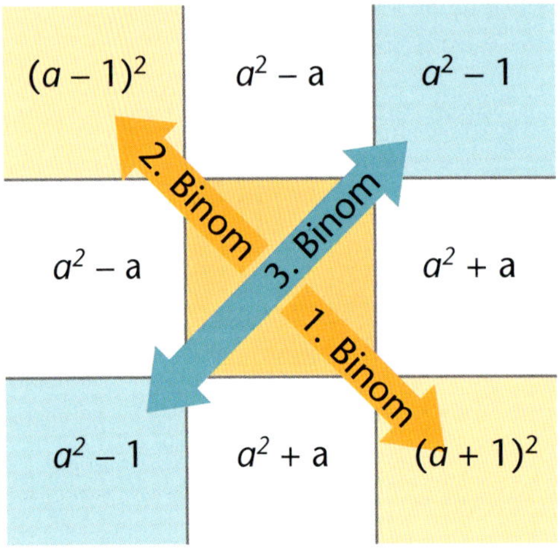

Viel praktischer in der Anwendung erweist sich das dritte Binom. Geht man von einer Quadratzahl aus schräg nach rechts oben (bzw. nach links unten), so wird anschaulich eine Seite des Quadrates um eins länger $(a + 1)$ und die andere um eins kürzer $(a - 1)$. Es entsteht ein Rechteck mit der Fläche $(a + 1)(a - 1) = a^2 - 1$.

Ein Beispiel: Möchte man das Produkt $12 \cdot 14$ berechnen, so bestimmt man die „dazwischen liegende" Quadratzahl und zieht eins davon ab: $12 \cdot 14 = 13^2 - 1 = 169 - 1 = 168$. Im folgenden Abschnitt wird ein haptischer Beweis aufgezeigt.

$(a-2)^2$		a^2-2a		a^2-4
	$(a-1)^2$	a^2-a	a^2-1	
a^2-2a	a^2-a	a^2	a^2+a	a^2+2a
	a^2-1	a^2+a	$(a+1)^2$	
a^2-4		a^2+2a		$(a+2)^2$

121	132	143	154	165
132	144	156	168	180
143	156	13^2	182	195
154	168	182	196	210
165	180	195	210	225

Wenn man sich also im Einmaleins von einer Quadratzahl um einen Schritt diagonal nach rechts oben oder links unten entfernt, wird das Ergebnis um eins kleiner.
Man kann noch weiter gehen: Entfernt man sich zwei Schritte diagonal von einer Quadratzahl, wird die Zahl um 2^2 kleiner. Bei drei Schritten entsprechend um 3^2, was eine unmittelbare Folge des dritten Binoms ist.

12.6 Das dritte Binom haptisch erfahren

Die Gleichung $a^2 - b^2 = (a - b) \cdot (a + b)$ kann handelnd erlebt werden. Zentral bei dieser Übung ist, dass jeder Schüler selbst ein eigenes Beispiel wählt.

Jeder Schüler schneidet aus seinem Schulheft oder einem Blatt ein Quadrat mit **beliebiger Seitenlänge** heraus. Für das Beispiel wurde $\boldsymbol{a} = \mathbf{13}$ gewählt. Der Flächeninhalt beträgt $\mathbf{13^2}$ bzw. $\boldsymbol{a^2}$.	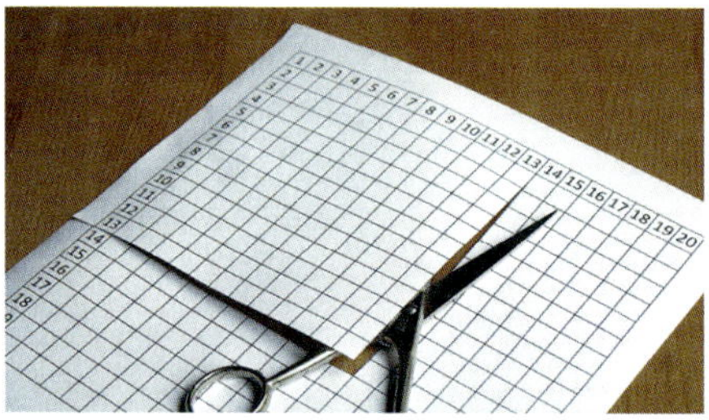
Ein zweites Mal entscheidet sich der Schüler: Ein Streifen von **beliebiger Dicke** wird angemalt und abgeschnitten. Hier wurde **2** gewählt. Offensichtlich wird eine Seite um die Streifendicke kürzer. Die neue Seitenlänge beträgt $\mathbf{(13 - 2)}$ bzw. $\boldsymbol{(a - b)}$.	
Anschließend wird der Streifen, wie in der Abbildung gezeigt, umgelegt. Er steht jetzt genau um die Streifendicke über. Um ein Rechteck (bzw. eine Rechteckzahl) zu erzeugen, wird der Überstand abgeschnitten.	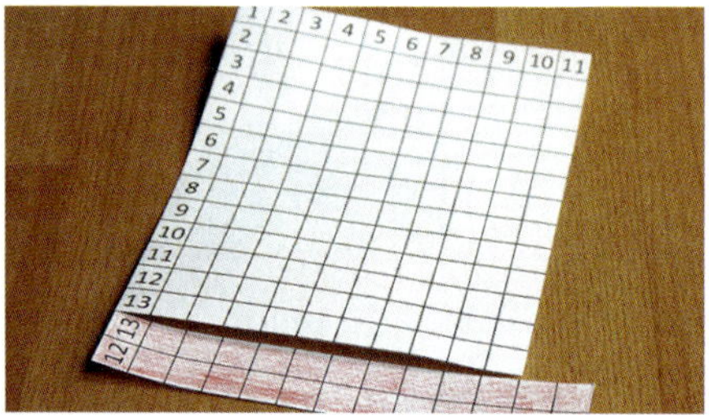
Das Rechteck ist jetzt auf einer Seite kürzer, auf der anderen länger geworden. Sein Flächeninhalt beträgt $\mathbf{(13 - 2) \cdot (13 + 2)}$ bzw. $\boldsymbol{(a - b) \cdot (a + b)}$ Allerdings ist ein quadratischer Rest von $\mathbf{2^2}$ entstanden, den wir noch dazu zählen müssen. Der Inhalt der gesamten zerschnittenen Fläche beträgt $\mathbf{(13 - 2) \cdot (13 + 2) + 2^2}$ bzw. $\boldsymbol{(a - b) \cdot (a + b) + b^2}$	

Vergleicht man die Anfangsversion mit der nach dem Schnitt, so gilt:

=

$$13^2 = (13 - 2) \cdot (13 + 2) + 2^2$$

bzw.

$$a^2 = (a - b) \cdot (a + b) + b^2$$

$$a^2 - b^2 = (a - b) \cdot (a + b)$$

Didaktische Bemerkungen zu Variablen

Zwei Entscheidungen – zwei Variablen

Beliebigkeit der Wahl

Der Schüler wählt zweimal eine Variable aus (einmal die Seitenlänge des Quadrates, ein zweites Mal die Streifendicke). So wird die Beliebigkeit der Wahl unmittelbar vom Schüler selbst erfahren, schlichtweg dadurch, dass seine Nachbarn links und rechts anders gewählt haben und somit alternative Beispiele im Raum sind.

Das Variable im Konkreten

wenige konkrete Beispiele

Unser Gehirn braucht wenige konkrete Beispiele, um das Allgemeine zu verstehen. Bereits ein zweites Beispiel hilft wesentlich, das allgemeine Prinzip zu erkennen:

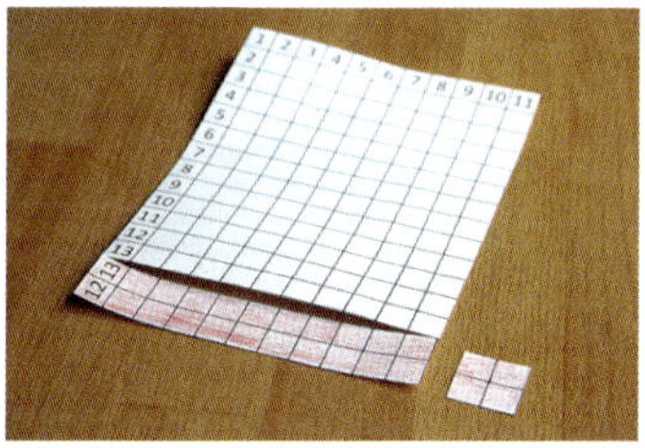

$13^2 = (13 - 2) \cdot (13 + 2) + 2^2$

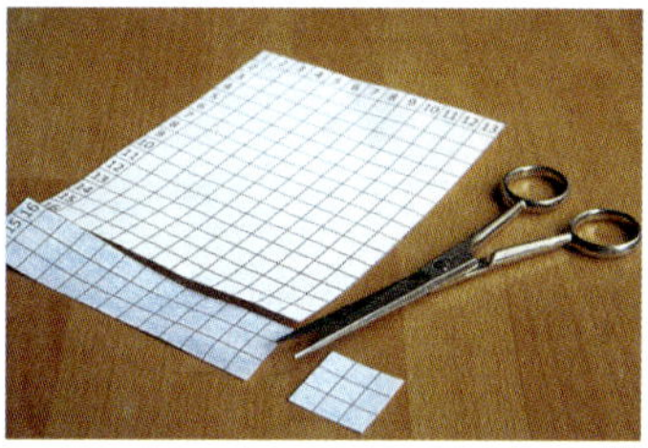

$16^2 = (16 - 3) \cdot (16 + 3) + 3^2$

Unmittelbar wird aus verschiedenen konkreten Beispielen das Konzept, die Regel klar. Offensichtlich geht es nicht um die konkrete Seitenlänge oder Streifendicke. Möchte man im Unterricht gemeinsam über die Wirkung der Streifendicke sprechen, wird man von „der Breite“ sprechen, weil ja jeder ein anderes Beispiel geschnitten hat.

Variable durch freie Wahl

Im Grunde ist die Variable durch die freie Wahl bereits eingeführt, es fehlt nur noch eine Bezeichnung, z. B. ein „b" für die Breite des Streifens. Analog kann z. B. mit „a" die Seitenlänge eines beliebigen Quadrates benannt werden. Es gibt nur eine Möglichkeit, das Erlebte für alle gleichzeitig gültig und kompakt aufzuschreiben: $a^2 - b^2 = (a - b) \cdot (a + b)$.

12.7 Ausklammern und ausmultiplizieren: das Distributivgesetz

Jeder Schüler schneidet aus seinem Heft ein Rechteck. Die Lieblingszahl (hier im Beispiel die 7) bestimmt die Breite des Rechtecks und wird in der Lieblingsfarbe (hier rot) entsprechend der Abbildung beschriftet.

Danach wird das Rechteck in kleinere Rechtecke gleicher Breite zerlegt. Das rechteckige Loch im Heft entspricht der gesamten Fläche, diese kann mittels $7 \cdot (6 + 7 + 3)$ berechnet werden. Alternativ können die einzelnen kleinen Flächen zusammengezählt werden: $7 \cdot 6 + 7 \cdot 7 + 7 \cdot 3$.

Offensichtlich handelt es sich um dieselbe Fläche, also gilt die Gleichheit:

$7 \cdot (6 + 7 + 3) = 7 \cdot 6 + 7 \cdot 7 + 7 \cdot 3$.

Die Lieblingszahl erhält eine besondere Bedeutung. Sie kommt bei allen Rechtecken vor. Somit lässt sich das Distributivgesetz geometrisch interpretieren: Rechtecke mit einer gleichen Seitenlänge können zu einem großen Rechteck zusammengefügt werden. Es ist besser, wenn jeder Schüler ein eigenes Beispiel wählt. Auf diese Weise wird die Idee des Ausklammerns anhand zahlreicher unterschiedlicher Beispiele im Klassenzimmer gelernt. Ansonsten besteht die Gefahr, dass ein schwächerer Schüler denkt, dass es irgendwie an der Zahl 7 liegt.

12.8 $(a + b)^2$, $(a + b)^3$ und weitere geometrische Interpretationen

An verschiedenen Beispielen soll demonstriert werden, welche Tragweite die geometrischen Interpretation der Multiplikation als Fläche hat:

Beispiel 1: Ein „Rechentrick" für das große Einmaleins

Von $11 \cdot 11$ bis $19 \cdot 19$ kann man wie folgt rechnen: Addiere die Einer der beiden Zahlen, hänge an das Ergebnis eine 0, addiere das Produkt der beiden Einer. Füge schließlich 100 hinzu. Ist zum Beispiel $13 \cdot 17$ zu berechnen, so addiere 7 zur 3, hänge an das Ergebnis 10 eine 0, addiere hierzu das Produkt $3 \cdot 7 = 21$ und füge schließlich 100 hinzu. Das liefert $13 \cdot 17 = 100 + 21 + 100 = 221$.
Eine Aufgabe für die Schüler könnte z. B. darin bestehen, zu überprüfen, ob der Rechentrick für alle Produkte richtig ist.

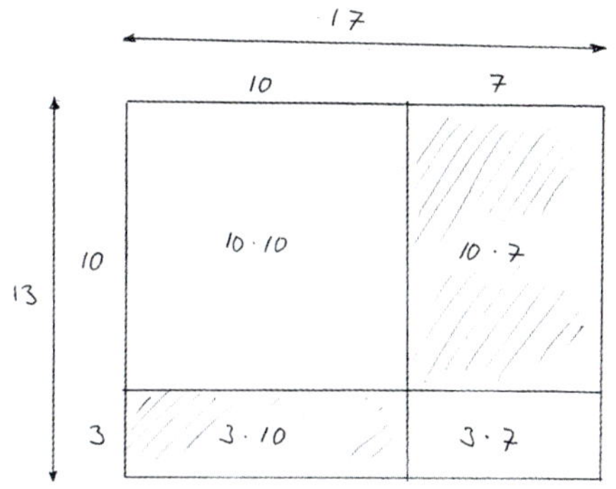

Die Skizze ist nahezu selbsterklärend. Statt die Fläche des großen Rechtecks $13 \cdot 17$ zu berechnen, wird dieses in vier Teilrechtecke zerlegt. $3 \cdot 7$ entspricht der kleinen Fläche rechts unten. Mit $3 + 7$ werden die Zehner addiert, das entspricht den beiden schraffierten Flächen. Schließlich bleibt noch die quadratische Fläche mit $10 \cdot 10 = 100$ übrig.

Beispiel 2: Multiplikation zweier Klammern

Auch hier wird das große Rechteck $(a + b)(c + d)$ in vier kleine zerlegt: $ac + ad + bc + bd$. „Jedes mit jedem malzunehmen" ist mit der rechten Grafik selbsterklärend:

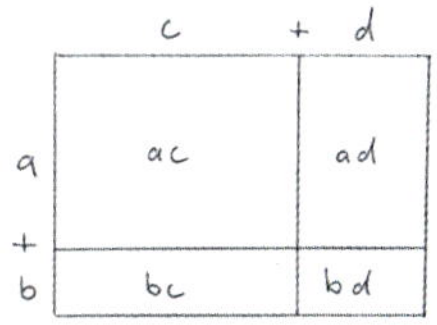

Beispiel 3: Erstes binomisches Gesetz

$(a + b)^2 = a^2 + ab + ba + b^2$ stellt einen Spezialfall des obigen Beispiels dar.
Man erkennt auch, dass ab nicht dasselbe Rechteck wie ba beschreibt – es muss erst noch gedreht werden. Die Drehung entspricht der Anwendung des Kommutativgesetzes.

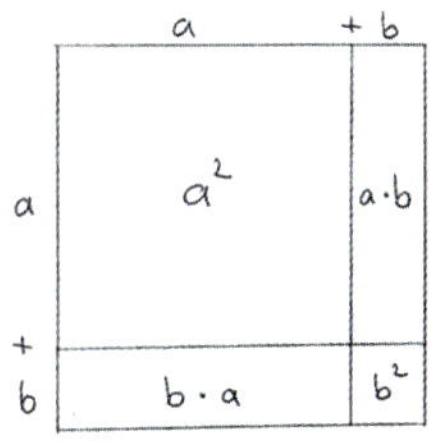

Beispiel 4: Geometrische Interpretationen im Raum: $(a + b)^3$

Auch $(a + b)^3 = a^3 + 3a^2b + 3ab^2 + b^3$ hat eine geometrische Entsprechung. Die beiden Würfel a^3 und b^3 kann man sich leicht

Messer, Brett und Kartoffel

vorstellen. Wenn im Unterricht bereits die erste binomische Formel $(a + b)^2 = a^2 + 2ab + b^2$ (vgl. Beispiel 3) behandelt worden ist, so können sich die Schüler zu Hause an einer höheren Dimension versuchen. Es ist aber auch nett, wenn jeder ein Messer, ein Brett und eine Kartoffel in den Unterricht mitbringt, um den Mittagstisch für zu Hause vorzubereiten.

Im gezeigten Beispiel ist a doppelt so groß wie b:

$$(a + b)^3 = a^3 + 3a^2b + 3ab^2 + b^3$$

Es ist gar nicht so einfach, die richtigen Schnitte zu legen. Aber wirklich schwer ist es auch nicht. Im rechten Bild sieht man die acht Bausteine, die sich zu einem großen Würfel zusammenfügen lassen. Wer es geschafft hat, soll sein Werkstück in den Unterricht mitbringen. Damit die kubische Gleichung nicht vertrocknet, kann das Kartoffelexponat in einer mit etwas Wasser gefüllten Dose luftdicht verpackt werden.
Falls zur Hand, können statt der Kartoffel auch Bauklötze in geeigneten Abmessungen verwendet werden. Allerdings fehlt dann das Schneiden, was seinen eigenen Reiz hat.

Bemerkung: Abstraktion und Anschaulichkeit

Es gibt ein hartes Argument gegen geometrische Interpretationen: Mathematik sollte nicht an konkreten Dingen der Anschauung festhalten. Mathematik ist universell und bedarf keiner Bauklötze, Kartoffeln, Strohhalme oder Papier, Klebstoff und Schere.

Das ist letztendlich richtig – vom Elfenbeinturm der Mathematik gesehen, aber nicht aus der Perspektive des jungen, forschenden Geistes. Es ist ein recht schwieriger Weg, sich von den konkreten Dingen zu lösen. Ein bisschen lösen sich die Schüler vom Konkreten, wenn jeder auf seine Weise die Kartoffel zerschneidet, wenn jeder ein anderes a und b wählt. Vielleicht nimmt auch einer statt Kartoffeln und Bauklötzen etwas ganz anderes. Anhand der Unterschiedlichkeit tritt die verbindende Idee in den Vordergrund. Von zig Beispielen ausgehend, wird die (abstrakte) Idee gefunden – und genau das beschreibt mathematisches Denken: abstrahieren.

Abstraktion über das Konkrete

Der Weg zur Abstraktion führt über das Konkrete. Das ist menschlich! Und zwar in dem Sinne, dass unser Denkorgan so funktioniert. In der Gegenüberstellung zwischen der Abstraktion und dem Konkreten steckt ein ungeheures Lernpotential. Die geometrische Interpretation, die Visualisierung von abstrakten Dingen, ist nur ein Teil einer neurodidaktischen Betrachtungsweise, was im nächsten Abschnitt erläutert wird.

neurodidaktische Betrachtungsweise

12.9 Gehirngerechtes Lernen, Gestaltpsychologie

Unser Gehirn setzt bei der Informationsverarbeitung Schwerpunkte. Die linke Gehirnhälfte dominiert, grob gesagt, bei der Worterkennung und mathematischen Operationen. Hingegen zeichnet sich die rechte Hemisphäre durch räumliche Wahrnehmung und Gesichtserkennen aus.

gehirngerechter Heftaufschrieb

Im Folgenden soll der Grundgedanke der Informationsverarbeitung unseres Denkorgans im Heftaufschrieb eine Entsprechung finden. Hierzu wird die Heftseite (die Tafel) in zwei Hälften geteilt: Auf der linken Seite wird in üblicher Weise die Mathematik notiert, daher stehen hier Zahlen, Definitionen und Rechnungen. Rechts davon wird die geometrische Entsprechung gezeichnet.

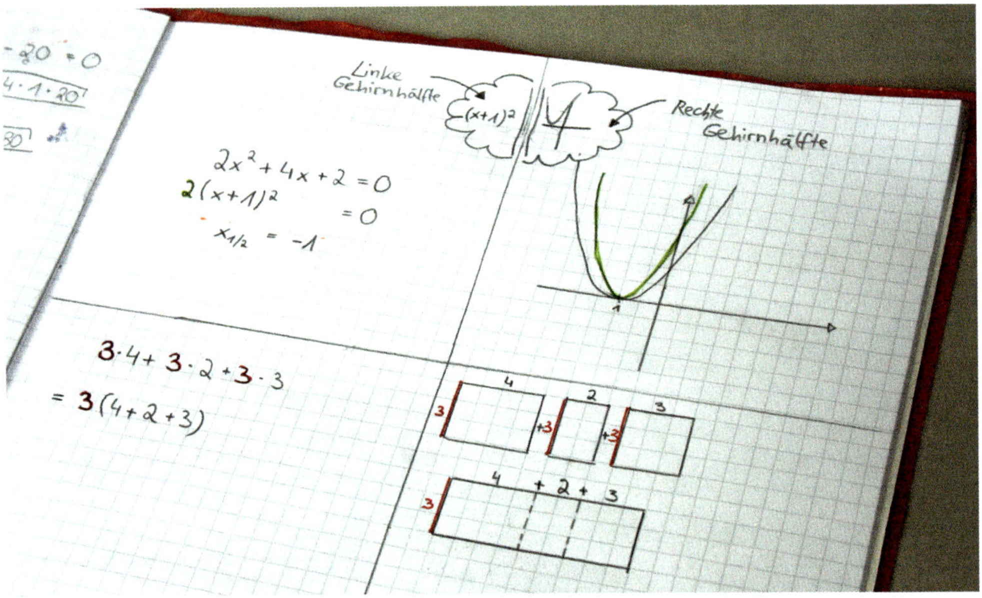

Ein Thema wird somit von zwei Seiten betrachtet. Ein kleines Kind sieht zwischen linker und rechter Betrachtung in der Regel fast keinen Zusammenhang. Es erfordert eine gewisse Abstraktion, zu erkennen, dass die grüne „2" im linken Bereich der grünen Parabel im rechten Bild entspricht. Dieses Buch enthält unter anderem deswegen so viele (farbige) Bilder, um neben dem schriftlichen „Kanal" noch einen weiteren, bildlichen zu geben. Im letzten Abschnitt wurde das beim Beispiel $(a+b)^3$ mit den Kartoffelbildern umgesetzt: oben die Kartoffel als Bild, darunter die mathematische „Versprachlichung".

Gleichzeitigkeit

Gesetze der Gestaltpsychologie schaffen Zusammenhänge

Prinzip der Gleichzeitigkeit

Wenn man eine Sprache lernt, dann zeigt man auf einen Gegenstand (Bild) und sagt gleichzeitig das passende Wort dazu. Wenn man das Wort erst eine Minute später sagt, wird das Erlernen wesentlich erschwert. Es ist beim Heft- bzw. Tafelaufschrieb keinesfalls daran gedacht, dass man zuerst die linke Seite und dann die rechte aufschreibt. Vielmehr hilft für das Verständnis die Gleichzeitigkeit. Wenn die grüne Parabel eingezeichnet ist, dann „springt" man auf die linke Seite und schreibt die grüne „2"!

Prinzip der Ähnlichkeit
Ähnliche Dinge werden als Einheit wahrgenommen. Das ist die psychologische Erklärung dafür, warum Farbkodierung angewendet wird. Der „2" und der Parabel wird durch die gemeinsame grüne Einfärbung künstlich eine Ähnlichkeit verliehen.

Ähnlichkeit

12.10 5 – (–2) oder die Addition und Subtraktion ganzer Zahlen

verschiedene Rollen des Minuszeichens

Was ergibt 5 – (–2)? Um die Aufgabe zu lösen, hilft es zu verstehen, dass jedes Minus eine andere Rolle einnimmt. Das erste, rote Minus stellt einen Operator dar, das zweite, blaue ein Vorzeichen.
Jeder Schüler überlegt für sich eine Lösung. Wer fertig ist, verschränkt zum Zeichen die Arme. Wenn alle so weit sind, wird das Ergebnis mit den Fingern angezeigt. Fast immer entsteht eine spontane Diskussion. Manchmal sind sich die Schüler einig und alle zeigen tatsächlich sieben Finger. Aber auch dann lautet die Frage: „Warum kommt 7 heraus?"

Erlaufen der Antwort
Eine Treppe wird durchnummeriert: Die erste Stufe erhält eine Eins, die zweite eine Zwei und so weiter. Hier steht der Schüler auf der Drei:

Eine einfache Rechnung: 3 + 2 soll erlaufen werden. Von der Drei müssen also zwei weitere Stufen erklommen werden, so dass man schließlich auf der fünften steht.

Etwas schwieriger ist das Ablaufen von 5 – 2. Hier gibt es zwei Möglichkeiten, den Term abzulaufen: Man kann sich auf der fünften Stufe umdrehen und zwei Schritte nach unten vorwärts gehen oder man kann von der fünften Stufe aus zwei Schritte rückwärts gehen (ohne sich umzudrehen).

Je nachdem, ob wir das Minus als Operator lesen oder als Vorzeichen, d. h. als 5 – (+2) oder 5 + (–2), gehen wir anders. Es wird vereinbart, dass die Laufrichtung (vorwärts bzw. rückwärts) sich im Vorzeichen ausdrückt.[18]

Zurück zur Frage: Was ergibt 5 – (–2)? Wer's weiß, steht auf und läuft den Rechenterm ab: Auf der fünften Stufe dreht der Läufer sich um (Operator-Minus) und geht dann rückwärts (Vorzeichen-Minus) zwei Schritte. Wer von den Zuschauern glaubt, dass richtig gehandelt wurde, klatscht Beifall. Nach Einführung des Lehrers geben die Schüler selbst Vorschläge (die Schüler werden zu Prüfern, die Aufgabe wird zum Appell), die jeweils ein anderer abschreiten kann.

Applaus als Kommunikation

Kommunikationspsychologische Bemerkung

Dem Klatschen kommen an dieser Stelle drei Bedeutungen zu:

1. Wer klatscht, sagt, dass die Lösung richtig ist (Selbstoffenbarung)[19].
2. Es wird eine Wertschätzung für den Läufer ausgedrückt (Beziehungsebene).
3. Klatschen markiert das Ende eines Vorgangs (Sachebene).

nonverbale Strukturierung

Alle drei Aspekte des Klatschens wirken von sich aus. Das ist recht angenehm, da es die Übung quasi von selbst strukturiert.

12.11 Üben im Rundgang

Unterricht draußen

Der Lehrer geht voraus und schreibt draußen Terme in einigem Abstand auf den Weg. Die Schüler schreiben an Ort und Stelle die jeweilige Aufgabe ab und lösen sie gemeinsam.

18 In Band III (Abschnitte 20.3 und 22.4) bewegen sich Ameisen und Autos entlang der y-Achse ebenfalls rückwärts bzw. vorwärts. Das Vorzeichen erhält auch dort dieselbe Bedeutung.

19 Die Klammerbemerkungen beziehen sich auf das Nachrichtenquadrat von Friedemann Schulz von Thun, vgl. z. B. *Miteinander reden*, Bd. 1, Rowohlt Verlag.

Auf diese Weise treffen sich immer die Schüler, die Probleme mit einer bestimmten Aufgabe haben, am selben Ort. Es ist gut, wenn beim Rundgang die Schwierigkeit von Aufgabe zu Aufgabe etwas zunimmt.

problemorientierte Ortskodierung

12.12 Abfragen mit Hüpfen

Unterricht im Freien

„Was ergibt 17^2 ?" Die Schüler stehen im Kreis, der Lehrer in der Mitte. Es gibt ein paar Sekunden Bedenkzeit, dann schließt der Lehrer die Augen, dreht wie ein Kreisel und zeigt auf einen Schüler. Eine falsche oder zu zögerliche Antwort wird mit „Hüpfen" bestraft: Auf einem Bein wird die Runde umkreist.
Im Bild sieht man drei Kinder gleichzeitig hüpfen, da erst der vierte mit „289" antwortete.

Varianten
Es lässt sich alles abfragen, was mündlich beantwortet werden kann: Quadratzahlen, Wurzeln und das große Einmaleins sind naheliegend. Ebenso können auch „Warum-Fragen" gestellt werden: Warum ergibt zwei hoch null eins? Warum darf man nicht durch null teilen?

Nonverbale Erweiterung
Wenn die Schüler nonverbal, also durch Zeichen, antworten, können alle gleichzeitig antworten. Kettenaufgaben eignen sich gut: „Die Wurzel aus 49, plus 5, das Ergebnis quadrieren, Quersumme bilden und schließlich die Wurzel." Das Ergebnis wird mit den Fingern auf ein Zeichen des Lehrers angezeigt. Wer drei Finger hochhält, darf stehenbleiben, der Rest hüpft.

Bemerkungen

Lernen durch Bestrafung?
Ohne Strafe funktioniert dieses Spiel nicht. Gerade das Hüpfen macht den Reiz aus. Es passiert etwas, wenn man die Antwort nicht weiß. Es gibt keine Predigt, keine versteckte Ermahnung, dass man mehr tun sollte. Nein, wer sich zu Hause die Quadratzahlen nicht angeschaut und sie nicht im Kopf hat, hüpft. Kurz: Wer's nicht im Kopf hat, hat's in den Beinen.

Viele Hüpfer, keine Bloßstellung
Allerdings sollte bei der Übung niemand vorgeführt oder bloßgestellt werden. Das erreichen Sie am besten, wenn möglichst viele unterschiedliche Schüler am Hüpfen sind. Auch Schüler können die Rolle des Kreisels übernehmen und wenn Sie genauso schlecht wie ich im Kopfrechnen sind, dann freuen sich die Schüler an Ihrem Hüpfen. Bei dieser Übung gibt es keine Bühne: Alle stehen im Kreis und wer die Antwort nicht weiß, tritt nicht vor, sondern zurück. Es fühlt sich anders an, als wenn man auf seinem Platz im Klassenzimmer oder, noch schlimmer, an der Tafel abgefragt wird.

keine Bühne, keine Bloßstellung

12.13 Minus mal Minus ergibt Plus

Dass (+ 2) · (– 3) = – 6 gilt, leuchtet ein: Wenn ich zwei Menschen jeweils drei Münzen schulde, dann beträgt meine Gesamtschuld sechs Münzen. Oder: Janis kann drei Meter tief tauchen, Jim schafft die doppelte Tiefe. Ebenso hilft Treppensteigen: Bruno geht drei Stufen nach unten (– 3), Berta steigt doppelt so weit hinab und landet schließlich auf der Stufe „– 6" (vgl. auch das Treppenlaufen in Abschnitt 12.10).

Und wenn (+ 2) · (+ 3) = (+ 3) · (+ 2) gilt, warum sollte die Vertauschung nicht funktionieren, wenn ein Minuszeichen auftritt? Es verwundert nicht wirklich, dass auch Produkte mit negativen Zahlen vertauscht werden können: (– 3) · (+ 2) = – 6. Unklar und befremdlich ist hingegen die Multiplikation zweier negativer Zahlen wie (– 2) · (– 3). Ist ein solches Produkt überhaupt sinnvoll? Und wenn ja, was sollte es ergeben?

Konkrete Umsetzung

„Was ergibt (– 2) · (– 3)?" Jeder überlegt für sich eine Antwort. Wer sich entschieden hat, verschränkt zum Zeichen die Arme. Die Ecken des Raumes werden mit unterschiedlichen Antworten belegt und die Schüler beziehen Stellung. Bei der Diskussion gelten folgende Regeln: Es spricht nur der, der einen bestimmten Gegenstand (Redestab) in der Hand hält; jeder darf jederzeit schweigend seinen Standort wechseln; Ziel ist es, dass sich schließlich alle auf eine Ecke einigen[20]. Wenn die Schüler selbst auf eine richtige Erklärung kommen, sind folgende Erklärungen überflüssig.

Standpunkte einnehmen

Fünf Wege zur Regel „*Minus · Minus = Plus*"

1. Über das Distributivgesetz – ein formaler Weg:

$$(-2)\cdot 0 = 0$$

$$(-2)\cdot \underbrace{(-3+3)}_{=0} = 0$$

$$(-2)\cdot(-3) + \underbrace{(-2)\cdot(+3)}_{=-6} = 0$$

Da (– 2) · (+ 3) = – 6 ergibt, muss (– 2) · (– 3) = + 6 ergeben, sonst würden sich die beiden Produkte nicht zu null addieren.

Didaktische Bemerkung: In drei Zeilen ist die Sache bewiesen. Die Idee: Wenn das Distributivgesetz allgemein gelten soll, dann erzwingt es die Regel „Minus mal Minus gleich Plus". Das Vorgehen ist analog zu 15.8: Möchte man, dass die Potenzgesetze allgemein gelten, so erzwingt das $2^0 = 1$.
Der Weg ist unbestreitbar kurz wie fachlich richtig. Aber er ist nicht konstruktiv, das Verstehen bleibt auf einer formalen bzw. symbolischen Ebene. Ich weiß nicht, ob man diesen Zugang einem Sechstklässler antun darf. Auf der anderen Seite ist es eine hübsche Aufgabe für die Kursstufe, ein Training im Formalen: „Zeigen Sie in drei Zeilen, dass (– 3) · (– 2) = + 6 gilt."

2. Ein „fortgesetzter" Weg:

Der Weg über das Distributivgesetz ist nicht konstruktiv. Er beginnt mit einer Gleichung, die vom Himmel fällt. Man wird mit (– 2) · 0 = 0 nur dann beginnen, wenn man das Ende des Beweises kennt. Fol-

20 Vgl. die Diskussion über $\frac{1}{0}$ im Abschnitt 13.20.

gender Zugang ist einfacher, bleibt allerdings ebenso auf der formalen Ebene und beginnt auch an einer anderen Stelle als bei der konkreten Fragestellung:

$$
\begin{aligned}
(-2)\cdot(+3) &= -6\\
(-2)\cdot(+2) &= -4\\
(-2)\cdot(+1) &= -2\\
(-2)\cdot(\ 0) &= \ \ 0\\
(-2)\cdot(-1) &= +2\\
(-2)\cdot(-2) &= +4\\
(-2)\cdot(-3) &= +6
\end{aligned}
$$

In den ersten vier Zeilen erkennt man, dass sich die Lösung stets um + 2 erhöht. Wenn man einfach so weiter macht, erhält man das gewünschte Ergebnis. „Wenn man einfach so weiter macht“ unterstellt eine Allgemeingültigkeit und „erzwingt“ damit wieder, dass „Minus mal Minus gleich Plus“ ist. Dieses Vorgehen unterscheidet sich somit wenig von dem Weg über das Distributivgesetz.

3. Über Ausklammern eines Minus

Man könnte auch so rechnen:

$$(-2)\cdot(-3) = \underbrace{(-1)\cdot(+2)}_{-2}\cdot(-3) = (-1)\cdot\underbrace{(+2)\cdot(-3)}_{-6} = (-1)\cdot(-6) = -(-6).$$

Damit ist die Multiplikation auf die Subtraktion ganzer Zahlen zurückgeführt, vgl. Abschnitt 12.10. Etwas verwunderlich ist die Verwandlung von (– 1) in ein schlichtes Minus.

Die drei bisherigen Wege bleiben auf einer formalen Repräsentationsebene. Die folgenden nutzen auch bildhafte und haptische Zugänge und ermöglichen in diesem Sinne ein gehirngerechteres Lernen:

4. Ein Weg über die Rechteckvorstellung von Zahlen

Die folgende Vorgehensweise führt das Negative in Analogie zu einer Spiegelung ein. Aus dem Schulheft wird ein Rechteck ausgeschnitten, die Vorderseite mit einem roten Pluszeichen, die Rückseite mit einem blauen Minuszeichen gekennzeichnet. Weiter wird ein Koordinatensystem benötigt, in welches das Rechteck hineingelegt wird.

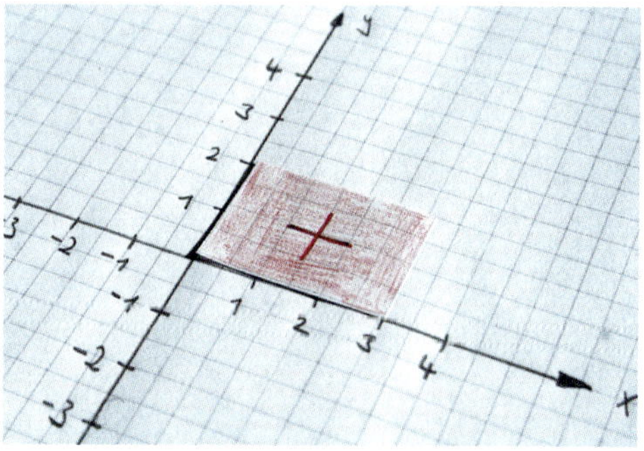

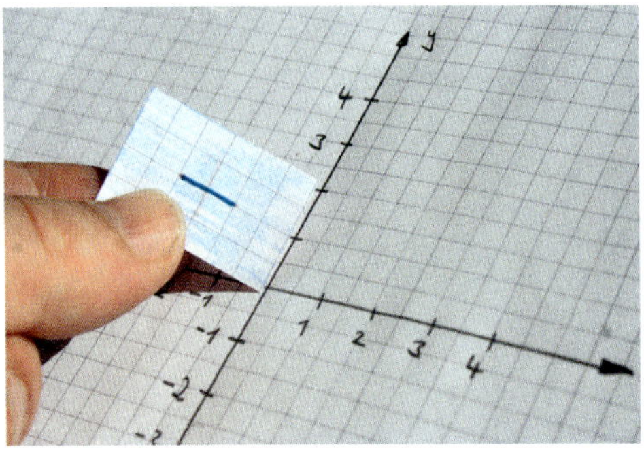

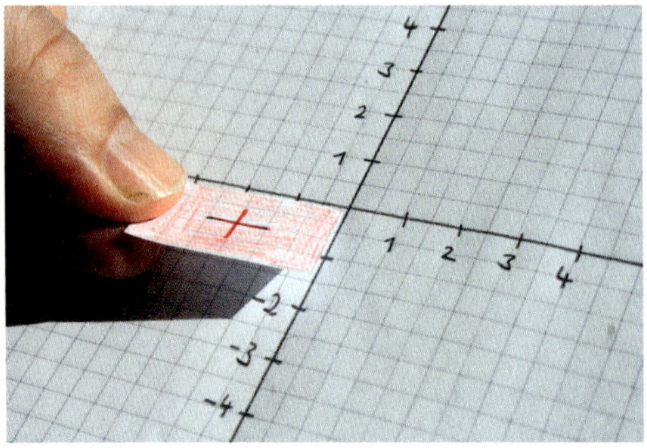

Die Fläche ist positiv orientiert, weil (+ 3) · (+ 2) = + 6 ergibt. Im nächsten Schritt wird das Rechteck über die y-Achse gedreht. Die untere Seite des Rechtecks ist jetzt negativ, wir erhalten entsprechend einen negativen Flächeninhalt: (– 3) · (+ 2) = – 6.

Dieses Ergebnis überrascht nicht, es war auch so verständlich. Interessant wird es, wenn auch die zweite Seite negativ wird: (– 3) · (– 2) = + 6. Hier die Erklärung eines Schülers, der sogar die Achsen farblich kodiert hat:

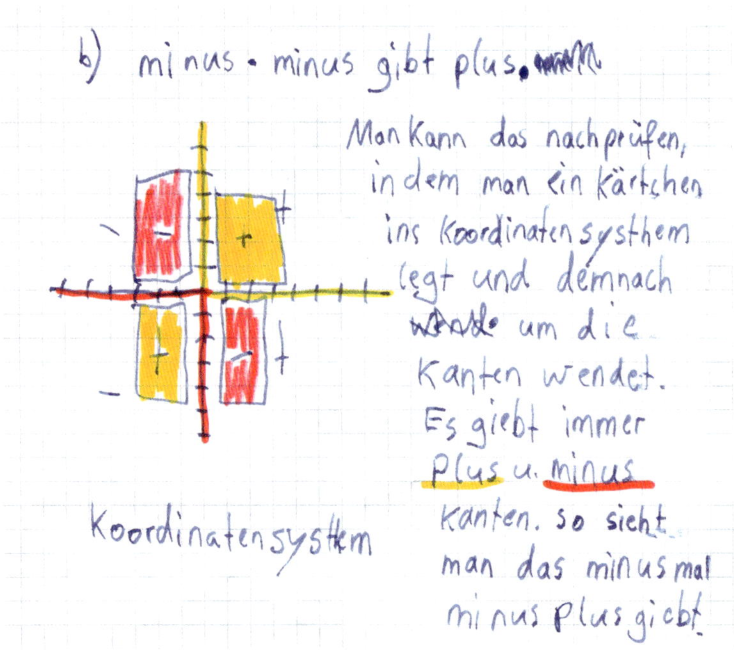

5. Zahnräder und Übersetzungen[21]
Die Erklärung mit Übersetzungen ist besonders zu empfehlen, wenn die Schüler bereits mit Zahnrädern Erfahrung haben oder wenn man damit in der Bruchrechnung arbeiten möchte, vgl. Abschnitt 14.13. Der Umgang mit Getrieben hebt den Operatorcharakter hervor und ist ebenso erklärungsstark wie die Flächenvorstellung der Multiplikation.

Konkrete Umsetzung
Zur technischen Umsetzung wird ein aufgebautes Getriebe aus Fischertechnik bzw. Lego & Co. benötigt. Sie können hier einen Schüler um Unterstützung bitten.
Wie oft dreht sich das letzte Zahnrad (in der Abbildung vorne links), wenn man die Kurbel einmal dreht? Kann man auch ohne Kurbeln die Lösung finden?

Als erstes wird ausprobiert. Wenn man aber sicher gehen möchte, dass ganz genau sechs herauskommt, muss man die Übersetzung prüfen. Das Zahnrad an der Kurbel besitzt 30 Zähne, das folgende 10. Damit übersetzt die Kette im Verhältnis **30:10** bzw. **3:1**, also läuft das kleinere Rad dreimal so schnell. Entsprechend kann man sich die Übersetzung der roten Kette überlegen. Hier sind es 20 bzw. 10 Zähne, also beträgt das Verhältnis 20:10 bzw. 2:1. Insgesamt ergibt sich eine Übersetzung von 6:1.

21 Vgl. die Bedeutung von Übersetzungen 14.13

Man kann sowohl die **schwarze** als auch die **rote** Übersetzung als Multipliziermaschine deuten: Bei der schwarzen wird die Anzahl der Kurbelumdrehungen verdreifacht, bei der roten wird die Anzahl der Umdrehungen verdoppelt. Das Bauwerk insgesamt ist also eine Multipliziermaschine, die mit 6 multiplizieren kann.

Vorzeichen durch Drehsinn

Bei einem Kettengetriebe dreht sich das direkt angetriebene Zahnrad im selben Drehsinn wie das über die Kette verbundene. Das ist z. B. beim Fahrradfahren wünschenswert. Bei einem Direktantrieb dagegen ändert sich der Drehsinn:

Drehsinn bleibt erhalten.	Drehsinn wechselt das Vorzeichen.
Das Übersetzungsverhältnis ist **30:10** bzw. **3:1** bzw. **3**.	Das Übersetzungsverhältnis ist **30:(–10)** bzw. **3:(–1)** bzw. **–3**.

Für die Darstellung negativer Zahlen wird also eine Ortskodierung verwendet.[22]

Entsprechend lässt sich nebenstehende Kombination als (– 3) · (2) = – 6 deuten: Dreht man einmal an der Kurbel, dreht sich das Zahnrad ganz rechts sechsmal in die entgegengesetzte Richtung. Analog könnte man (3) · (– 2) = – 6 aufbauen, indem man in der ersten Übersetzung eine Kette benutzt und in der zweiten die Kette weglässt.

22 Zum zweiten Mal wird die Ortskodierung verwendet, um ein Vorzeichen haptisch werden zu lassen. Beim Weg über die Rechteckvorstellung von Zahlen wird das Minuszeichen durch die Unterscheidung von Vorder- und Rückseite kodiert. In Abschnitt 16.7 (mit negativen Zahlen haptisch rechnen) wird das Minuszeichen durch Umdrehen von Hölzern und Schachteln ermöglicht.

Schließlich lässt sich (– 3) · (– 2) = + 6 als Getriebe modellieren. Damit man die einzelnen Übersetzungen besser unterscheiden kann, sind diese in der Abbildung entsprechend eingefärbt:

Teil IV

Algebra

Kapitel 13

Brüche und ihre Addition

„Der wahrscheinlich größte Fehler des traditionellen Mathematikunterrichts besteht darin, dass zu schnell auf eine formal-regelhafte Ebene aufgestiegen wird, bevor noch ausreichende intuitive und anschauliche Vorstellungen vom jeweiligen Stoff erworben wurden. Diesen Fehler kann man an fast allen Stoffgebieten der Schulmathematik beobachten. Die Bruchrechnung ist aber ein besonders geeignetes Studienobjekt."[23]

23 Günther Malle: Grundvorstellungen zu Bruchzahlen. In: Mathematik lehren, Heft 123, 2004, S. 4

Brüche für die Küche

Die Kinder lernen recht früh den Bruch in der Rolle des Anteils kennen. Ebenso lernen sie in der Küche den Bruch als Operator kennen, wenn sie beispielsweise die Hälfte von der Hälfte von etwas nehmen sollen.

Anteil und Operator

Aber warum soll ein Kind bereits in der 6. Klasse das Kalkül der Addition und Subtraktion verstehen? Wo spielt Kürzen und Erweitern bzw. das zugrundeliegende Verständnis von Äquivalenzklassen in diesem Alter eine Rolle? Wozu soll es $\frac{2}{5} + \frac{3}{4}$ berechnen können? Muss es ihm nicht absonderlich in seiner kindlichen Welt erscheinen? Es lernt es, weil es eben in der Schule gemacht wird, aber nicht, weil es für sein junges Leben eine Bedeutung hat. Es lernt für die Schule, nicht für's Leben.

Wozu $\frac{2}{5} + \frac{3}{4}$?

Es gibt weitere Gründe, warum Bruchrechnen eines der schwierigsten didaktischen Gebiete in der Schulmathematik darstellt. Selbst in höheren Klassen scheint mir die Algebra des Bruchrechnens häufig nicht verstanden zu sein. Auf die Frage etwa, was 3 durch 0 ergibt oder ob $\frac{2}{5}$ von $\frac{3}{4}$ größer oder kleiner als $\frac{3}{4}$ von $\frac{2}{5}$ ist, wissen Schüler oft keine Antwort. Wenn den Leser das Gefühl beschleicht, dass die Addition von Brüchen, zumindest in der allgemeinen Darstellung, nicht in die Alltagswirklichkeit des Kindes passt, so geht es ihm wie mir. Später wäre besser. Für das Verständnis und für das Interesse.

später wäre besser

Verschiedene Rollen eines Bruchs

Ein Bruch kann für einen bestimmten Anteil stehen, z. B. für eine halbe Pizza; ebenso kann mit $\frac{1}{2}$ ein Verhältnis von 1:2 gemeint sein; dann gibt es unendlich viele Brüche, die dieselbe rationale Zahl ausdrücken: $\frac{1}{2} = \frac{2}{4} = \frac{4}{8} = \frac{10}{20} = \frac{112}{224} = \ldots$ Alle diese Brüche bilden eine Äquivalenzklasse und jeder von ihnen ist ein Repräsentant. $\frac{1}{2}$ ist auch die Lösung der Gleichung $2x = 1$ und schließlich lässt sich $\frac{1}{2}$ als Operator nutzen: So kann man die Hälfte *von* $\frac{3}{4}$ nehmen und schreibt dafür $\frac{1}{2}$ *mal* $\frac{3}{4}$.

In diesem Buch finden vier unterschiedliche Deutungen des Bruches Verwendung: Die Bedeutung als **Anteil** ist aus dem Alltag bekannt und daher vielleicht am anschaulichsten. Mit Hilfe von Kürzen und Erweitern lässt sich die entsprechende **Äquivalenzklasse** erzeugen. Damit lässt sich Addition und Subtraktion erklären.

Rollenwechsel des Bruches

Die Multiplikation via „Zähler mal Zähler, Nenner mal Nenner" ist formal einfacher, benötigt allerdings die Vorstellung eines **Operators**. Ein zeitlicher Abstand zwischen der Anteil- und der Operatorvorstel-

lung hilft. Es ist vorteilhaft, wenn z. B. Ferien dazwischen liegen oder ein anderes Thema wiederholt wird.
In den Abschnitten 14.12 und 14.13 wird der Bruch zum **Verhältnis**. Die Fahrradgangschaltung zeigt ein alltägliches Übersetzungs*verhältnis,* mit Getrieben kann das Multiplizieren von Brüchen anschaulich beschrieben werden.
Die einzelnen Abschnitte sind weitgehend unabhängig voneinander, auch wenn die folgenden Methoden in der Abfolge eines möglichen Lehrgangs aufgeschrieben sind.

13.1 Erste Erfahrungen mit Anteilen

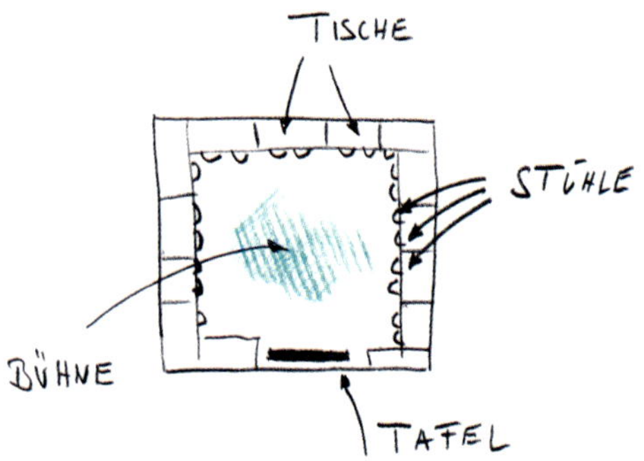

Tische und Bänke werden an den Rand geschoben, so dass in der Mitte des Klassenraums eine große Fläche (Bühne) entsteht.[24]

Erste Übung
Ein Großteil der Klasse stellt ein Ganzes (z. B. einen Kuchen) dar. Einige wenige werden zu Prüfern und setzen sich auf die Tische am Rand. Der Lehrer bestimmt den „Kuchen" so, dass er möglichst viele Teiler besitzt. Ein Beispiel: Angenommen, die Klasse besteht aus $29 = 5 + 24$ Schülern, dann gibt es fünf Prüfer und das eine Ganze (der Kuchen) besteht aus $24 = 2 \cdot 2 \cdot 2 \cdot 3$ Prüflingen.

24 Vgl. Martin Kramer: Didaktik für Abenteurer (Arbeitstitel, erscheint 2018 bei Klett Kallmeyer), Abschnitt „Raum für eine erlebnisorientierte Didaktik – Möbel sind mobil". Dort wird das Umräumen als Teamtraining gezeigt.

Es wird nicht gesprochen. Der Lehrer stellt die erste Aufgabe: *„Teilt euch so auf, dass jede Kleingruppe genau aus einem Sechstel besteht."*
Als Lösung entstehen Vierergruppen. Wenn die Prüfer mit dem Ergebnis zufrieden sind, klatschen sie. Weiter geht es mit einem Drittel, einem Viertel, einer Hälfte, einem Ganzen, einem Achtel und einem Vierundzwanzigstel.
Der Lehrer weiß natürlich, welche Anteile (ohne Rest) darstellbar sind und welche nicht, die Prüfer nicht unbedingt. Wenn der Ablauf klar ist, können sie die Aufgaben stellen. So kann z. B. ein Fünftel gefordert werden, was mit 24 Prüflingen schwerlich gelingt.
Die Schüler lernen im Spiel, dass bestimmte Teilungen nicht möglich sind. So werden die Prüfer indirekt auch geprüft, ihre Aufgabe besteht im Auffinden von lösbaren Aufgaben.

Prüfer werden indirekt geprüft

Zweite Übung
In einem zweiten Schritt sollen sich die Prüflinge unterschiedlich aufteilen: *„Drei Achtel gehen nach links, fünf Achtel nach rechts."* Die Aufgabe ist schwerer, jedoch lässt sie sich spielerisch in zwei Schritten lösen: Zuerst bilden sich Kleingruppen, die jeweils ein Achtel darstellen. Es wird durch acht geteilt, also entstehen acht Dreiergruppen.

In einem zweiten Schritt gehen drei Kleingruppen nach links und fünf nach rechts.

Offensichtlich ergeben beide Teile wieder das Ganze, die formale Übersetzung lautet: $\frac{3}{8} + \frac{5}{8} = 1$. Wenn wir die Aufteilung vom Anfang mit einbeziehen, haben wir wie folgt gerechnet: $1 = \frac{8}{8} = \frac{3}{8} + \frac{5}{8}$. Das Verständnis für die mathematische Schreibweise kann durch einen *gleichzeitigen* Tafelanschrieb verbessert werden. Der Lehrer schreibt schrittweise an die Tafel, er steuert quasi den Ablauf mit dem Anschrieb:

gleichzeitiger Tafelanschrieb

Tafelanschrieb	Modellierung des Tafelanschriebs
1	Alle Schüler gehen zu einem Pulk zusammen.
$= \frac{8}{8}$	
$= \frac{3}{8} + \frac{5}{8}$	Die Schüler gehen als Kleingruppen entsprechend auseinander, so dass in der Mitte des Raumes eine breite Lücke entsteht. 

Weitere Übungsbeispiele für 24 Prüflinge
$1 = \frac{12}{12} = \frac{7}{12} + \frac{5}{12}$, $1 = \frac{6}{6} = \frac{2}{6} + \frac{4}{6}$, $1 = \frac{3}{3} = \frac{1}{3} + \frac{2}{3}$ etc. Auch wenn bei der letzten Aufgabe nur gekürzt wurde: Für die meisten Schüler handelt es sich um eine völlig andere Aufgabe. Erst nach und nach wird die Ähnlichkeit zur vorigen Aufgabe klar.

Didaktisch-pädagogische Bemerkungen

Zwei gestaltpsychologische Gesetze

Gesetz der Gleichzeitigkeit

Hintergrund des simultanen Tafelaufschriebes ist das *Gesetz der Gleichzeitigkeit,* ein Gesetz der Gestaltpsychologie. Unsere Wahrnehmung unterstellt zwei Dingen, welche gleichzeitig geschehen, einen Zusammenhang. Damit wird die formale Repräsentationsebene (Tafelanschrieb) mit der bildlich-handelnden verknüpft.

Gesetz der gemeinsamen Bewegung

Ein weiteres gestaltpsychologisches Gesetz, das *Gesetz der gemeinsamen Bewegung,* wird bei der Aufteilung angewendet: Zwei Dingen, die sich gemeinsam bewegen, wird ebenfalls ein Zusammenhang unterstellt. Dadurch, dass sich die Blauen *und* die Roten zur Seite bewegen, nehmen sie auch dieselbe Rolle ein. Hier passt Form und Inhalt, die Anzahlen der zur Seite gehenden Kleingruppen nehmen die Bedeutung der Zähler ein. Wenn z. B. nur die Blauen nach links gehen würden, würde man eher an zwei unterschiedliche Rollen und vielleicht fälschlicherweise an $\frac{3}{5}$ denken. Es ist ein hübsches Beispiel, wie Gestaltpsychologie im Unterricht auf unsichtbare Weise wirkt.

unsichtbare Wirkung

Klatschen der Prüfer

Das *Klatschen* der Prüfer besitzt zwei Funktionen: Erstens wird dadurch (wie im Theater) markiert, dass etwas abgeschlossen ist. Und zweitens geschieht dieser Abschluss durch eine Wertschätzung, die in der Bedeutung des Klatschens begründet liegt.

Es gibt Prüflinge (das eine Ganze bzw. der Kuchen) und Prüfer. Durch die *Rollenverteilung* erhält auch der Lehrer eine andere Rolle. Nicht er entscheidet, ob die Aufgabe zufriedenstellend beantwortet ist, sondern die Prüfer. Der Lehrer wird zum Regelhüter. Er achtet z. B. darauf, dass die Stille eingehalten wird.

Rollenverteilung

Lehrer als Regelhüter

Mit der Rollenverteilung entsteht automatisch auch eine *Machtverteilung*. Die Prüfer sind im *Hochstatus*[25]: Sie sitzen bequem auf den Tischen oder stehen sogar darauf und blicken über die Sache; sie haben die Macht zu entscheiden, wann die Aufgabe erfüllt ist. Daher ist es wichtig, dass die Rollen getauscht werden und jeder einmal die Rolle des Prüfers eingenommen hat.

Hoch- und Tiefstatus

Prüflinge und Prüfer sehen das Geschehen aus einer anderen *Perspektive*. Als Prüfer sieht man die Darstellung von außen, als Prüfling erlebt man die Aufteilung auf der Bühne als Handelnder.

Gehirngerechtes Lernen

Das theatrale Nachstellen von mathematischen Gegenständen besitzt einen neurodidaktischen Hintergrund: Legt man das Hemisphärenmodell zugrunde, so ist die linke Seite unseres Gehirns verbal, rational, analytisch, zeitlich, linear und logisch orientiert, während die rechte ganzheitlich, bildhaft, musisch, kreativ, intuitiv, zeitlos, räumlich, emotional und körperorientiert ist.

So spricht der formale Bruch $\frac{8}{8}$ eher die linke Hirnhälfte an, die erlebte Aufteilung in acht Kleingruppen die rechte.

$\frac{8}{8}$

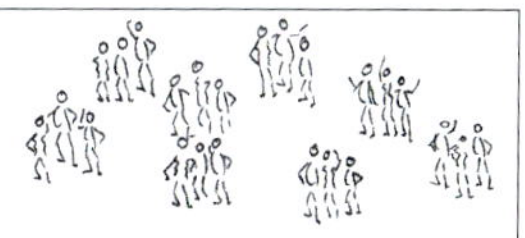

25 Die Begriffe „Hoch- und Tiefstatus" stammen aus dem Theater bzw. der Theaterpädagogik. Maike Plath greift die Statuslehren von Keith Johnstone auf und zeigt in ihrem Buch „Spielend unterrichten und Kommunikation gestalten" (Beltz Verlag, Weinheim und Basel, 2010), wie man als Lehrer Statusspieler werden kann.

Abschnitt 13.4 zeigt eine weitere Umsetzung in Form einer materiellen Entsprechung. Statt Kleingruppen zu bilden, wird Papier gefaltet. Allerdings ist für den Schüler das Falten von Papier etwas anderes als Kleingruppenbildung. Man muss einen abstrakten Standpunkt einnehmen, um zu verstehen, dass es sich um dasselbe handelt. Kinder denken in Bildern. So ist es etwas anderes, ob ein Viertel von einer Schokolade genommen wird oder ein Viertel aus einer vollen Wasserflasche eingeschenkt wird. Und es ist noch einmal etwas ganz anderes, wenn das Ganze (die Tafel Schokolade, die Wasserflasche) zusammenhängend ist oder aus einzelnen Schülern besteht.

Kinder denken in Bildern

13.2 Der Bruch als Anteil: ein lebendiges Domino

Jeder Schüler erhält zwei Blättchen. Auf das eine zeichnet er mit grüner Farbe einen Anteil, auf das andere den entsprechenden Bruch. Damit sich keine Fehler einschleichen, kann der Nachbar die Aufgabe kontrollieren. Im Verlauf der Übung bilden sich nämlich Kreise, die sich nur dann schließen, wenn keiner einen Fehler macht.

Die roten und grünen Kartensätze werden getrennt eingesammelt, gemischt und erneut ausgeteilt. Die grüne Karte kommt in die linke und die rote in die rechte Hand. Dadurch ist jeder Schüler selbst zu einem „Dominostein“ geworden.

lebendiges Domino

Die Aufgabe der linken Hand besteht darin, eine passende rechte zu finden, so dass entsprechende Karten zueinander finden. Auf diese Weise entsteht eine Verkettung der Schüler. Die Farben rot und grün sollen an Nord- und Südpole von Magneten erinnern: zwei gleiche Pole (Farben) können sich nicht anziehen.

Bevor es losgeht, wird überlegt, welche Geometrie sich ergibt, wenn jeder Schüler seinen Partner gefunden hat. Die Schüler kommen von selbst darauf, dass mehrere Kreise entstehen können. Je kleiner die Kreise sind, desto langweiliger wird die Suche. Damit Ein-Schüler-Kreise nicht vorkommen, kontrolliert jeder, ob er nicht bereits zwei passende Karten in den Händen hält. In diesem Fall schließen alle die Augen und der Lehrer tauscht mehrere Karten aus, so dass schließlich jeder einen Bruch und einen Anteil in den Händen hält, die nichts miteinander zu tun haben.

Dann geht es los, jeder sucht seine Partner. Zuerst jeder alleine, nach und nach in immer länger werdenden Schülerketten. Dabei darf nicht gesprochen werden. Die Suche dauert insgesamt ca. fünf Minuten.

Didaktisch-pädagogische Bemerkungen

Konstruktivistischer Ansatz

eigene, persönliche Aufgaben

Entscheidend bei dieser Übung ist, dass die Schüler das Domino entwerfen. Sie selbst konstruieren die Aufgaben und es fühlt sich ganz anders an, wenn jeder aus der Klasse seinen Teil beiträgt, als wenn fremde Aufgaben abgearbeitet werden. Eigene Aufgaben sind viel persönlicher: Irgendjemand in der Klasse hält in diesem Moment meine selbst entworfene Aufgabe in den Händen und ein anderer meine Lösung.

Individuelle Aufgaben

Anteil unabhängig von der konkreten Darstellung

Dadurch, dass die Schüler selbst die Aufgaben entwerfen, erhalten Brüche die unterschiedlichsten Darstellungen. So werden Anteile in Form eines Kuchenstücks, eines Balkenstücks oder als Teil eines Quadrates dargestellt. Das ist sehr wichtig, denn um die Idee des Anteils unabhängig von der konkreten Darstellung begreifen zu können, benötigt der Schüler unterschiedliche konkrete Beispiele.

Leistungsstand

Dem Lehrer genügt ein Blick auf die Karten, um eine aussagekräftige Rückmeldung über den Leistungsstand seiner Klasse zu erhalten.

Fehlerkultur

Die Kreise schließen sich nur, wenn kein Fehler passiert ist. Mit diesem Hinweis schafft der Lehrer Verbindlichkeit: Jeder ist für seine Aufgabe verantwortlich. Man kann ja bei der Herstellung den Nachbar fragen, ob der einen Fehler bemerkt. Es ist nicht der Lehrer, der die Fehler anstreicht und verbessert. Nicht der Rotstift, sondern der Wunsch nach geschlossenen Kreisen motiviert zur Fehlervermeidung.

Verantwortung

Abfragetechnik

Es wird in zwei Richtungen gefragt: Die linke Hand geht von einem bildhaften Anteil aus und sucht den zugehörigen Bruch, die rechte geht umgekehrt vor.

doppeltes Abfragen

Die Übung in der Stille

Mitunter rufen die Schüler laut ihre Brüche aus, um direkt ihr Gegenstück zu finden. Damit umgehen sie natürlich einen Großteil der Übung, weil sie die anderen Karten gar nicht ansehen müssen. Das kann nicht passieren, wenn die Übung in der Stille durchgeführt wird.

Weitere Themen

Die Methode lässt sich natürlich auf viele andere Gebiete übertragen. Hier einige Beispiele für die Unterstufe:

Thema	Beispiel	
Brüche als Prozentzahlen	$\frac{1}{4}$	25 %
Kürzen und Erweitern von Brüchen	$\frac{6}{9}$	$\frac{2}{3}$
Addition von Brüchen	$\frac{1}{4}+\frac{1}{3}$	$\frac{7}{12}$
Multiplikation von Brüchen	$\frac{5}{4}\cdot\frac{2}{3}$	$\frac{5}{6}$
Kopfrechnen	$13 \cdot 7$	91
Umrechnen von Größen	0,32 t	320 kg
Berechnung von Dreiecken, Rechtecken …	(Flächeninhalt) A = …	(Entsprechende Figur mit Bemaßung)

Erweiterung:
In meiner Klasse ist Folgendes passiert: Ein Schüler hatte den Bruch $\frac{3}{6}$ und las diesen als $\frac{1}{2}$. Eigentlich passt der abgebildete Anteil nicht, denn dieser verkörpert den Bruch $\frac{4}{8}$, was natürlich dieselbe rationale Zahl darstellt, aber nicht denselben Bruch. Nun gab es einen anderen Schüler, der das Gegenstück zu $\frac{4}{8}$ suchte, das bereits vergeben war. – Die Übung kann auf diese Weise erweitert werden, dass der dargestellte Anteil zwar dieselbe (rationale) Zahl meint, aber der Anteil anders dargestellt wird. Diese Übung ist allerdings schwerer und setzt das Wissen voraus, dass es (unendlich) viele Brüche für eine bestimmte Bruchzahl (einen Anteil) gibt. Auch wenn es in einer sechsten Klasse nicht ausgesprochen wird: Es geht um die Erkenntnis, dass zu jeder rationalen Zahl unendlich viele Brüche gehören, genauer: dass jeder Bruch lediglich ein Repräsentant für eine ganze Äquivalenzklasse darstellt. Einfacher formuliert: Es geht um Erweitern und Kürzen von Brüchen.

Erweitern und Kürzen

13.3 Halbieren bis ins Aschgraue

Eine Heftseite wird halbiert, dadurch entstehen zwei Hälften. In die obere wird $\frac{1}{2}$ hineingeschrieben, die untere wird erneut geteilt. Und so weiter. Und so weiter.

In der Übung steckt bereits die Tatsache, dass die Hälfte von der Hälfte ein Viertel ist. An dieser Stelle geht es jedoch „nur" um die Größenvorstellungen von Anteilen. Je größer der Nenner, desto kleiner der Anteil (Bruch). Das Kästchen $\frac{1}{256}$ bedeutet z. B., dass man 256mal dieses Rechteck benötigt, um die gesamte DIN-A4-Seite auszulegen.

Und es steckt noch mehr in der Übung: Das aufgeteilte Blatt entspricht folgender Rechnung:

$$\frac{1}{2}+\frac{1}{4}+\frac{1}{8}+\frac{1}{16}+\frac{1}{32}+\frac{1}{64}+\frac{1}{128}+\frac{1}{256}+\frac{1}{512}+\frac{1}{1024}+\frac{1}{2048}+\frac{1}{2048}=1.$$

Es ist leicht einzusehen, wie es weitergeht:

$$\frac{1}{2}+\frac{1}{4}+\frac{1}{8}+\frac{1}{16}+\frac{1}{32}+\frac{1}{64}+\frac{1}{128}+\frac{1}{256}+\frac{1}{512}+\frac{1}{1024}+\frac{1}{2048}+\frac{1}{4096}+\ldots=1.$$

Das letzte Gleichheitszeichen erfordert das Verständnis des Grenzwertes als kleinste obere Schranke. Mitunter habe ich in der Unterstufe das Gefühl, dass die Kinder manche abstrakte und strukturelle Dinge besser aufnehmen können als in höheren Klassen.

Grenzwert

Anmerkung zum DIN-Format

Man kann bei dieser Übung als Nebenprodukt DIN-Formate kennenlernen. Halbiert man ein Quadrat, so erhält man zwei kleinere Rechtecke, die auch durch Vergrößern nicht wieder die Form eines Quadrates erhalten. In der Tat gibt es nur ein rechteckiges Format, das nach einer Halbierung wieder – bis auf die Größe – dieselbe Form ergibt: Die DIN-Norm. Dabei ist die Länge um das $\sqrt{2}$-fache größer als die Breite. Das Kästchen $\frac{1}{256}$ hat ein DIN-A12-Format.

Alternative

Statt mit der DIN-Norm geometrisch im Heft zu arbeiten, kann direkter und unmittelbarer das endlose Teilen erlebt werden: Jeder bringt etwas von seinem Vesper (z. B. einen Apfel oder ein Stück Brot), ein Messer und ein Schneidebrett mit. Statt zu zeichnen wird gegessen.

Lernen mit mehreren Sinnen

Während bei der zeichnerischen Variante in jedem Schülerheft dasselbe geschieht, finden hier die Bruchteile unterschiedliche Entsprechungen. Ein halber Apfel ist etwas anderes als ein halbes Pausenbrot.

Die haptisch-handelnde Entsprechung der Gleichung
$\frac{1}{2}+\frac{1}{4}+\frac{1}{8}+\frac{1}{16}+\frac{1}{32}+\frac{1}{64}+\frac{1}{128}+\frac{1}{256}+\frac{1}{512}+\frac{1}{1024}+\frac{1}{2048}+\frac{1}{4096}+\ldots=1$
zeigt folgendes Bild, wobei der Apfel zur „1“ wird.

Didaktische Bemerkungen

- Mit dem ersten Schnitt entsteht da ein halber Apfel, dort ein halbes Stück Brot, eine halbe Banane oder eine halbe Karotte. Und da überall etwas anderes geschnitten wird, ist es völlig klar, dass es nicht um den Apfel, das Brot, die Banane oder die Karotte geht. Das „Halbe“ löst sich von dem konkreten Objekt. Hier löst sich die Mathematik von den konkreten Dingen. Der Lehrer kann zeitgleich zum ersten Schnitt an die Tafel „$\frac{1}{2}$“ schreiben und jeder weiß, dass es nicht um das konkrete Ding geht, was er gerade zerteilt, sondern um das Halbe an sich. Hier entsteht über mehrere konkrete Beispiele reine Form ohne Inhalt. Wir sprechen nicht mehr von Dingen und konkreten Objekten, sondern von Zahlen.
- Auch kommt dem Essen eine erlebnisreichere und alltäglichere Erfahrung zu. Wer schon einmal bewusst $\frac{1}{2048}$ eines Apfels gegessen hat, weiß, wovon ich spreche. Nahrung steht dem Menschen näher als Papier.

$\frac{1}{2}$ löst sich vom konkreten Objekt

13.4 Erweitern und Kürzen

Die Brüche $\frac{3}{4}$, $\frac{6}{8}$, $\frac{15}{20}$, ... sehen völlig verschieden aus und doch beschreiben sie alle dieselbe Bruchzahl bzw. denselben Anteil. Hinter dem Erweitern und Kürzen steckt eine Äquivalenzrelation, auch wenn man im Unterricht dieses Wort nicht benutzen wird.

Äquivalenzrelation

Ein Papier (z. B. DIN A6) wird so gefaltet, dass vier gleiche Teile entstehen:

Man kann das so deuten, dass die „1" in vier Teile geteilt worden ist, und schreibt dafür $\frac{4}{4}$. Natürlich hätte man die „1" auch in acht oder zwölf Teile teilen können ($\frac{8}{8}$ bzw. $\frac{12}{12}$). Es gibt unendlich viele Möglichkeiten, das Blatt in gleich große Teile aufzuteilen. Jede Möglichkeit sieht anders aus und schreibt sich formal auch anders. Das ist eine hübsche Methode, um Äquivalenzklassen implizit einzuführen: Mit der Aufteilung des Rasters ändert sich der Bruch ($\frac{1}{1} = \frac{4}{4} = \frac{8}{8} = \frac{12}{12} = \ldots$); die Bruchzahl bzw. die Papiergröße ändert sich offensichtlich nicht. Jedes Raster stellt einen Repräsentanten für die Zahl 1 dar. Natürlich wird man einen Sechstklässler mit Begriffen wie Äquivalenzklasse oder Repräsentant verschonen, aber intuitiv erhält er die richtige Vorstellung.

Im Folgenden soll die Zahl $\frac{3}{4}$ dargestellt werden. Wir zählen drei Teile (Zähler) und färben diese grün ein.

Wenn jedes Teilstück erneut in zwei Teile zerlegt wird, erhalten wir einen neuen Bruch. Wir falten also unser Stück Papier wie zuvor und teilen dann jede der vier Lagen in 2 Teile durch erneutes Knicken (siehe nächste Seite).

Der Anteil der eingefärbten Fläche hat sich nicht geändert, dennoch sind insgesamt 8 Teile entstanden, von denen 6 grün eingefärbt sind $\left(\frac{6}{8}\right)$.

Sowohl Zähler als auch Nenner haben sich verdoppelt. Da sich auch diesmal die zählende grüne Fläche nicht verändert hat, muss der Anteil (Bruch) gleich geblieben sein: $\frac{3}{4} = \frac{3 \cdot 2}{4 \cdot 2} = \frac{6}{8}$. Wir können die Anzahl der Teilungen auch verdreifachen, ohne dass sich der gefärbte Anteil ändert:

Jetzt ist das ganze Papier in dreimal so viele Teile zerlegt worden. Ebenso ist der grüne Anteil in dreimal so viele Teilstücke zerlegt worden. Alles hat sich verdreifacht, ohne dass sich der grüne Anteil verändert hat. Der entsprechende Bruch heißt $\frac{18}{24}$.

Umsetzung im Unterricht

Faltung und Tafel- bzw. Heftaufschrieb sollten möglichst gleichzeitig erfolgen. Zuerst wird das Papier bearbeitet, dann sofort der zugehörige Bruch aufgeschrieben und schließlich grafisch dargestellt. Die

„Gleichzeitigkeit" ist entscheidend für das Verständnis. Auf den folgenden beiden Fotos entsteht aus dem Bruch $\frac{6}{8}$ durch Drittelung des Papiers $\frac{18}{24}$.

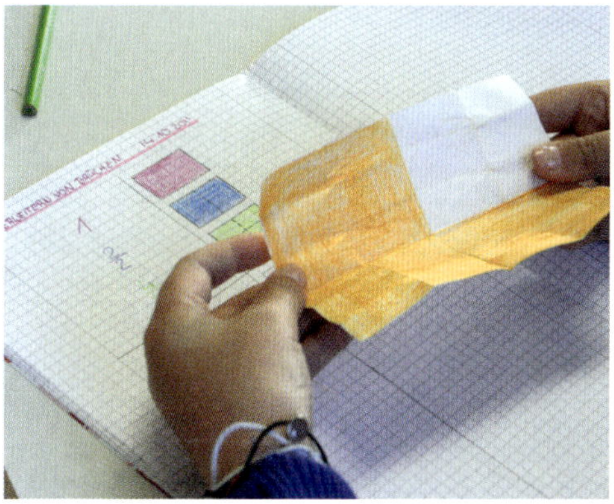

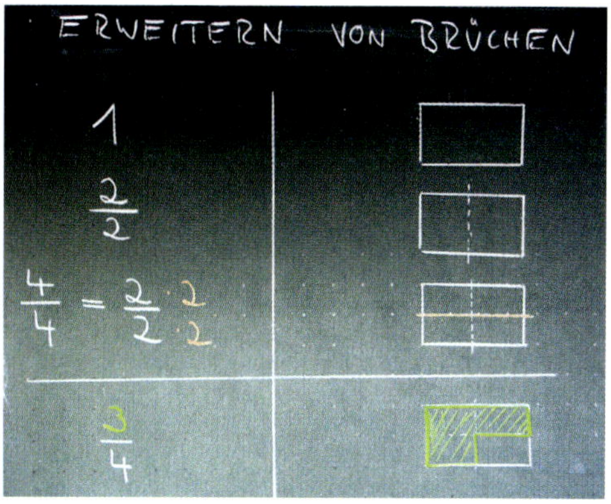

Ein vollständig gekürzter Bruch entspricht somit der Aufteilung des Papiers, die mit den wenigsten Knicken auskommt.
Wenn der Zusammenhang zwischen Falten und weiteren Anteilen klar ist, werden weitere Brüche aufgeschrieben, die denselben Anteil (dieselbe rationale Zahl) beschreiben. Wer einen neuen Bruch weiß, schreibt ihn an die Tafel. Das kann gerne eine ganze Tafel füllen. Wie lässt sich die Unendlichkeit in einer Äquivalenzklasse besser nachvollziehen?

Eine Übung

Die Abfragetechnik „Gehirn in der Streichholzschachtel"[26] eignet sich sehr gut für das Erweitern und Kürzen von Brüchen (siehe die Fotos auf nächster Seite).

26 Vgl. Band I, S. 208 ff., „Das Gehirn in der Streichholzschachtel"

13.5 Erweitern und Kürzen als Gruppenübung

In Abschnitt 13.1 war stets das Ganze gegeben und es wurde nach einem bestimmten Anteil gefragt. Die Umkehrung ist schwieriger, wenn also der Anteil vorgegeben wird und das Ganze gesucht ist. Wie in 13.1 werden die Tische und Stühle an den Rand des Klassenzimmers gestellt.

Zu Beginn sitzen alle Schüler auf den Tischen am Rand des Klassenzimmers, so dass die Mitte des Raumes, die Bühne, leer ist. Eine kleine Anzahl Freiwilliger geht in die Mitte, im Beispiel sind es drei.

Die erste Frage ist bewusst einfach gehalten, um die Bedeutung von Stehen und Sitzen einzuführen: *Wie viele Schüler müssen sich dazusetzen, damit der Anteil der Stehenden $\frac{3}{7}$ ist?* Wie bei der Übung in 13.1 wird nicht gesprochen, allerdings darf jeder, der möchte, auf die Bühne und sich dazusetzen und damit den Bruch verändern. Das Ergebnis sieht wie rechts gezeigt aus.

Wer glaubt, dass der Bruch richtig dargestellt ist, klatscht.
Ist die Übung eingeführt, geht man zu komplexeren Fragen über: Vier Schüler gehen in die Mitte und sollen den Anteil $\frac{2}{5}$ darstellen. Das Ergebnis sieht dann so aus:

Es gibt drei Schwierigkeitsgrade:

leicht	Wie im einführenden Beispiel ist der Zähler identisch mit der Anzahl der stehenden Personen.
mittel	Im zweiten Beispiel wurde der Bruch mit der Zahl 2 erweitert.
anspruchsvoll	Am interessantesten sind die Beispiele, bei denen sich die Brüche nicht direkt kürzen oder erweitern lassen. Ein Beispiel: Drei Schüler stehen in der Mitte, dargestellt werden soll die Zahl $\frac{2}{6}$. Im ersten Augenblick meinen viele in der Klasse, dass es nicht geht. Für die Lösung benötigt man die Umformung: $\frac{2}{6} = \frac{1}{3} = \frac{3}{9}$. Es müssen sich also noch sechs Schüler dazusetzen.

Nach wenigen einführenden Beispielen stellen einzelne Schüler Aufgaben. Der jeweilige Aufgabensteller geht in die Mitte und holt sich die für seine Aufgabe erforderliche Anzahl stehender Gefährten.

Hier stehen zwei Schüler in der Mitte, welche den Bruch $\frac{48}{72}$ vorgegeben haben. Um die Aufgabe zu lösen, müsste sich ein Schüler hinzusetzen.

Didaktisch-pädagogische Bemerkungen

Zwei unterschiedliche Repräsentationen für dieselbe Sache

Auf den ersten Blick ist diese Übung etwas anderes als die Sache mit dem Papier. Dennoch handelt es sich, von einem bestimmten Standpunkt aus betrachtet, um dasselbe. Das Gehirn braucht wenige konkrete Beispiele, um das Allgemeine zu lernen.

wenige konkrete Beispiele erklären das Allgemeine

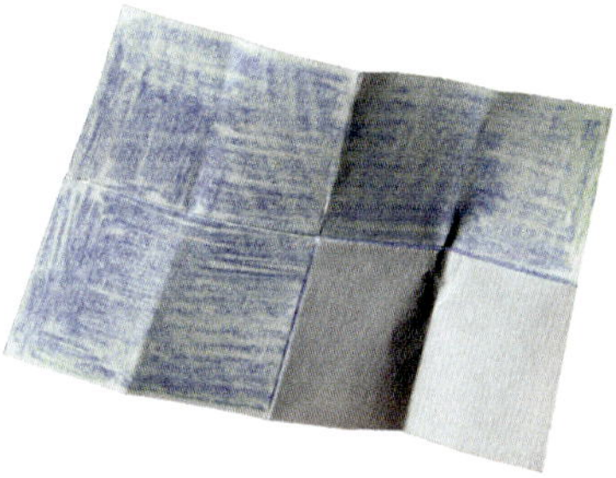

Erst wer die zugrundeliegende Idee, das Kalkül verstanden hat, welches in beiden recht unterschiedlichen Darstellungen (Anteil der Stehenden in einer Gruppe, Anteil der ausgemalten Felder auf einem Stück Papier wie in 13.2) gleich bleibt, der hat die Abstraktion hinter den konkreten Dingen verstanden, mit anderen Worten: die mathematische Idee.

mathematische Idee

Gruppenwahrnehmung

In der Art und Weise, wie die Übung durchgeführt wird, handelt es sich um eine gruppendynamische Übung. Man muss sich umschauen, ob sich schon jemand auf den Weg gemacht hat, um die Aufgabe zu lösen. Neben dem mathematischen Inhalt geht es um die Wahrnehmung der anderen in der Gruppe.

gruppendynamische Übung

Gleichzeitigkeit der Darstellungen

Im Hintergrund des linken Fotos sieht man an der Tafel skizzenhaft die Darstellung von Anteilen wie in 13.2 ausgeführt. So lassen sich beide Darstellungen *gleichzeitig* zeigen. Man kann noch einen Schritt weiter gehen, indem man an der Tafel einen Anteil wie in 13.2 beschrieben zeichnet, und die Schüler stellen simultan diesen Anteil dar. Interessant wird es dann, wenn der Lehrer die Skizze an der Tafel verändert, etwas dazu zeichnet, weitere Kästchen ausfüllt usw.

13.6 Vollständig gekürzter Bruch und Primzahlen

Es gibt unendlich viele Brüche, die dieselbe Bruchzahl darstellen. Die Frage nach dem einfachsten Bruch ist die Frage nach einem vollständig gekürzten Bruch, weil dann Zähler und Nenner nicht mehr kleiner werden können.
Woran erkennt man nun, dass ein Bruch vollständig gekürzt ist? Die Idee ist, dass man Zähler und Nenner in möglichst viele (echte) Faktoren zerlegt und anschließend kürzt:

$$\frac{60}{72} = \frac{10 \cdot 6}{9 \cdot 8} = \frac{5 \cdot 2 \cdot 2 \cdot 3}{3 \cdot 3 \cdot 2 \cdot 2 \cdot 2} = \frac{5}{3 \cdot 2}$$

Da jetzt Zähler und Nenner keinen gemeinsamen Teiler mehr haben, ist $\frac{5}{3 \cdot 2} = \frac{5}{6}$ vollständig gekürzt. Ein weiteres Beispiel:

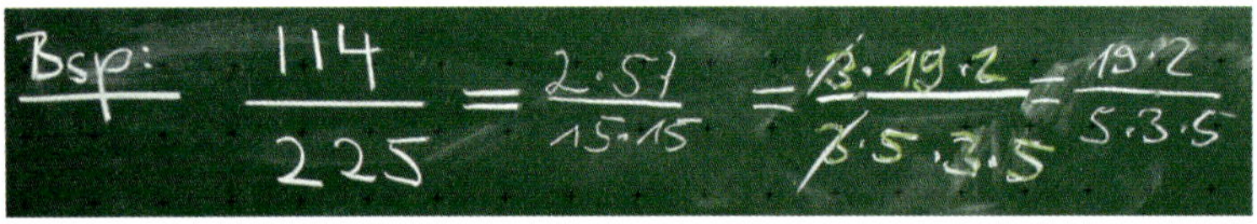

Primzahlen und Primfaktorzerlegung

Das Entscheidende ist, dass Zähler und Nenner nicht mehr weiter in echte Faktoren zerlegt werden können. Damit sind Primzahlen eingeführt: *Zahlen, die man nicht mehr weiter in (echte) Faktoren zerlegen kann, nennt man Primzahlen. Beispiele: 2, 3, 5, 7, 11, 13, 17, 19, 23 …*

Primzahlen werden auf natürliche Weise entdeckt

Die Definition der Primzahlen fällt bei dieser Lehrgangsskizze nicht vom Himmel. Eigentlich sollte nur ein vollständig gekürzter Bruch gefunden werden. Primzahlen und Primfaktorzerlegung kommen also auf eine ganz pragmatische, natürliche Weise in den Unterricht.

Ergänzung

Mittels der Primfaktorzerlegung lassen sich folgende Fragen beantworten: Wenn man eine ungerade Zahl mit einer geraden multipliziert, ergibt sich dann eine ungerade oder gerade Zahl?

13.7 Das Sieb des Eratosthenes

Ein Algorithmus zur Bestimmung von Primzahlen: Jeder Schüler erhält ein quadratisches Zahlenschema wie in der Abbildung[27]. Zuerst wird die Zwei mit einer bestimmten Farbe (hier rot) umrandet und an den Rand „Vielfache von zwei" geschrieben. Die Zwei ist eine Primzahl, aber ihre Vielfachen sind keine, daher werden diese mit derselben Farbe (hier rot) durchgestrichen.

Als nächstes folgt die Zahl drei. Sie wird mit einer anderen Farbe umrandet, hier blau, die Vielfachen werden mit Blau durchgestrichen. Die Vier muss nicht überprüft werden, denn die Vielfachen von vier sind ja bereits durch zwei teilbar. Weiter geht es also mit der Fünf, dann mit der Sieben und so weiter. Schließlich werden keine weiteren Zahlen „ausgesiebt", es bleiben genau die Zahlen übrig, die keine Teiler besitzen: die Primzahlen.

Primzahlen aussieben

Erweiterte Fragestellung: Wie lange muss man sieben?
Aber bis zu welcher (Prim-)Zahl ist denn auszusieben? Muss man bis 100 immer weitersieben, um sicherzugehen, dass man alle gefunden hat? Meist versuchen sich die Schüler an der 11, der 13, der 17 ... und fragen dann irgendwann von selbst, ob überhaupt noch etwas herausgestrichen wird, ob es noch Sinn ergibt, weiterzumachen. Die

27 Kopiervorlagen zu diesem Abschnitt stehen unter www.unterricht-als-abenteuer.de zur kostenfreien Verfügung.

Antwort ist: Man braucht nur die Vielfachen der Primzahlen bis 10 herauszustreichen. Möchte man eine Zahl wie z. B. 100 in zwei Faktoren zerlegen, dann muss ein Faktor 10 oder kleiner als 10 sein. Die Vielfachen größer 10 sind somit indirekt überprüft worden, da alle Faktoren bis 10 schon untersucht wurden. Man muss also immer nur bis zur Quadratwurzel der Siebgröße (hier $\sqrt{100} = 10$) sieben.

bis zur Quadratwurzel

Sobald klar ist, dass keine weiteren Zahlen als Vielfache entlarvt und herausgestrichen werden können, werden die Lücken zum Beispiel durch einen Textmarker hervorgehoben. Anschließend kann man noch „Die ersten Primzahlen" als Schülerblatt austeilen.[28]

Methodisch-pragmatischer Zusatz

Das Sieb lässt sich mit dem Tageslichtprojektor an die Tafel werfen. So kann man die ersten Siebvorgänge gemeinsam mit den Schülern durchführen.

28 Die ersten Primzahlen können als pdf unter www.unterricht-als-abenteuer.de kostenfrei heruntergeladen werden.

13.8 Telefonnummern und Primzahlen

Als ich noch jung war, rief ich die Nummer 65537 in meiner Stadt an, um dem Unbekannten am anderen Ende der Leitung mitzuteilen, dass seine Nummer eine Primzahl sei, genauer die größte bekannte Fermat'sche Primzahl.[29]

Fermat'sche Zahl

Heute mag ich diese zwanghafte Aufklärung nicht mehr und ich möchte Sie als Leser bitten, nicht Ihre Mitmenschen am Telefon über Primzahlen aufzuklären. Aber in die andere Richtung ist es nett: Die Primzahlen bis zu einer Million werden ausgedruckt und im Klassenzimmer aufgehängt.[30] Die Schüler überprüfen die Telefonnummern in ihrem Bekanntenkreis. Man wird häufiger fündig, als man zuerst vermutet: Auch in höheren Bereichen ist die Primzahldichte recht hoch.

Verteilung der Primzahlen

Eine gefundene Zahl, die etwas mit einem selbst zu tun hat, wird eingekreist. Es ist menschlich: Man möchte wissen, wie man sich in eine vorgegebene Struktur (hier die der Primzahlen) einordnen kann. Und ganz nebenbei lernt man, dass die Primzahldichte recht langsam abnimmt.

sich selbst in eine Struktur einordnen

29 Fermat-Zahlen sind Zahlen, die sich als $2^{(2^n)}+1$ schreiben lassen, wobei n für eine natürliche Zahl steht. Heute vermutet man, dass es außer den ersten fünf keine weitere Fermat'sche Primzahl gibt: 3, 5, 17, 257, 65537.

30 Kostenfreier Download unter www.unterricht-als-abenteuer.de

13.9 Teilbarkeitsregeln: ein Beweis für die Teilbarkeit durch 3 (bzw. 9)

Die Teilbarkeitsregeln für 2 und 5 sind einfach. Nicht ganz so offensichtlich ist die Teilbarkeit durch 3:

Quersummenregel

Eine Zahl ist genau dann durch 3 teilbar, wenn ihre Quersumme durch 3 teilbar ist.

Meist kennen die Schüler die Regel für die Teilbarkeit schon. Aber sie wissen nicht, warum sie funktioniert. Gilt diese Regel auch für andere Teiler, zum Beispiel für die 7 oder die 9?

Die Schüler sollen versuchen herauszufinden, für welche Teiler die Sache mit der Quersumme funktioniert.

Didaktische Zwischenbemerkungen

Schönheit eines Beweises

Dieses Suchen und Ausprobieren ist aus didaktischer Sicht sehr wichtig. Erst dadurch wird die Schönheit des folgenden Beweises deutlich.

Gibt es Gegenbeispiele?

Für die Teilbarkeit von 7 können wir leicht ein Gegenbeispiel finden: So ist 21 durch 7 teilbar, jedoch die Quersumme nicht. Aber egal, wie lange man sucht: Es findet sich kein Gegenbeispiel für die Teilbarkeit von 3 und 9. Ein einziges Gegenbeispiel würde reichen, um zu wissen, dass die Regel nicht allgemein gilt. Aber um zu wissen, dass sie wirklich funktioniert, müssten wir die Sache erst für *alle* Zahlen nachkontrollieren. Auch bei der 7 gibt es Beispiele, bei denen die Sache mit der Quersumme funktioniert. Beispielsweise ist 133 durch 7 teilbar wie auch die Quersumme. Für 3 und 9 gilt es also herauszufinden, dass es prinzipiell kein Gegenbeispiel geben kann. Auch hunderttausend Beispiele reichen nicht aus. Um den Satz *„Eine Zahl ist genau dann durch 3 teilbar, wenn ihre Quersumme durch 3 teilbar ist"* zu formulieren, müssen wir das Prinzip verstehen. Und das gelingt auch, obwohl sich nicht alle Zahlen prüfen lassen. Aber hierzu bedarf es einer Idee.

Verständnis für einen Beweis

Verständnis, warum man einen Beweis braucht

Erst jetzt kann der Schüler die Sache wertschätzen. Drastischer formuliert: Wichtiger als der Beweis selbst ist das Verständnis dafür, warum man einen Beweis benötigt. Eine Faustregel zur Zeiteinteilung: Wenn der Beweis 15 Minuten dauert, dann sollten auf den Teil der Suche mindestens 30 Minuten fallen. Der Schüler wird sich sonst am Beweis nicht erfreuen können. Er wird es nur als eine zusätzliche Last

Freude am Beweis

empfinden. Leider geht der Mathematikunterricht häufig über diesen ersten Schritt zu schnell hinweg.
Natürlich wird man die Schüler nicht an jeder Stelle des Unterrichtes diesen zeitlich aufwendigen Weg gehen lassen. Die Vorgehensweise ist exemplarisch zu verstehen. Der Schüler lernt hier, wozu Beweise nötig sind. Und wenn er an diesem Beispiel eine nicht gleich durchschaubare Sache versteht, dann wird er Freude empfinden. Es geht also am wenigsten um die konkrete Teilbarkeitsregel.

Beweis

Das Stellenwertsystem soll mit Geld nachempfunden werden. 1-Cent-Stücke entsprechen den Einern, 10-Cent-Stücke den Zehnern, 1-Euro-Stücke den Hundertern und 10-Euro-Scheine den Tausendern. Falls der Lehrer einen 100-Euro-Schein dabei hat, lassen sich auch die Zehntausender darstellen.
Hier ist als Beispiel die Zahl 2142 dargestellt:

Damit im Unterricht klar ist, dass es prinzipiell mit jeder Zahl funktioniert, fragt der Lehrer bei den Schülern nach 1-Euro-Stücken, 10-Cent-Stücken und 1-Cent-Stücken. (Nach Scheinen würde ich nicht fragen, weil dann das Thema „Wer hat viel Geld?" im Raum steht.) Damit werden die Schüler einerseits materiell einbezogen, andererseits ist das Zahlenbeispiel dadurch beliebig.

materieller Bezug

persönlicher Gegenstand

Das Geld soll auf drei Personen aufgeteilt werden. Von den dreien legt jeder einen persönlichen Gegenstand auf den Tisch, z. B. einen Ring, eine Tintenpatrone und eine Uhr. Damit ist klar, wem welches Geld auf dem Tisch gehört (vgl. das Foto unten).
Wir gehen Münze für Münze bzw. Schein für Schein vor. Ein 10-Cent-Stück lässt sich nicht ohne Rest aufteilen. Es wird durch zehn 1-Cent-Stücke ersetzt. Sie können hier erneut Ihre Schüler um Centstücke bitten.

Neun Centstücke werden aufgeteilt, das restliche bleibt anstelle des 10-Cent-Stücks liegen. Nachdem mit jedem 10-Cent-Stück so vorgegangen wurde, liegen an dieser Stelle entsprechend vier 1-Cent-Stücke. Natürlich könnte man diese weiter aufteilen, aber wir wollen Münze für Münze, Schein für Schein vorgehen.

Analog wird mit dem 1-Euro-Stück verfahren. Wir spielen die Aufteilung gedanklich durch: Jeder bekommt 33 Centstücke, wieder bleibt eines übrig. Auch bei den Tausendern geht es so: Pro Schein können nur 999 Cent verteilt werden. Ein Centstück bleibt pro 10-Euro-Schein zurück. Als Ergebnis erhalten wir folgendes Bild vom Rest, der nicht aufgeteilt worden ist:

Die Quersumme 2 + 1 + 4 + 2 ist liegengeblieben. Falls sich diese ebenfalls auf die drei Personen aufteilen lässt, ist das gesamte Geld durch drei teilbar.

Formalisierung des Beweises

Wir versuchen in einem nächsten Schritt, das Vorgehen aufzuschreiben. Wir übersetzen dabei unser Handeln in eine mathematische Sprache. Jeder Schüler sucht sich eine eigene Zahl aus, diese darf nicht mit dem Beispiel übereinstimmen. Dadurch wird im Grunde ein formaler Beweis simuliert: Es geht nicht um die konkrete Zahl, sondern um das Prinzip. Das Beispiel an der Tafel wird zum beliebigen Stellvertreter.

beliebiger Stellvertreter

$$
\begin{aligned}
2142 &= 2 \cdot 1000 + 1 \cdot 100 + 4 \cdot 10 + 2 \\
&= 2 \cdot (999 + 1) + 1 \cdot (99 + 1) + 4 \cdot (9 + 1) + 2 \\
&= 2 \cdot 999 + 2 + 1 \cdot 99 + 1 + 4 \cdot 9 + 4 + 2 \\
&= (2 \cdot 999 + 1 \cdot 99 + 4 \cdot 9) + (2 + 1 + 4 + 2)
\end{aligned}
$$

Der blaue Teil lässt sich durch 3 teilen, da sich 9, 99, 999 etc. durch 3 teilen lassen. 2142 lässt sich genau dann durch 3 teilen, wenn sich auch der Rest (die Quersumme) durch 3 teilen lässt.

Hinweise

Erweiterung – Transfer

Die Schüler sollen sich in Gruppen überlegen, wie der Beweis für die Teilbarkeit durch 9 funktioniert. (Der Beweis läuft analog: Offensichtlich sind 9, 99, 999, 9999 etc. auch durch 9 teilbar. Ist der rote Rest, die Quersumme, ebenfalls durch 9 teilbar, dann ist die Ausgangszahl ebenfalls durch 9 teilbar.)

Münze für Münze, Schein für Schein

Man beachte die haptische Vorgehensweise: Münze für Münze bzw. Schein für Schein wird abgearbeitet und stets bleibt ein Centstück übrig. Am Schluss weiß man nicht, wie viel jeder bekommt – das ist auch nicht die Aussage des Satzes, man weiß nur, ob die Aufteilung gelingen kann, und genau das besagt ja der Satz. In der Beweisführung können wir nicht zuerst einmal drei 10-Cent-Stücke verteilen und das letzte in Centstücke eintauschen. Wir müssen unabhängig vom konkreten Beispiel vorgehen und das geschieht, indem wir Münze für Münze (bzw. Schein für Schein) einzeln abarbeiten.

unabhängig vom konkreten Beispiel

13.10 Pascalsches Dreieck – Malen nach Zahlen

eine Fülle von Geheimnissen

Das Pascalsche Dreieck birgt eine Fülle von Geheimnissen in sich. Es enthält geometrische Aspekte (sogar fraktale), lässt sich in der Algebra wie auch in der Wahrscheinlichkeitsrechnung nutzen und beherbergt bekannte Zahlenreihen. So ist das Pascalsche Dreieck ein gutes Beispiel für die Vernetzung unterschiedlicher mathematischer Gebiete.
In diesem Abschnitt wird zunächst das Sierpinski-Dreieck konstruiert und unmittelbar danach das Pascalsche Dreieck eingeführt, welches in diesem Zusammenhang eine Kopfrechenübung bzw. eine Anwendung von Teilbarkeitsregeln darstellt. Anschließend wird auf Reihen im Pascalschen Dreieck eingegangen.

Sierpinski-Dreieck
Die Schüler zeichnen ein großes gleichseitiges Dreieck in ihr Heft. In einer fünften oder sechsten Klasse kann das ein bisschen dauern. Wenn das Zeichnen eines Winkels schon länger her ist, dauert es noch ein bisschen länger.

Alle Seitenmitten werden wiederum zu einem kleineren gleichseitigen Dreieck verbunden, welches ausgemalt wird.

Die drei verbleibenden Dreiecke werden entsprechend wie das große behandelt, als Ergebnis erhält man neun weiße stark verkleinerte Dreiecke, mit denen man ebenso verfährt. Treibt man die Geschichte bis ins Unendliche weiter, so entsteht eine selbstähnliche Figur, ein Fraktal mit einer gebrochenen Dimension.[31] Es handelt sich um das Sierpinski-Dreieck, das einer Seite der Sierpinski-Pyramide entspricht. Für die folgende Übung reichen vier Iterationsschritte:

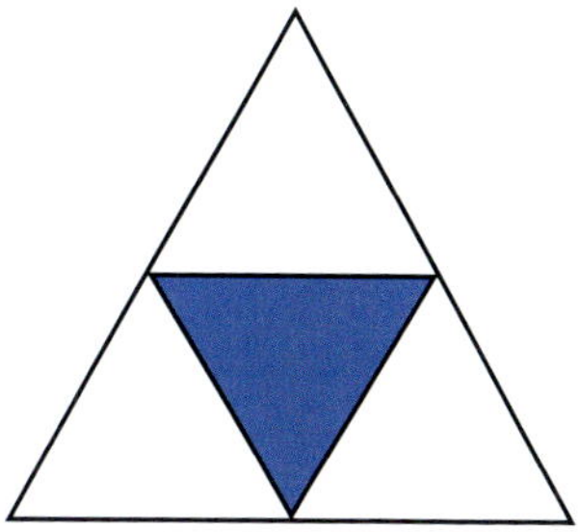

Muster im Pascalschen Dreieck – Malen nach Zahlen

Direkt unter dem Sierpinski-Dreieck wird das Pascalsche Dreieck berechnet. Die Einser am Rand sind vorgegeben, in jeden Baustein wird die Summe der beiden darüber liegenden geschrieben. Zum Beispiel ergeben 1 und 2 für den darunterliegenden Stein 3.

Sierpinski

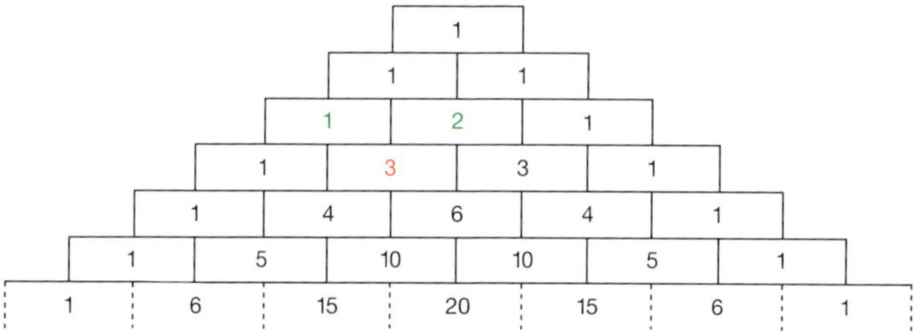

Es reicht die Berechnung der ersten sechs oder sieben Zeilen, bei mehr Zeilen werden die Zahlen so groß, dass Platzprobleme entstehen. Nun werden alle geraden Zahlen mit der Lieblingsfarbe unterlegt. Um jedoch eine Struktur in der Einfärbung zu erkennen, werden viel mehr Zeilen benötigt. Wenn jedem Schüler das Verfahren klar ist,

gerade Zahlen

31 Vgl. Band I, Abschnitt 5.14, „Dimension und Selbstähnlichkeit“ (S. 158ff.).

teilt der Lehrer ein großes Pascalsches Dreieck aus[32], welches entsprechend ausgemalt wird.

Erstaunlicherweise entsprechen die Einfärbungen genau dem Sierpinski-Dreieck. Dabei ist die Konstruktion des Pascalschen Dreiecks völlig verschieden! Auf den ersten und zweiten Blick lässt sich kein Zusammenhang erkennen. Es wirkt wie Zauberei.

optische Prüfung

Man kann also rein optisch überprüfen, ob man alle geraden Zahlen gefunden hat. Rechts das eingefärbe Pascalsche Dreieck, links die Überlagerung mit dem Sierpinski-Dreieck:

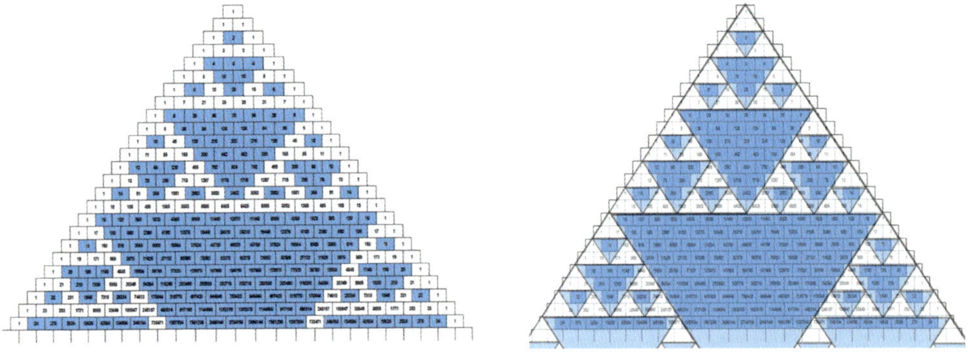

32 Kopiervorlage unter www.unterricht-als-abenteuer.de

Teilbarkeitsregeln als Helfer

Was passiert, wenn wir statt der geraden Zahlen die durch drei teilbaren hervorheben? Gibt es wieder eine Struktur oder sind die Einfärbungen dann zufällig verteilt? Es gibt zwei Minuten Zeit, um ohne Stift eine Hypothese zu bilden. Sind alle so weit, wird die Vermutung angezeigt: Daumen nach oben bedeutet Struktur, Daumen nach unten eine zufällige Verteilung. Anschließend wird mit einer neuen Farbe ein weiteres Pascalsches Dreieck eingefärbt.

Zwei didaktische Zwischenbemerkungen

- Das Teilbarkeitskriterium ist bei der Einfärbung eine gute Hilfe. Entscheidend ist, dass es gar nicht um die Teilbarkeitsregel geht, sondern dass diese als willkommener Helfer erfahren wird. Gerne wird die Teilbarkeitsregel neben dem Dreieck notiert. Ganz anders, als wenn die Regel „einfach so" behandelt werden würde. Theaterpädagogisch betrachtet, kommt die Teilbarkeitsregel in der Rolle des Helfers und nicht in der eines zusätzlichen Lernstoffes daher.

Regel als Helfer

- Die vorausgehende Frage nach der Art der Verteilung ist wichtig. Wer sich zuvor keine Gedanken über das Ergebnis gemacht hat, kann sich schwer überraschen lassen.

Es ist wunderlich: Wieder zeichnet sich ein Muster ab. Die Frage steht im Raum: Für welche Zahlen ergibt sich eine besondere Struktur? Geht es auch mit der Vier, der Fünf etc.? Wie lässt sich das prüfen?

Eine Möglichkeit besteht darin, dass die Schüler in Zweiergruppen (tischweise) zusammenarbeiten. Jeder Tisch sucht sich eine Zahl aus und färbt entsprechend ein. Die Teilbarkeitsregeln werden dabei als willkommenes Hilfsmittel erlebt.
Es ist faszinierend: Bei jeder Zahl ergibt sich ein bestimmtes Muster. Bei *jeder* Zahl!

13.11 Mathematik ist Mustererkennung – Zahlenfolgen im Pascalschen Dreieck

Im Pascalschen Dreieck finden sich viele Zahlenreihen. Zuerst sollen die Schüler selbst Reihen entdecken, später kann man Tipps geben, welche Reihen überhaupt existieren. Einfach zu finden sind die Reihe der natürlichen Zahlen, die Dreieckszahlen, vielleicht auch noch die Tetraederzahlen (s. u.). Etwas versteckter ist die Reihe der Zweierpotenzen und der Fibonaccizahlen.

Diagonale Reihen: Dreiecke in allen Dimensionen

Binomialkoeffizienten

Das symmetrische Pascalsche Dreieck wird durch zwei Einser-Diagonalen aufgespannt. Von der linken ausgehend zählen wir die Diagonalen durch, wobei die Rand-Diagonale in Anlehnung an die Binomialkoeffizienten[33] nicht mitgezählt wird bzw. als die nullte zählt. Die Reihennummer entspricht dann der unteren Zahl in jeder Klammer:

$$\binom{0}{0}$$
$$\binom{1}{0} \quad \binom{1}{1}$$
$$\binom{2}{0} \quad \binom{2}{1} \quad \binom{2}{2}$$
$$\binom{3}{0} \quad \binom{3}{1} \quad \binom{3}{2} \quad \binom{3}{3}$$
$$\binom{4}{0} \quad \binom{4}{1} \quad \binom{4}{2} \quad \binom{4}{3} \quad \binom{4}{4}$$
$$\binom{5}{0} \quad \binom{5}{1} \quad \binom{5}{2} \quad \binom{5}{3} \quad \binom{5}{4} \quad \binom{5}{5}$$
$$\binom{6}{0} \quad \binom{6}{1} \quad \binom{6}{2} \quad \binom{6}{3} \quad \binom{6}{4} \quad \binom{6}{5} \quad \binom{6}{6}$$

33 In Band III, 25.17 wird die Binomialverteilung über das Pascalsche Dreieck eingeführt.

Von den Einsen zu den natürlichen Zahlen

Natürlich ist an der ersten Diagonale nichts Besonderes, aber für das Folgende ist es interessant, den Zusammenhang zwischen nullter und erster Diagonale zu betrachten: Die Summe der ersten k Einsen ist die k-te natürliche Zahl. Um auch diese Reihe wie die folgenden anschaulich darzustellen, kann man Centstücke nacheinander aneinanderreihen: In einer Dimension kommt jeweils eine Münze hinzu.

Von den natürlichen Zahlen zu den Dreieckszahlen

Addiert man die ersten k natürlichen Zahlen auf, erhält man ein Dreieck mit der Seitenlänge k. Auch das lässt sich mit Cent-Stücken darstellen. Hier ist die vierte Dreieckszahl $1 + 2 + 3 + 4 = 10$ dargestellt:

Zur Darstellung benötigen wir zwei Dimensionen, da sich die Dreiecke flächenhaft ausbreiten:

Die Dreieckszahlen finden sich in der zweiten Diagonalen des Pascalschen Dreiecks:

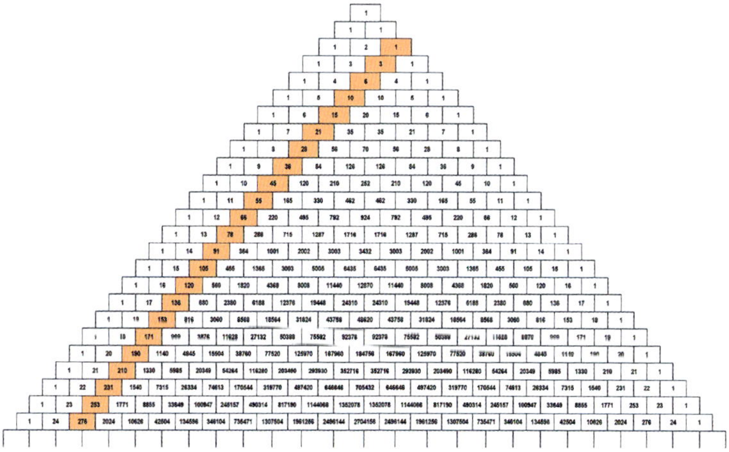

Von den Dreieckszahlen zu den Tetraederzahlen
Man kann die Reihe der Dreiecke aufeinander legen und würde einen Tetraeder erhalten, wenn man statt Münzen Kugeln verwenden würde. Links das Ergebnis der Summe der ersten vier Dreiecke $1 + 3 + 6 + 10 = 20$.
Die Reihe der Tetraederzahlen benötigt zur Darstellung drei Dimensionen und befindet sich entsprechend der Dimension in der dritten Diagonale.

Von den Tetraederzahlen zu den Pentatopzahlen
Gäbe es eine vierte Raumrichtung, könnte man die Tetraeder in der vierten Dimension aufeinanderstapeln und erhielte ein Pentatop, eine vierdimensionale Figur. Leider kann man sich das nicht mehr vorstellen. Die Pentatopzahlen befinden sich in der vierten Diagonale.
Eine hübsche Sache: Das Pascalsche Dreieck – wie der Name sagt, selbst ein Dreieck – lässt sich in den Diagonalen als Reihen *n*-dimensionaler Dreiecke beschreiben. Hier ein Überblick:

Diagonale Nr.	Reihe	Geometrische Interpretation
0	1, 1, 1, 1 ...	nulldimensionale Dreiecke
1	1, 2, 3, 4 ...	eindimensionale Dreiecke bzw. wachsende Längen
2	1, 3, 6, 10 ...	gewöhnliche zweidimensionale Dreiecke
3	1, 4, 10, 20 ...	dreidimensionale Dreiecke bzw. Tetraeder
4	1, 5, 15, 35 ...	vierdimensionale Dreiecke

Waagrechte Reihen: Zweierpotenzen

Die Folge der Zweierpotenzen[34] findet sich entlang der waagrechten Reihen:

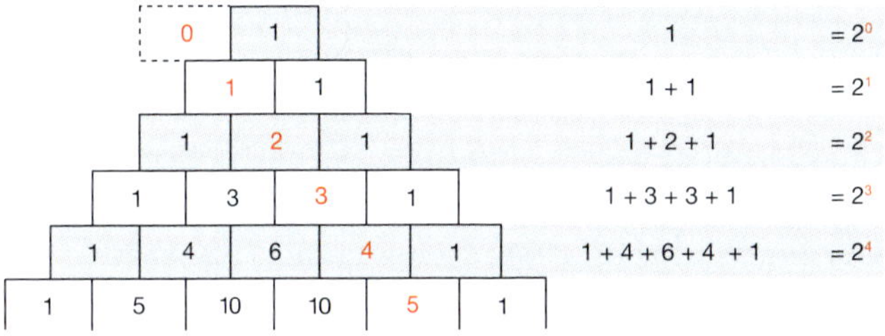

Anmerkung

Innerhalb einer Zeile gibt es eine weitere Struktur. Der Leser kennt die Beziehung zu den Binomialkoeffizienten im binomischen Lehrsatz:

binomischer Lehrsatz

$$(x+2)^3 = \underbrace{\binom{3}{0}}_{=1} \cdot x^3 \cdot 2^0 + \underbrace{\binom{3}{1}}_{=3} \cdot x^2 \cdot 2^1 + \underbrace{\binom{3}{2}}_{=3} \cdot x^1 \cdot 2^2 + \underbrace{\binom{3}{3}}_{=1} \cdot x^0 \cdot 2^3$$

$$= 1 \cdot x^3 + 3 \cdot x^2 \cdot 2^1 + 3 \cdot x^1 \cdot 2^2 + 1 \cdot 2^3$$

Fibonacci-Folge

Die Fibonaccizahlen[35] 1, 1, 2, 3, 5, 8, 13 ... finden sich ebenfalls im Pascalschen Dreieck, allerdings in Form einer Summe gut versteckt:

Fibonaccizahlen

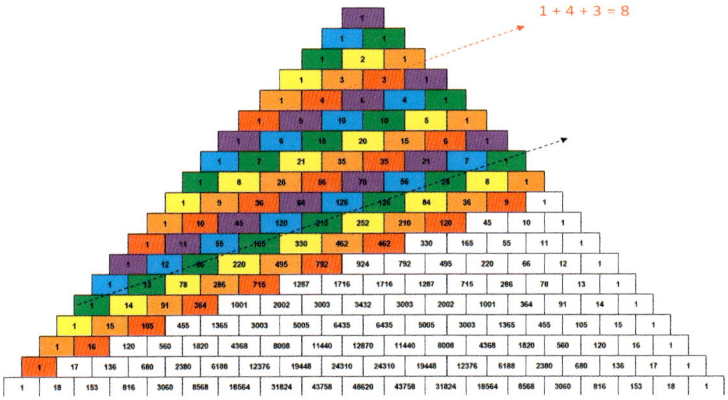

34 Diese Tatsache ist aus der Wahrscheinlichkeitsrechnung bekannt: Bei einer Bernoulli-Kette der Länge n bezeichnet $\binom{n}{k}$ die Anzahl derjenigen Pfade im Baumdiagramm, die k Treffer enthalten. Summiert man alle Pfade im Baumdiagramm, erhält man 2^n Pfade. Also gilt $\sum_{k=0}^{n}\binom{n}{k} = 2^n$.

35 Die Fibonacci-Folge entsteht, indem man jeweils die Summe der beiden Vorgänger bildet. Man beginnt mit einer 1. Da noch nichts vor dieser 1 steht, rechnet man $0 + 1 = 1$ und erhält als weiteres Folgenglied eine zusätzliche 1. Weiter geht es mit $1 + 1 = 2$, dann mit $2 + 1 = 3$ usw.

13.12 Brüche als Prozentzahlen

Die Idee, den Bruch als Anteil zu sehen, wird fortgesetzt, jetzt allerdings mit 100 Kästchen. Die Sache vereinfacht sich also: Es gibt nur noch Brüche mit dem Nenner 100. Statt $\frac{18}{100}$ schreibt man ohne Bruchstrich 18 %. Den Kindern hilft es, die beiden Nullen und den Bruchstrich im Symbol „%“ wiederzufinden.[36] Da der Nenner mit 100 vorgegeben ist, gibt es jetzt auch Dezimalzahlen im Zähler. Es geht um die Vergleichbarkeit von Anteilen: Genau hierin steckt der Sinn, dass man sich auf einen Nenner einigt und diesem den Namen „Prozent“ gibt.

Umsetzung

persönliche Prozentzahlen

Je persönlicher die Prozentzahlen werden, desto besser. Entsprechend stehen Schüler mit einem besonderen Merkmal auf, z. B. wer mit dem Rad in die Schule kommt, wessen Lieblingsessen Spaghetti ist oder wer eine blaue Hose trägt. Wenn von 28 Schülern 7 Blauhosen aufstehen, würden 25 von 100 Kästchen blau eingefärbt. Meist geht es nicht genau auf: Wenn 15 Mädchen in einer Klasse mit 28 Schülern sind, ergibt das ca. 53,57 %. Dann werden etwas mehr als 53 Kästchen eingefärbt. Das Bild auf der folgenden Seite entstand beim Diskutieren in der Pause:

36 „Prozent“ kommt vom italienischen „per cento“ („von hundert“, „je hundert“). Das Zeichen „%“ ist aus „cto“, der italienischen Abkürzung für „cento“, entstanden und nicht aus den beiden Nullen und dem Bruchstrich, auch wenn diese Logik bei „‰“ fortgeführt wird.

Wenn die schriftliche Division mit Kommazahlen, z. B. 28,0000 : 15 = 0,535714286... bereits behandelt wurde, kann exakt die Anzahl der zu markierenden Kästchen berechnet werden. Aber es geht an dieser Stelle nicht um die genaue Ziffernabfolge, sondern um das Erzeugen einer mengenhaften Vorstellung des Prozentbegriffes. Notfalls muss man schätzen, wie viele Kästchen zu markieren sind. Schätzen ist ungemein wichtig, um ein Gespür für Mengen zu bekommen. Im Alltag ist es meistens egal, ob es 32,71 % oder 33,08 % sind, wesentlich ist, dass ich um das ungefähre Drittel weiß.

Schätzen: ein Gespür für Mengen

13.13 Blinder Wissenschaftler erklärt Ahnungslosem: der Sprung ins Analytische

Bisher wurde alles anschaulich dargestellt. Jetzt steht die Rechentechnik im Vordergrund.

Der Raum vor der Tafel wird zur Bühne, gesucht sind zwei Freiwillige: Einer nimmt sitzend die Rolle eines blinden Wissenschaftlers ein, der alle Fragen beantworten kann. Damit er die Rechnung nicht sieht (Blindheit), sitzt er auf einem Stuhl mit Blickrichtung zur Klasse. Der andere nimmt die Rolle des Ahnungslosen ein, er besitzt keinerlei Verständnis für Bruchrechnung, kennt nur Grundschulrechenarten und macht genau das, was der Wissenschaftler ihm aufträgt.[37]

Zu Beginn schreibt der Lehrer eine Aufgabe an die Tafel, z. B. $\frac{3}{\square} = \frac{9}{15}$. Jeder bis auf den Wissenschaftler sieht die Aufgabe. Dieser soll dem Ahnungslosen erklären, was er ins Kästchen schreiben soll. Der Ahnungslose darf dabei die Aufgabe oder Teile der Aufgabe nicht vorlesen, er darf nur nachfragen, wenn er etwas nicht versteht.

Die Übung ist recht anspruchsvoll, trotzdem wird viel gelacht. Der Wissenschaftler erklärt ständig allgemein, was zu tun ist. So sehen alle Zuhörer die allgemeine Vorgehensweise in kleinen, nachvollziehbaren Schritten an einem konkreten Beispiel. Und das alles in Schülerworten.

Mitunter weiß der Wissenschaftler selbst nicht mehr weiter, dann kann die Klasse ihm Tipps geben.

Bemerkung: Rollenschutzmantel

Wichtig ist, dass der Ahnungslose lediglich eine Rolle spielt. Diese schützt ihn vor Spott. Man spricht in diesem Zusammenhang auch von einem Rollenschutzmantel. Es bringt Freude, wenn man einmal nichts verstehen darf – solange es nur in einer Rolle ist.

37 Vgl. auch das Professor-Helfer-Spiel im Abschnitt 14.4.

Viele Anwendungsmöglichkeiten
Die Technik lässt sich für viele Themen verwenden. Sehr gut eignet sich zum Beispiel das Runden[38]: Der Lehrer schreibt eine Zahl (etwa 26 485 623) an die Tafel, die auf Tausender gerundet werden soll. Auch hier erklärt der Wissenschaftler exakt das Vorgehen: Welche Stelle verantwortlich für das Runden ist, welche Zahl wie verändert werden muss etc.

Runden von Zahlen

13.14 Was ergibt $\frac{1}{2} + \frac{1}{3}$? Addition und Subtraktion von Brüchen

Zuerst stellt der Lehrer die Frage: *Was ergibt* $\frac{1}{2} + \frac{1}{3}$? In der Stille denkt jeder Schüler für sich zwei Minuten nach. Erst dann gehen die Schüler in zuvor vereinbarten Gruppen zusammen, um sich auf eine Antwort zu einigen. Typische Skizzen, die das Ringen nach einer Antwort demonstrieren, zeigt diese Abbildung:

38 Vgl. Band I, Abschnitt 8.3.

die Kunst des Lernens

Informationsspeicherung

Kreidetafel

Denken mit Papier und Bleistift
Ideenfindung geschieht hier in kritzelnder Weise mit Papier und Bleistift. Die direkte Übersetzung des Wortes Mathematik (μαθηματική mathematiké téchnē) aus dem Griechischen lautet „die Kunst des Lernens", „die Kunst des Erkennens" oder „die Kunst des Strukturierens". So kann man dieses suchende Kritzeln als die Suche nach Strukturen deuten. Natürlich wird man hinterher einen übersichtlichen Aufschrieb erstellen, aber das Wesentliche, die Geburt einer (mathematischen) Idee, passiert in solcher Weise. Daher ist in der Aufgabenstellung absichtlich keine saubere Darstellung verlangt.
Zur Informationsspeicherung: Mit einem Bleistift kann man leicht und stark auf das Papier drücken, man kann schraffieren, man kann erkennen, an welcher Stelle man sich unsicher bzw. sicher war. Das Medium Bleistift speichert auf diese Weise mehr Information als beispielsweise ein Kugelschreiber oder ein Füller. Aus diesem Grund eignet sich der Bleistift sehr gut als Denkhilfe.
Die Argumente gelten ebenso für das Diskutieren mit Kreide an der Tafel. Aus diesem Blickwinkel besitzt die alte, nicht elektronische Tafel einen Vorteil gegenüber dem modernen Whiteboard. Vgl. auch das Bild mit den drei Schülern in 13.12.

Nach einer vereinbarten Zeit (z. B. 10 Minuten) steht das jeweilige Gruppenergebnis an der Tafel. Wenn eine Gruppe auf keinen grünen Zweig kommt, kann sie auch schätzen. Ungefähr ist besser als nichts.
Hier gab es Langzeit- bzw. Farbgruppen. Der Schneemann oben ist das Logo der weißen Gruppe.
Häufig gibt es unterschiedliche Ergebnisse, die man an verschiedene Orte im Klassenzimmer schreiben kann. So steht $\frac{2}{5}$ z. B. in einer Ecke, $\frac{5}{6}$ in einer anderen. Auf diese Weise kann jeder Schüler in der nachfolgenden Diskussion seinen (aktuellen) Standpunkt einnehmen.[39]

39 Vgl. die Diskussion über $\frac{1}{0}$ im Abschnitt 13.20. Ausführlich wird die Methode „Standpunkte einnehmen" vorgestellt in: M. Kramer: Didaktik für Abenteurer (Arbeitstitel; erscheint 2018 bei Klett Kallmeyer).

In diesem Fall war sich die Klasse recht schnell einig, dass $\frac{5}{6}$ das richtige Ergebnis ist. In diesem Fall lässt sich tiefer nachfragen. Ist es wirklich so, dass das richtige Ergebnis *exakt* $\frac{5}{6}$ ist? Warum kann es nicht ein kleines bisschen größer oder kleiner sein?

Die Frage nach dem Warum ist keine einfache Frage. Im Folgenden wurden von den Schülern viele Skizzen an die Tafel gezeichnet, um die Sache zu „beweisen“. Jeder, der wollte, durfte sich an einer Erklärung versuchen. Es wurde so lange bewiesen und diskutiert, bis das Prinzip verstanden war: Man braucht eine erweiterte Aufteilung, in der alle Stücke gleich groß sind. Und diese neue Aufteilung entspricht dem Erweitern.

Frage nach dem Warum

13.15 Addition von Brüchen im gehirngerechten Tafelaufschrieb

Entsprechend dem Hemisphärenmodell erfolgt der Aufschrieb: Die linke Tafelseite entspricht der analytischen Denkweise, wohin auch die Aufgabe $\frac{2}{3} + \frac{1}{4}$ geschrieben wurde, die rechte der künstlerisch-kreativen, wo geometrisch interpretiert wird. Symbolisch wurde oben auf dem Trennstrich das Gehirn eingezeichnet:

geometrische Interpretation

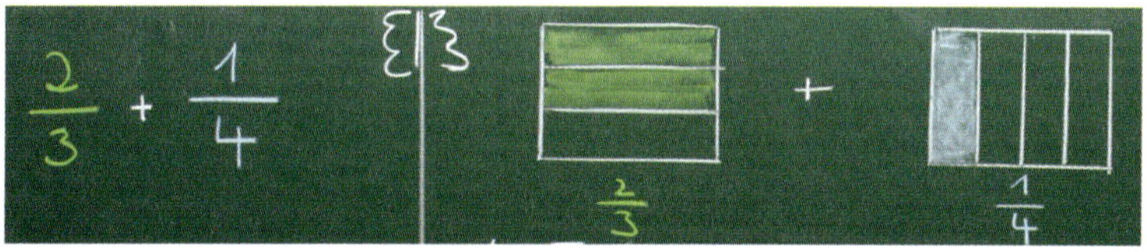

Man beachte, dass einmal die Aufteilung waagrecht und einmal senkrecht erfolgt. Würde man jetzt beide Skizzen übereinander legen und gegen das Licht halten, sähe man die erweiterte Aufteilung als neues Raster, bei der alle Stücke gleich groß sind. Hat man rechts die Aufteilung entsprechend erweitert, springt man auf die analytische Tafelseite und erweitert entsprechend:

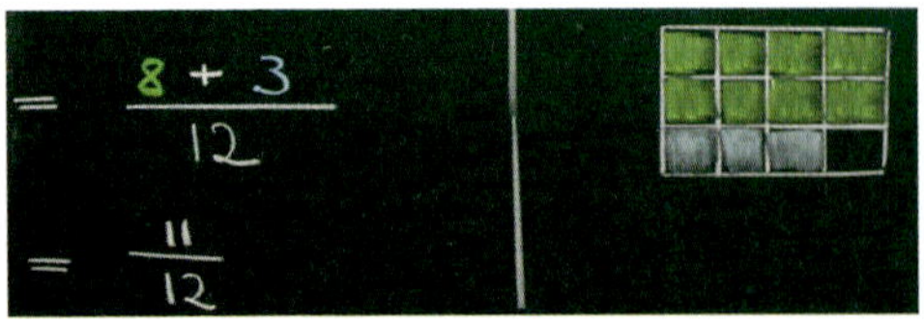

Schließlich werden die farblich markierten Stücke rechts grafisch und links analytisch zusammengefügt.

Hier das ganze Tafelbild auf einen Blick[40]:

13.16 Gemischte Schreibweise bei Brüchen

Als nächstes soll die Aufgabe $\frac{3}{4} + \frac{2}{5}$ entsprechend gelöst werden. Die Summanden sind so gewählt, dass man nicht auf den ersten Blick erkennt, dass die Summe größer als eins ist. Die häufige erste Reaktion der Schüler ist: *„Das passt ja gar nicht mehr rein!"*
In der Tat passen hier drei Zwanzigstel nicht mehr in das erweiterte (5×4)-Raster. Sie müssen daneben gezeichnet werden, am besten in ein weiteres (5×4)-Raster. Man kann hier sehr schön die geometrische Interpretation von einem Ganzen geben und an Abschnitt 13.4

40 Dem aufmerksamen Leser wird nicht entgangen sein, dass sich sowohl auf der linken als auch auf der rechten Tafelseite rechts- und linksseitige Denkweisen finden. Links wurde mit Farbe gearbeitet, rechts stehen die Brüche sogar bei den Zeichnungen. Dieses Vorgehen ist dem gestaltpsychologischen *Gesetz der Nähe* und dem *Gesetz der Ähnlichkeit* geschuldet (vgl. auch Abschnitt 12.9).

erinnern, wo das Erweitern noch gefaltet wurde ($\frac{20}{20} = 1$). Auf dem Bild schreibt der Schüler die Gleichung $\frac{23}{20} = 1\frac{3}{20}$ in die linke Spalte.

13.17 Formalismus als Geschenk

Das Gespür und Gefühl für Anteile muss erst wachsen. Dem sollte Zeit gegeben werden. Vor allem bei der Bruchrechnung wird viel zu schnell zu einer formalen Schreibweise übergegangen. Natürlich kann man die Addition mit Hilfe von Regeln ausführen. In etwa würde sich das so anhören: *„Zwei Brüche werden addiert, indem sie zuerst auf denselben Nenner gebracht werden. Dann werden nur die Zähler addiert."*

nicht zu schnell formal werden

Der Schüler wird auf diese Weise schwer ein Verständnis für Addition entwickeln können. Es wird ja nicht die Idee mitgeteilt, sondern das gewissermaßen blinde Ausführen von Regeln. Es sind Regeln, die nicht mit Bedeutung erfüllt sind. Warum soll $\frac{1}{2} + \frac{1}{3}$ nicht $\frac{2}{5}$ ergeben? Liegt es nicht nahe, oberhalb des Bruchstriches dasselbe wie unterhalb zu tun?[41] Erst wenn ein Verständnis für Anteile im Schüler gewachsen

Warum soll $\frac{1}{2} + \frac{1}{3}$ nicht $\frac{2}{5}$ ergeben?

41 Vgl. auch das gestaltpsychologische Gesetz der Nähe: Zwei Dingen, die nahe beieinander sind, wird ein Zusammenhang unterstellt. Hier kommt noch das Gesetz der Ähnlichkeit hinzu. Aus dem Blickwinkel der Gestaltpsychologie ist die Rechnung „logisch". Und wenn man bedenkt, dass im Falle der Multiplikation Zähler und Nenner tatsächlich gleich behandelt werden, wird der typische Fehler noch verständlicher bzw. natürlicher. An dieser Stelle kämpfen quasi die Gesetze der Gestaltpsychologie gegen Rechengesetze.

ist, wird er nicht mehr auf die Idee kommen, Zähler und Nenner gleichermaßen zu addieren. Aber er muss erst die Erfahrung (z. B. mit dem Aufteilen in gleich große Stücke) machen dürfen, ansonsten greift er auf das zurück, was ihm vertraut erscheint, und rechnet „brav" $\frac{1}{2} + \frac{1}{3} = \frac{1+1}{2+3} = \frac{2}{5}$. Es ist „logisch", dass er diesen Fehler begeht, er hat etwas anderes ja nicht erfahren bzw. erlebt.

In dieser Lehrgangsskizze wird die algebraische Formulierung des Rechengesetzes weit nach hinten gesetzt. Erst wenn der Schüler die Sache an sich verinnerlicht hat, kann er die Kürze der formalen Rechnung (gemeint ist die linke Tafelhälfte) wertschätzen und als Erleichterung empfinden.

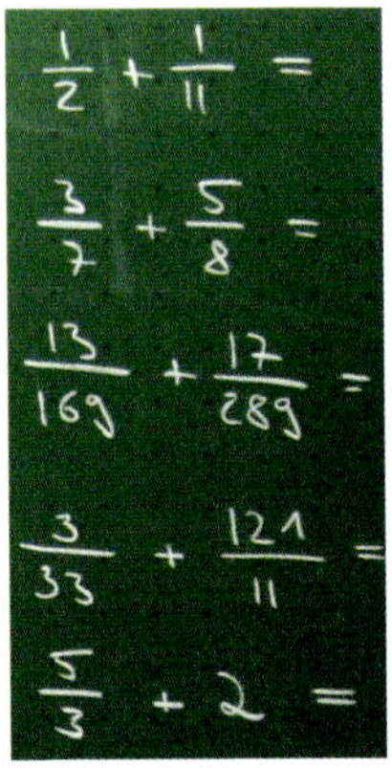

Konkrete Umsetzung im Unterricht

Weitere Aufgaben werden an die Tafel geschrieben und die Schüler sollen sie grafisch und analytisch lösen. Manche Aufgaben können nur angedeutet werden, weil die Nenner zu groß sind.

Während der Übung beginnen immer mehr Schüler zu fragen, ob sie immer alles auch zeichnen müssen. Sie hätten es ja kapiert ...

Das ist der Punkt, an dem die formale Darstellung die Oberhand gewinnt. Das Prinzip der Erweiterung auf einen gemeinsamen Nenner wird nicht blind und unverstanden als bloßes Regelwerk gelernt. Überhaupt nicht. Die Formulierung der Regel ist zu einer willkommenen Abkürzung geworden. Man kann es so „viel einfacher und viel schneller" rechnen, „es ist so viel besser"! Aber das bringt nichts, wenn Sie das sagen. Erst wenn Ihre Schüler es aussprechen – oder noch mehr: es empfinden –, dann ist es gut. Dann nämlich wird der Formalismus zu dem, was er ist: Die geistige Abstraktion wird zu einer Erleichterung, zu einem Geschenk.

geistige Abstraktion als Geschenk

13.18 Eigene Übungsaufgaben: ein Domino

Anwendung in anderen Flächen

Die Inhalte von diesem Abschnitt können fast beliebig ausgetauscht und sogar auf andere Fächer übertragen werden. Das Entscheidende bei dieser Übung ist, dass die Schüler die Aufgaben selbst entwerfen. Es ist etwas komplett anderes, wenn man Aufgaben aus dem Buch rechnet. Selbst erstellte Aufgaben sind die unmittelbare Antwort auf die Frage: „Was hat das mit mir zu tun?" Die Bereitschaft und das Interesse ist deutlich höher als beim Abarbeiten von fremden Aufgaben, einfach deswegen, weil es persönlicher ist.

„Was hat das mit mir zu tun?"

Konkrete Umsetzung im Unterricht

Jeder Schüler erstellt eine Aufgabe, zum Beispiel: $\frac{8}{9} + \frac{7}{12} = \frac{53}{36}$. Die Aufgabe lässt er von mindestens einem Mitschüler überprüfen. Es sollten keine Fehler enthalten sein, die Verantwortung liegt klar beim Aufgabenersteller. Sind alle Aufgaben geprüft und für richtig befunden, teilt der Lehrer kleine Kärtchen (8 cm × 4 cm) aus. Mit einem dunklen Stift wird die Mitte gestrichelt und der linke Teil der erstellten Aufgabe auf die linke Seite geschrieben. Die rechte Seite bleibt zunächst frei.

Die halbfertigen Dominobausteine werden eingesammelt und erneut ausgeteilt. Wer zufälligerweise seine eigene Aufgabe erhält, tauscht mit einem Mitschüler.

Jetzt schreibt jeder den rechten Teil seiner Aufgabe auf die noch freie rechte Seite. Auf diese Weise entsteht ein Domino.

Das fertige Domino wird auf den Kopierer gelegt. Hier wurde von A3 auf A4 verkleinert.

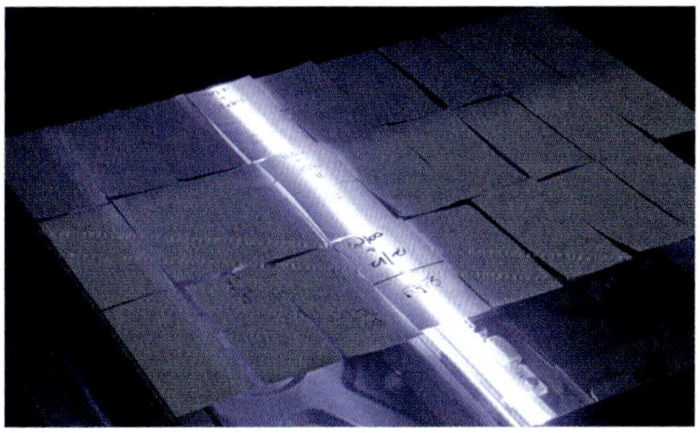

Bei der Kopie lässt man den Deckel offen, damit die Ränder zum Ausschneiden sichtbar werden. Wichtig ist, dass die Schüler eine *gestrichelte* Linie eingezeichnet haben, sonst besteht die Gefahr, dass beim Ausschneiden der einzelnen Steine das Domino zerschnitten wird.
Als Ergebnis entstehen im Allgemeinen mehrere „Kreise“:

Im Anschluss kann diese Heftdoppelseite verkleinert kopiert werden, so dass jeder eine Musterlösung zum Vergleich hat.

13.19 Eigene Übungsaufgaben in Kleingruppen

Die Schüler gehen in kleinen Gruppen zusammen und überlegen sich eine Aufgabe für den Rest der Klasse. Allerdings müssen sie als Aufgabenersteller die Aufgabe selbst lösen können.

Das ist auch gut so, sonst würden die Aufgaben viel zu schwer werden.
Der Lehrer gibt jeder Gruppe ein Stück Kreide in einer anderen Farbe. In einer vereinbarten Zeit (z. B. fünf Minuten) hat jede Gruppe ihre Aufgabe an die Tafel geschrieben. Die Farbgebung der Aufgabe verrät den Aufgabensteller. Hier hat jede Gruppe zusätzlich mit ihrem Logo „unterschrieben“.

Anschließend geht jeder an seinen Platz zurück und beginnt alleine mit der Lösung. Wenn er gar nicht mehr weiter weiß, geht er zu den Aufgabenstellern und lässt sich die Lösung erklären.

Alternative / Erweiterung

Bevor jeder an seinen Platz zurückgeht und für sich die Aufgaben rechnet, können eventuelle Schwierigkeiten der Aufgabe zuerst in der Kleingruppe – ohne konkret zu rechnen – besprochen werden. Wenn jeder glaubt, alle Aufgaben lösen zu können, löst sich die Gruppe auf. Die Methode eignet sich auch gut zur Hausaufgabe. Im Unterricht werden die Aufgaben entworfen, zu Hause werden sie dann gerechnet. In diesem Fall arbeitet die Gruppe in der Schule und das Individuum zu Hause. Das Lernen in der Gruppe und das individuelle Lernen werden auf diese Weise räumlich getrennt.

Hausaufgabe

gruppales und individuelles Lernen

13.20 Die Sache mit der Null

In meiner Klasse lautete eine der nach 13.19 selbst erstellen Aufgaben: $\frac{0}{0} + \frac{1}{1}$.

Offensichtlich kann die Null sowohl im Zähler als auch im Nenner eines Bruches auftauchen. Und sie kann gleichzeitig im Zähler *und* im Nenner auftauchen. Es gilt, drei Rätsel zu lösen, die in der Reihenfolge von links nach rechts immer anspruchsvoller werden:

Das erste Rätsel besitzt noch eine Zahl als Lösung, das zweite verlässt den Zahlenraum und dringt ins Unendliche vor. Das dritte führt in die Differentialrechnung.

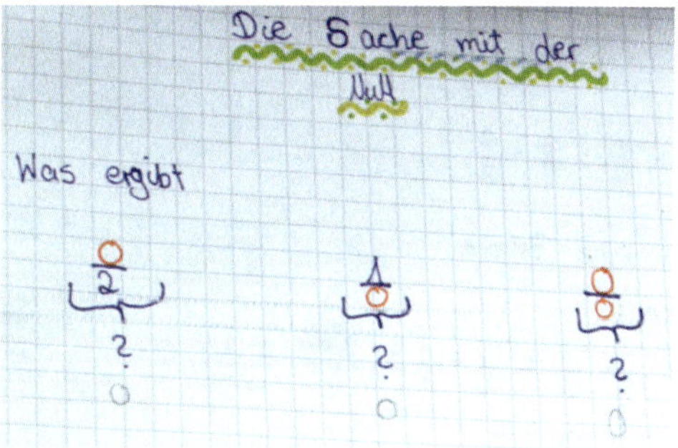

Die großen Themen hinter der kleinen Null geben einen Hinweis darauf, wie wichtig sie ist. Null ist nicht nichts! Im Gegenteil: Die Beschäftigung mit der Null führt tief in die Mathematik hinein. Man erinnere sich z. B. an unser Zahlensystem, welches erst durch die Null möglich wird.

Umsetzung im Unterricht

Bei der Sache mit der Null sollte der Lehrer nicht drängen.

Bei der Sache mit der Null sollte der Lehrer nicht drängen. Ganz im Gegenteil sollte er zur Langsamkeit auffordern. Er sollte nachfragen, ob es sich denn wirklich so verhält, ob es nicht auch anders sein könnte, ob man die Sache nicht auch noch anders verstehen könnte. Es braucht Zeit, bis Erkenntnis wächst. Es darf nicht sein, dass der Schüler nach dem Unterricht denkt, dass das eben so ist, dass der Lehrer das so gesagt hat und dass man deswegen nicht durch null teilen darf.

Zuerst schreibt jeder Schüler seine Vermutungen mit Bleistift unter die unterschiedlichen Rätsel. Wer keine Vermutung äußert, kann sich hinterher weniger wundern.

Das erste Rätsel: $\frac{0}{2}$

Zuerst soll nur das erste Problem angegangen werden. Die Mehrzahl ist sich einig, es kommt null heraus. Nur zwei sind anderer Meinung. Trotzdem diskutierten die Schüler eine knappe halbe Stunde darüber, warum $\frac{0}{2}$ null ergibt. Das Entscheidende an dieser Diskussion ist nicht das Ergebnis, sondern was die Schüler dabei an strukturellem Denken erfahren. Ich sorge für Konzentration, lasse jedoch jede Frage zu. Nach und nach finden die Kinder verschiedene Erklärungen:

strukturelles Denken

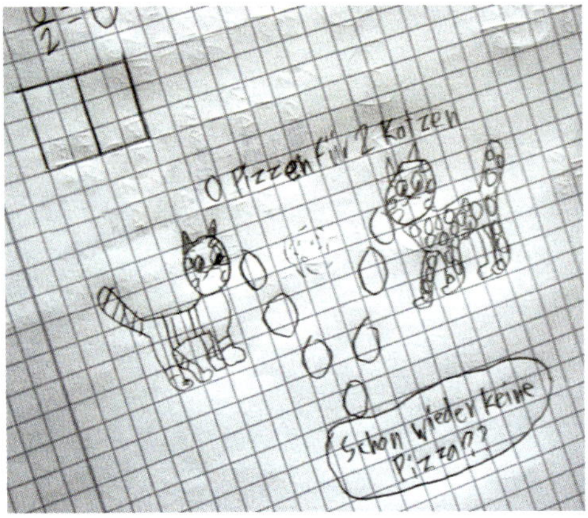

Erste Erklärung: Keine Pizza wird an zwei Katzen verteilt:

Hier wurde das Konzept der Aufteilung auf die Null erweitert. Es ist allerdings eher abstrakt, „nichts“ zu verteilen.

Zweite Erklärung: 0 % ergeben einen Sinn

Es wird überlegt, dass $\frac{100}{100}$ dasselbe wie 100 % und $\frac{99}{100}$ dasselbe wie 99 % sind. Und so weiter, und so weiter. Irgendwann kommt dann $\frac{1}{100} = 1\%$ und schließlich $\frac{0}{100} = 0\% = 0$.

Dritte Erklärung: Einfärben von Flächen
Ebenso lässt sich das Konzept des Anteils an einer Fläche verwenden. Der Nenner stellt die Anzahl aller Kästchen dar, der Zähler die Anzahl der angemalten. $\frac{0}{2}$ lässt sich als eine Fläche interpretieren, die aus zwei Teilflächen besteht, wobei nichts angemalt ist.

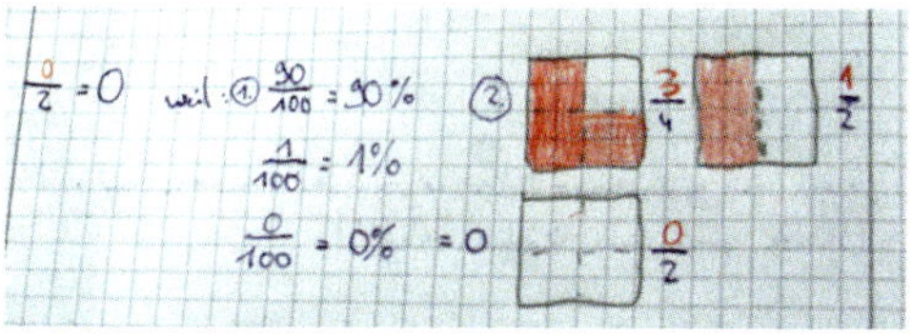

Vierte Erklärung: Aus den Rechenregeln
Erst zum Schluss habe ich diese Erklärung gezeigt. Es ist ein ganz typischer Gedanke: Das Gleichheitszeichen stellt eine Waage dar. Auf der linken Seite steht nur $\frac{1}{2}$ und auf der rechten $\frac{1}{2}$ und $\frac{0}{2}$. Damit die Waage im Gleichgewicht ist, muss $\frac{0}{2} = 0$ sein. Das ist sicherlich die abstrakteste Erklärung.

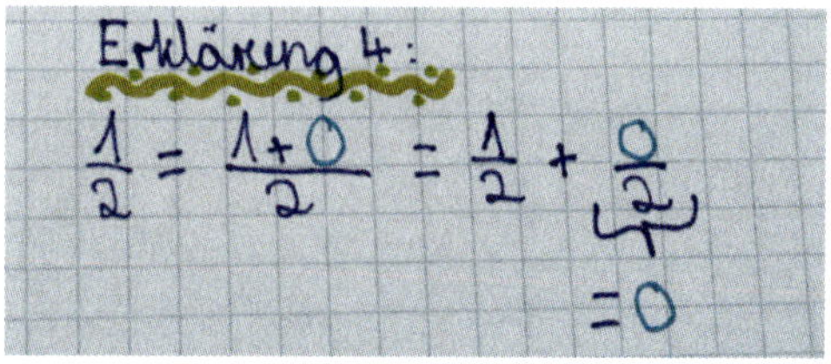

Das zweite Rätsel: $\frac{1}{0}$
Ich frage in der Kursstufe, was $\frac{1}{0}$ ergibt. Die Antwort ist eher juristischer als mathematischer Natur: *„Man darf nicht durch null teilen, das ist verboten!"* Als ob Mathematik ein Gesetzbuch wäre, wo man nachschlägt, was man tun darf und was nicht. Ein Mathematikunterricht, der Verbote und Gebote erteilt, ist keine Mathematik. Mathematik lehrt nicht blindes Gehorchen, sondern logisches Denken. Ein Unterricht, der bei „das darf man nicht" stehen bleibt, lehrt keine Mathematik. Bestimmt kann man mit Hilfe von Regelkatalogen und Rezepten vorgegebene Aufgaben lösen, aber man versteht die Sache nicht und ich bezweifle ernsthaft, dass Mathematik dann Freude bereiten kann. Mathematik bedeutet nicht Rechnen und Aufgabenlösen. Mathematik betreiben bedeutet strukturieren.

Mathematik lehrt nicht blindes Gehorchen, sondern logisches Denken.

Mathematik betreiben bedeutet strukturieren.

Auch wenn man nicht weiß, was bei diesem Bruch herauskommen soll, wenn die Taschenrechner versagen, so ist doch schnell klar, dass Brüche wie $\frac{2}{0}, \frac{17}{0}, \frac{-5}{0}$ ähnliche Probleme ergeben, denn man könnte durch Erweitern die Brüche entsprechend umformen.

Umsetzung im Unterricht
Ich frage einen Schüler nach seiner Lieblingszahl. „Drei" ist die Antwort, also lautet die Überschrift: *Was ergibt $\frac{3}{0}$?*
Hier die Vermutungen einer sechsten Klasse:

(1) Es geht nicht.
(2) null
(3) Darf man nicht!
(4) drei

Dann kommt nichts mehr. Ich frage nach, ob Nummer (1) und Nummer (3) das Gleiche bedeuten, aber für die Schüler macht es einen Unterschied, ob etwas nicht geht oder ob man etwas nicht darf. Also bleiben alle vier Punkte.

grundlegendes Problem

Konzentration. Stille. Es geht nicht um irgendeinen Bruch, es geht um ein grundlegendes Problem. Wer sich für eine Vermutung entschieden hat, verschränkt die Arme. Wenn alle so weit sind, wird Stellung bezogen: Die vier Ecken des Klassenzimmers stehen stellvertretend für die verschiedenen Vermutungen.[42]

Standpunkte einnehmen

Diskutiert wird nach folgenden Regeln:

- Es darf nur der sprechen, der einen „Redestab" (z. B. Mäppchen, Stift) in der Hand hält.
- Danach wird der Redestab an jemanden in einer anderen Ecke gereicht, so dass nicht zwei Argumente hintereinander aus derselben Ecke kommen.
- Jeder darf zu jedem Zeitpunkt seine Position wechseln. Wenn beispielsweise jemand in der Ecke „Darf man nicht!" steht und durch die Argumente des Redners seine Vermutung auf „0" ändert, darf er die Ecke schweigend wechseln.
- Ziel ist es, dass schließlich alle in derselben Ecke stehen.

Es beginnt die Ecke mit der geringsten Teilnehmerzahl. Je länger die Übung andauert, desto interessanter und wichtiger wird den Schülern die Diskussion. Die folgenden Argumente der Sechstklässler vermitteln einen Eindruck einer über 30 Minuten langen Diskussion und zeigen die Schülerwirklichkeit und die Tiefe des Gesprächs auf. Die Ecke, aus der das Argument stammt, ist in der Klammer angegeben:

- ***(Es geht nicht.)*** *„Du kannst ja nicht drei Äpfel an nichts verteilen. Darum geht es nicht!"*
- ***(Darf man nicht!)*** *„Das ergibt keinen Sinn. Das wäre unlogisch und Mathematik ist nicht unlogisch, also darf man das nicht. Sonst wäre die Mathematik unlogisch und das wollen wir nicht."*
- ***(Es geht nicht.)*** *„Null ist ein unendlich kleines Kästchen.[43] Herr Kramer darf keine Aufgabe stellen, die nicht erlaubt ist!"*

42 Vgl. die ausführliche Beschreibung der Methode in: Martin Kramer: Didaktik für Abenteurer (Arbeitstitel; erscheint 2018 bei Klett Kallmeyer)

43 Der Schüler bezieht sich auf das Einfärben von Kästchen als Anteil eines Ganzen, wie in den Abschnitten zuvor ausgeführt.

- ***(null)*** *„Drei Kästchen, die malt man halt nicht an! Null ist ja nicht nichts! Das sagt man ja, damit die Null eine Bedeutung hat. Null ist etwas: der Platzhalter von nichts."*
- ***(Es geht nicht.)*** *„Man kann nichts anmalen, weil es keine Kästchen gibt!"*
- ***(Es geht nicht.)*** *„Man verteilt ja nicht nichts, sondern man verteilt dreimal den Platzhalter für nichts."*
- ***(drei)*** *„$\frac{0}{3}$ ergibt ja null. Also muss $\frac{3}{0}$ etwas anderes als null ergeben."*
- ***(drei)*** *„Wenn man drei Äpfel auf 0 Personen aufteilt, dann bleiben ja drei übrig." (Dieses Argument überzeugte fünf Schüler.)*
- ***(Es geht nicht.)*** *„Du kannst ja nicht aufteilen, wenn es gar niemand zum Aufteilen gibt!"*
- ***(drei)*** *„Wenn du nichts zu verteilen hast, hast du nichts verteilt. Wenn du drei Sachen an niemand verteilst, bleiben drei Sachen übrig."*

Zwischendurch kann die Übung für einige Minuten unterbrochen werden: Jeder darf mit jedem diskutieren. Danach wird erneut Stellung bezogen. Das Foto entstand während einer solchen „Unterbrechung".

Je länger die Übung andauert, desto schärfer und klarer werden die Argumente. Was hier gelernt wird, lässt sich nur schwer in einem Test abfragen. Rechenübungen, die nach einem Rezept gelöst werden, lassen sich viel leichter abprüfen und bewerten – aber das hat natürlich wenig mit strukturellem Denken, sprich mit Mathematik zu tun.

Probleme statt Lösungen – ein pädagogisch-didaktischer Einschub

Es ist gut, wenn die Schüler es schaffen, sich auf einen Standpunkt zu einigen; und wenn sie noch dazu eine richtige Erklärung finden, ist es noch schöner. Aber sie müssen es nicht. Viel wichtiger als das selbstständige Lösen der Aufgabe ist, dass sich der Schüler auf das Problem einlässt. Er muss selbst um die Lösung ringen, ansonsten kann er die Lösung nicht wertschätzen und häufig auch nicht verstehen.

konstruktivistisches Lehr- und Lernverständnis

Im Sinne eines konstruktivistischen Lehr- und Lernverständnisses geht es nicht darum, dass der Schüler jedes Problem alleine bewältigt. Entscheidend ist, dass er das Problem in der nötigen Tiefe versteht. Es geht also mehr darum, Fragen statt Antworten zu unterrichten. Es geht um das Entwickeln von Fragen, das Sich-Einlassen auf Problemstellungen, es geht darum, es ohne richtige Antwort aushalten zu können und trotzdem bei der Sache zu bleiben.

Fragen statt Antworten unterrichten

Leider hat sich unsere Schule zu einer Schule der Antworten und nicht zu einer der Fragen entwickelt. Vielleicht mit den besten Absichten, in dem Glauben, dass es einfacher wäre, wenn man nicht den Umweg über falsche Vermutungen nehmen muss, sondern direkt das „Richtige" mitnehmen kann. Aber Verständnis lässt sich nicht einfach so wie ein Flugblatt mitnehmen oder eintrichtern.

Lernumgebung

Es geht hier also nicht um eine „Ostereierdidaktik": Der Lehrer weiß die Lösung und lässt seine Schüler danach suchen. Es geht um das Schaffen einer Lernumgebung, in der sich der Schüler auf das Problem einlassen kann. Wenn das erreicht ist, erschafft selbst ein frontaler Lehrervortrag eine magische Stimmung. Kurz: Der Schüler braucht Zeit, um sich in die Problemstellung einzufühlen und sich mit ihr vertraut zu machen. Wenn das Problem, die Fragestellung zu seiner eigenen Sache geworden ist, beginnt das Verstehen.

Eine mögliche Erklärung …

… gelingt durch eine langsame Annäherung an die Null. Wir wollen uns dem Bruch $\frac{3}{0}$ langsam annähern und betrachten vorerst: $\frac{3}{1} = 3$.

Im nächsten Schritt halbieren wir den Nenner zu $\frac{3}{\frac{1}{2}}$ und erweitern den Bruch: $\frac{3}{\frac{1}{2}} = \frac{3 \cdot 2}{\frac{1}{2} \cdot 2} = \frac{6}{1} = 6$. Entsprechend geht der Grenzwertprozess weiter: $\frac{3}{\frac{1}{4}} = \frac{3 \cdot 4}{\frac{1}{4} \cdot 4} = \frac{12}{1} = 12$. Je kleiner der Nenner wird, desto größer wird der Bruch. Die Frage nach sehr kleinen Zahlen setzt die Reihe fort: $\frac{3}{\frac{1}{1000}}$ $= \frac{3 \cdot 1000}{\frac{1}{1000} \cdot 1000} = \frac{3000}{1} = 3000$ … bis ins Unendliche.

Anschauliche Erklärungen

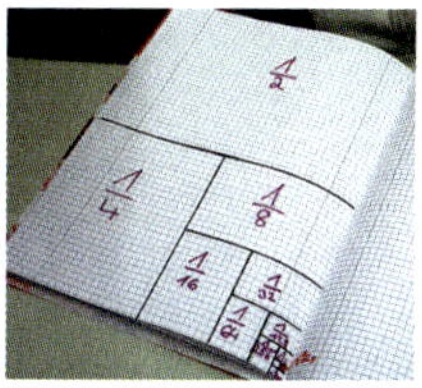

Statt $\frac{3}{0}$ betrachten wir den Bruch $\frac{1}{0}$. In 13.3 wurde eine DIN-A4-Seite (also die „1“) bis ins Aschgraue geteilt. Nehmen wir an, ein blauer Filzstift hat so viel Farbe, dass man mit ihm genau eine DIN-A4-Seite anmalen kann. Das entspricht dem Bruch 1/1. Ebenso könnte man die Stiftfarbe auch auf zwei halbe DIN-A4-Seiten verteilen, was $\frac{1}{\frac{1}{2}} = 2$ entspricht. Je kleiner die vorgegebenen Flächen sind, desto mehr davon können wir ausmalen. Wird die auszumalende Fläche unendlich klein, geht die Anzahl der Flächen, die der Stift anmalen kann, gegen unendlich.

Anschaulichkeit für die Kursstufe

In der folgenden Comicsequenz[44] misst die Bruchzahl die Wirkung des Alkohols.

44 Aus: Martin Kramer, Marlin van Soest: Frederiks mathematische Abenteuer: Das Geheimnis der Schulanalysis; Klett Kallmeyer 2016

Wegen des Alkoholkonsums ist diese Darstellung für die Unterstufe nicht geeignet. Hier kann man das Bier durch eine Pizza ersetzen.

Didaktische Bemerkung: Integralrechnung und die Frage nach $\infty \cdot 0$

Es wundert nicht, dass hier ein Grenzwertprozess auftaucht. Wenn wir durch null teilen würden, müsste unendlich herauskommen. Etwa so: $\frac{3}{0} = \infty$. Für einen Augenblick wollen wir so tun, als ob die Rechengesetze noch gelten würden und multiplizieren den Ausdruck (bewusst wird hier nicht Gleichung gesagt) mit null und erhalten: $3 = \infty \cdot 0$. Für die Überlegung spielt die Zahl 3 keine Rolle, also können wir sie durch eine beliebige Zahl ersetzen. Was aber ergibt nun $\infty \cdot 0$? Was ergibt die Summe unendlich vieler Nullen? Diese Frage klärt die Integralrechnung: Anschaulich werden unendlich viele unendlich dünne Streifen aufsummiert. Es wundert also nicht, dass die Erklärung in der Bruchrechnung mit dem Grenzwertbegriff arbeitet, bereits in der Unterstufe.

Summe unendlich vieler Nullen

13.21 Unendlich ist keine Zahl

Man „darf" nicht durch null teilen, weil z. B. die Brüche $\frac{1}{0}, \frac{7}{0}, \frac{2426}{0}$ unendlich groß wären und die Rechengesetze nicht mehr gelten würden, wenn man „unendlich" als Zahl zulassen würde. Das kann man leicht einsehen: Könnte man mit „unendlich" rechnen, dann müsste $\infty + 1 = \infty$ gelten. Zieht man auf beiden Seiten ∞ ab, erhält man $1 = 0$, was offensichtlich ein Widerspruch ist. Es gibt also einen Grund, warum man nicht durch null teilen „darf". Und diesen Grund kann ein Sechstklässler verstehen.

Das dritte Rätsel: Was ergibt $\frac{0}{0}$?

„Nichts von nichts zu nehmen, das kann ja alles sein."

Die Antwort ist richtig, aber man braucht die richtige Idee, um zu zeigen, dass da „alles herauskommen kann". Mit der Frage nach $\frac{0}{0}$ beginnt die Differentialrechnung.

Beginn der Differentialrechnung

Man darf den Kindern die Sache erklären, aber es wäre nicht gut, wenn sie nicht selbst darüber nachdenken und eigene Gedanken entwickeln dürften. Auch hier können Raumecken mit verschiedenen Lösungsvorschlägen belegt werden. Die Schüler beziehen Stellung und diskutieren mit einem Redestab (vgl. im letzten Abschnitt die Handhabung des zweiten Rätsels). Wenn das Problem verstanden ist, dürfen Erklärungen vorgebracht werden. Alle folgenden Ideen nutzen den Grenzwertbegriff.

Eine erste Erklärung

Drei Viertel können als Anteil so dargestellt werden:
Der Zähler zählt die eingefärbten Kästchen, der Nenner wird durch die Gesamtheit aller Kästchen dargestellt. Den Anteil von drei Vierteln erhalten wir aber auch, wenn wir alle Kästchen halbieren und eine Hälfte zur Seite legen. Es gilt: $\frac{3}{4} = \frac{1,5}{2}$. So können wir weiter verfahren. Sowohl Zähler als auch Nenner streben gegen null, aber der Anteil an farbiger Fläche bleibt stets bei $\frac{3}{4}$.
Nun hätte man ebensogut einen ganz anderen Anteil einfärben bzw. einen anderen Bruch nehmen können. Auch dann läuft es auf dasselbe hinaus.

Haptische Erklärung

In ein Glas werden drei Teile Apfelsaft und ein Teil Wasser geschüttet. Die gesamte Flüssigkeitsmenge besteht zu $\frac{3}{4}$ aus Apfelsaft. Wenn die Hälfte weggegossen wird (mit 2 gekürzt wird), bleibt das Verhältnis bzw. die Bruchzahl (die Konzentration) dieselbe. Und so weiter.

Steigungsdreieck

Eine weitere Erklärung

An die Tafel wird ein (Steigungs-)Dreieck gezeichnet. Egal, wie klein das Dreieck gewählt wird, das Verhältnis von Grundseite zur Höhe (die Steigung) bleibt gleich.

13.22 Gibt es mehr Brüche als natürliche Zahlen? Das Hilbertsche Hotel und der Umgang mit dem Unendlichen

Für den folgenden Abschnitt gibt es, durch die „schulische Brille" betrachtet, keine Daseinsberechtigung. Und doch ist es, vom jungen, fragenden Geist gesehen, sehr verständlich und erwünscht, sich mit dem Grenzenlosen zu beschäftigen. Die Sache mit dem Unendlichen ist sehr schwer. Und es gibt nur ein Fach, das zumindest ein bisschen mit ihr umgehen kann: Mathematik. Ich erinnere mich an meine Studentenzeit, als ich einem Nichtmathematiker etwas über die Eigentümlichkeit der Unendlichkeit erzählen wollte: Selten habe ich einen Menschen so herzhaft lachen hören ...

Teil 1
„Stell dir vor, es gibt ein Hotel mit unendlich vielen Zimmern.“ Mein Gast schaute mich etwas seltsam an. Ich achtete nicht darauf und erzählte weiter.
„Und es ist voll, das heißt, egal, an welche Zimmernummer du klopfst, es ist immer jemand drin.“
„Aha“, hörte ich meinen Gast sagen, in einem Tonfall, als hätte ich nicht mehr alle. Unbeirrt fuhr ich fort:
„Jetzt kommt ein weiterer Gast und fragt an der Pforte, ob noch ein Zimmer frei ist. Und? Bekommt er noch ein Zimmer oder nicht?“
Als Antwort hörte ich ein Lachen und dazwischen gluckerten die Worte „unendlich viele Zimmer“, „Hotel ist voll“, „dann kommt ein Gast“ ... Meine Einwürfe verstärkten scheinbar nur noch den Witz.

Die ganze Geschichte besteht aus drei Teilen, die im Folgenden im Wechsel mit der Lösung dargestellt werden:

Lösung
Eine häufige Antwort lautet so: „Warum soll er denn kein Zimmer bekommen, das Hotel ist doch unendlich groß?“ Aber wo bringt man ihn unter? Schließlich braucht der Gast einen Zimmerschlüssel, er kann nicht einfach unendlich viele Zimmer weitergehen und dann einen Raum „unendlich“ aufschließen. Einen Schlüssel „unendlich“ gibt es nicht, auf jedem Schlüssel steht eine Zahl. Es gilt, das Problem der Zimmerverteilung zu lösen.
Es gibt eine einfache Lösung: Jeder zieht ein Zimmer weiter. Die „Nummer 1“ geht in Zimmer Nummer 2, „Nummer 2“ in Zimmer Nummer 3 usw. Damit ist das erste Zimmer frei und der neue Gast kann dort einziehen. Die neue Zimmerverteilung lässt sich als Funktion angeben, wobei x für die alte Zimmernummer steht: $x \mapsto x + 1$.

Teil 2
Wenn das Problem für einen weiteren Gast gelöst ist, dann kann der Portier beliebigen Gruppengrößen Platz geben. Kommen 17 neue Gäste, so rutschen zuerst alle Gäste um 17 Nummern weiter: $x \mapsto x + 17$.
Jetzt fährt ein Bus mit unendlich vielen Gästen vor. Bekommen diese ebenfalls noch ein Zimmer? Und wenn es möglich ist, welcher Gast bekommt dann welche Zimmernummer zugewiesen bzw. welchen Schlüssel in die Hand gedrückt?

Lösung
Auch hier klappt die naheliegende Lösung nicht, dass bei unendlich vielen Gästen eben alle Bewohner um unendlich viele Zimmer weiterziehen. Welche neue Zimmernummer hätte dann z. B. der ehemalige Gast von Zimmer 1, welche der von Zimmer 2? Unendlich ist keine Zahl, ein Ausdruck dieser Art ergibt keinen Sinn: $x \mapsto x + \infty$. (Wäre ∞ eine Zahl mit der Eigenschaft, größer als alle anderen zu sein, könnte man mit $\infty + 1$ eine größere konstruieren, was einen Widerspruch darstellt.)
Die Lösung ist anderer Bauart: Jeder zieht in die doppelte Zimmernummer ein. Also geht „Nummer 1" in Zimmer 2, „2" geht in Zimmer 4, „3" in Zimmer 6 usw. Damit sind alle ungeraden Zimmer geräumt, in denen die unendlich vielen Leute vom Bus Platz finden. Mit folgender Zuordnungsvorschrift lassen sich für die Neuankömmlinge die Schlüssel verteilen:
„Sitznummer im Bus" → *„Zimmernummern im Hotel"*: $x \mapsto 2x - 1$.

Teil 3
Auch für endlich viele Busse mit je unendlich vielen Reisenden würde Platz gefunden werden. Wenn beispielsweise fünf Busse vorfahren, gehen die Gäste, welche bereits ein Zimmer belegen, in die jeweilige sechsfache Zimmernummer. Jetzt sind nur noch die Zimmer 6, 12, 18, 24, ... bewohnt. Dazwischen befinden sich immer fünf freie Zimmer. Die Schlüsselverteilung könnte so aussehen: Für Bus 1: $x \mapsto 6x - 1$, für Bus 2: $x \mapsto 6x - 2$, Für Bus 3: $x \mapsto 6x - 3$ usw.
Schließlich rollen unendlich viele Busse mit jeweils unendlich vielen Gästen an. Bekommen diese auch noch einen Platz?
Der naheliegende Gedanke, dass jetzt jeder in die unendlichfache Zimmernummer geht, lässt sich leider nicht umsetzen. Wieder wäre unklar, wer welchen Schlüssel bekommen soll.
Diese Lösung ist etwas kniffliger, und es wird hier auch keine konkrete Zuordnungsvorschrift angegeben, sondern nur gezeigt, dass es möglich ist, alle Busse unterzubringen, und zwar nach dem Prinzip des Cantorschen Diagonalverfahrens. Zuerst verlassen alle das Hotel und verteilen sich auf die unendlich vielen Busse, z. B. können in jedem Bus die Passagiere einen Platz weiterrücken, so dass in allen Bussen der erste Platz frei wird. Nun ist das Hotel also leer. Jetzt lassen wir die Busse alle nebeneinander parken. Jeder Gast erhält zwei Nummern: erstens seine Busnummer, zweitens seine Sitzplatznummer. Ein Gast aus Bus 4 mit dem Sitzplatz 2 könnte als Paar (Bus 4, Platz 2) aufgeschrieben werden, oder etwas kompakter die Busnummer oben und die Sitzplatznummer unten: $\frac{4}{2}$.

Cantorsches Diagonalverfahren

Wenn die Busse alle nebeneinander parken, sieht die Sache so aus:

$\frac{1}{1}$	$\frac{1}{2}$	$\frac{1}{3}$	$\frac{1}{4}$	$\frac{1}{5}$	$\frac{1}{6}$	$\cdots$
$\frac{2}{1}$	$\frac{2}{2}$	$\frac{2}{3}$	$\frac{2}{4}$	$\frac{2}{5}$	$\frac{2}{6}$	$\cdots$
$\frac{3}{1}$	$\frac{3}{2}$	$\frac{3}{3}$	$\frac{3}{4}$	$\frac{3}{5}$	$\frac{3}{6}$	$\cdots$
$\frac{4}{1}$	$\frac{4}{2}$	$\frac{4}{3}$	$\frac{4}{4}$	$\frac{4}{5}$	$\frac{4}{6}$	$\cdots$
$\frac{5}{1}$	$\frac{5}{2}$	$\frac{5}{3}$	$\frac{5}{4}$	$\frac{5}{5}$	$\frac{5}{6}$	$\cdots$
$\vdots$	$\vdots$	$\vdots$	$\vdots$	$\vdots$	$\vdots$	$\ddots$

Durch einen Klebezettelblock werden die Zimmerschlüssel veranschaulicht.

Welchen Weg kann der Hotelbesitzer nehmen, um die unendlich vielen Schlüssel zu verteilen? Und zwar so, dass jeder Gast genau einen Schlüssel erhält? Es ist klar, dass der Hotelbesitzer nicht einfach den ersten Bus bzw. die erste Zeile abschreiten kann. Im ersten Bus wäre er schon unendlich lange unterwegs und würde nie Bus 2 bedienen. Die Schüler finden verschiedene Lösungen. In der Tat gibt es unendlich viele, die z. B. mit einer Figur mit magnetischen Pfoten oder einem Stück Kreide abgeschritten werden können.

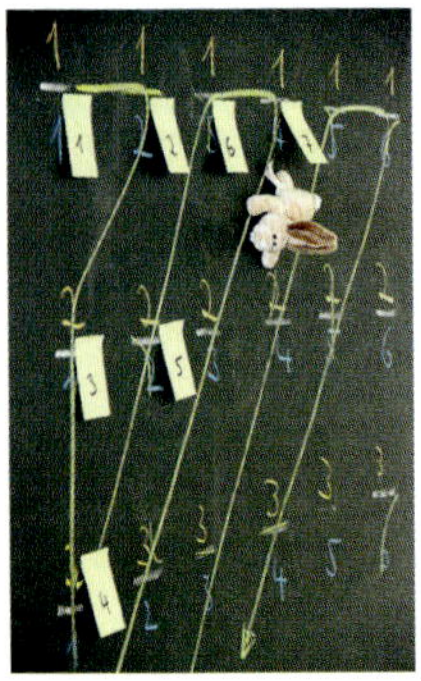

Bemerkung

Der durchnummerierte Klebezettelblock entspricht den natürlichen Zahlen – eine hübsche Entsprechung für die Abzählbarkeit. Möchten wir die Bruchzahlen abzählen, haben wir viel zu viel gezählt, da jeder Bruch zu einer ganzen Äquivalenzklasse gehört, was durch Erweitern unmittelbar klar ist.

Andererseits reichen die natürlichen Zahlen zum Abzählen. Also ist die Menge der Bruchzahlen gleich mächtig wie die Menge der natürlichen Zahlen.

Teil IV

Algebra

Kapitel 14

Multiplizieren von Brüchen

Der junge Geist braucht Zeit. Es wäre falsch, ihm zu früh eine Regel wie etwa „Zähler mal Zähler, Nenner mal Nenner" zu zeigen. Wahrscheinlich würde er dann rezeptartig etwas anwenden, was er nicht versteht.

Er soll die Rolle eines Bruches als Operator erfahren dürfen und sich dann wundern und staunen, was für eine einfache und wunderbare Regel sich ableiten lässt. Paukt man „Zähler mal Zähler, Nenner mal Nenner", bis der letzte Schüler blind etwas anwendet, weil es ihm so vorgeschrieben wurde, dann „kann" er vielleicht die Aufgaben in der Klassenarbeit lösen, aber er versteht nichts von Bruchrechnung. Dabei ist der Gegenstand der Mathematik doch gerade das Hinterfragen, das geistige Durchdringen und Abstrahieren eines Sachverhaltes, um diesen auf andere Dinge übertragen zu können. Dass der Schüler nach dem Lehrgang Brüche multiplizieren kann, ist ein willkommener Nebeneffekt. Wird er auf eine verstehende und erfahrende Weise an das Bruchrechnen herangeführt, wird er viel weniger üben müssen, sein Wissen wird nachhaltiger sein, da er Strukturen verstanden und keine Techniken auswendig gelernt hat.

Bruch als Operator

blindes Anwenden von Regeln

Strukturen verstehen

14.1 Anteile von Anteilen oder der gefundene Schatz

Ein neues Thema. Der Lehrer wartet Stille ab, dann schreibt er die Frage *„Was ergibt $\frac{3}{4}$ von $\frac{2}{5}$?"* an die Tafel. Jeder Schüler versucht für sich, die Lösung zu finden.

$\frac{3}{4}$ von $\frac{2}{5}$

Die Auflösung geschieht durch eine Geschichte, die der Lehrer als Figurentheaterstück erzählt:
Unser Held Fridolin findet auf einer fremden Insel (DIN-A4-Blatt) einen Schatz (Streichholzschachtel).

Er öffnet die Kiste und findet 20 Goldbarren (20 Streichhölzer). Als Finderlohn darf er 40 %, also $\frac{2}{5}$ des Schatzes behalten. Der Inselbesitzer teilt unserem Schatzsucher seinen Anteil von $\frac{2}{5}$ des Schatzes zu.

Mit diesen verbleibenden 8 Goldbarren möchte Fridolin nun nach Hause. Doch hierzu muss er die eingeführte Ware verzollen. Der Zoll lässt ihm $\frac{3}{4}$ seines bisherigen Anteils, Fridolin nimmt also nur 6 Goldbarren von den ursprünglichen 20 Goldbarren über die rote Schranke. Vom gesamten Schatz hat er $\frac{6}{20}$ bekommen.

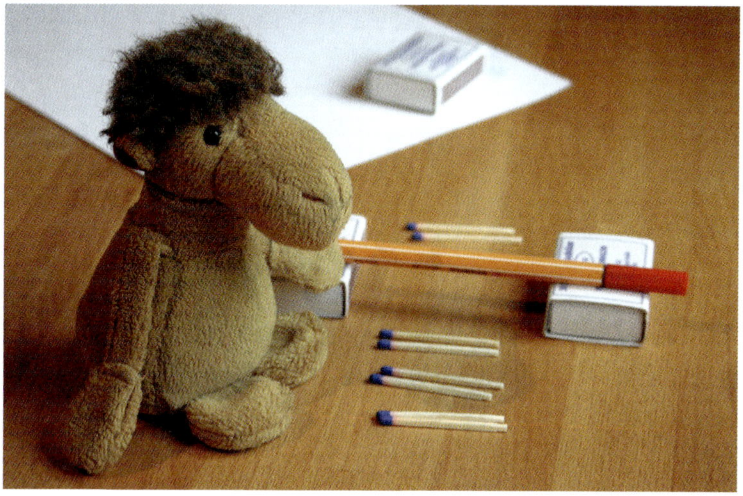

Anschließende Übung

Die Schüler gehen zu zweit zusammen. Wer etwas Grünes trägt, übernimmt die Rolle des Inselbesitzers, der Kollege die des Zollbeamten. Der Inselbesitzer holt eine Schachtel Streichhölzer vom Lehrer. Zusammen sollen sie Aufgaben der folgenden Art spielerisch lösen:

Der Schatz besteht aus 28 Goldbarren. Welchen Anteil darf Fridolin behalten, wenn er $\frac{3}{7}$ von $\frac{2}{4}$ bekommt?

$\frac{3}{7}$ von $\frac{2}{4}$

Meist verstehen die Schüler noch nicht genau, wie sie vorgehen sollen. Daher ist es gut, die Geschichte zunächst mit einem Inselbesitzer und einem Zollbeamten in einem Rollenspiel nachzuspielen. Die Streichhölzer wurden hier wegen der besseren Sichtbarkeit durch Stifte ersetzt:

Rollenspiel

Die Schüler können auch selbst Vorschläge machen. Es macht nichts, wenn man dafür Hölzer zerbrechen muss. Im Gegenteil: Es geht ja ums *Bruch*rechnen.

Didaktische Bemerkung

Personalisierung von Operatoren

Inselbesitzer wie Zollbeamter stellen Operatoren dar, der Schatz ist keiner. Aus diesem Grund werden nur die Rollen von Inselbesitzern und Zollbeamten vergeben. Diese „operieren", indem sie bestimmte Anteile des Schatzes weitergeben. Im Unterricht wird man mit seinen Schülern das nicht thematisieren, aber dass ein Operator etwas tut, wird mitgelernt. Mit anderen Worten: Es geht nicht um den Schatz, sondern um Operatoren, die einen Anteil des Schatzes erzeugen. Wenn man das noch deutlicher in den Vordergrund stellen möchte, kann die Schatzsuche mit 40 Goldbarren durchgespielt werden: Die Aufteilungen sehen dann anders aus (die Häufchen verdoppeln sich), aber die Operatoren bleiben dieselben.

Erweiterung

Fridolin fragt sich, ob es vielleicht besser wäre, den Schatz zuerst per Post nach Hause (und durch den Zoll) zu schicken und erst dann dem Inselbesitzer seinen Anteil zu geben. Um die Antwort zu finden, vertauschen die Operatoren (Inselbesitzer und Zollbeamter) nach dem ersten Durchgang die Plätze, die Sache wird also zweimal durchgespielt:

Der Inselbesitzer nimmt sich zuerst:
$\frac{3}{4}$ von $\frac{2}{5}$

Der Schatz wird per Post verschickt:
$\frac{2}{5}$ von $\frac{3}{4}$

So lässt sich hier bereits die Vertauschbarkeit von Operatoren untersuchen. Das ist das Thema des nächsten Abschnittes, der mit Säften operiert. Natürlich könnte man ebenso mit Stiften und Streichhölzern weiterarbeiten. Aber es ist gut, wenn der junge Mensch an verschiedenen Dingen Anteil nimmt. Für ein Kind ist die Hälfte von Stiften etwas anderes als die Hälfte einer Flüssigkeit. Es ist ja gerade das Ziel des Mathematikunterrichts, dass der Schüler erkennt, dass es „im Grunde" immer um dasselbe geht, auch wenn die Dinge unterschiedlich erscheinen. Wenn er das Prinzip unabhängig von der konkreten Sache (der Anschauung) versteht, hat er gelernt zu abstrahieren.

Vertauschbarkeit von Operatoren

abstrahieren

14.2 Trinken von Brüchen

Was ist mehr: $\frac{3}{4}$ von $\frac{2}{7}$ oder $\frac{2}{7}$ von $\frac{3}{4}$?
Die Frage ist berechtigt, zumal im Allgemeinen Operatoren nicht vertauschbar sind. Der Leser kann leicht das Wort „von" durch das Wort „mal" ersetzen und weiß, dass dann die Regel „Zähler mal Zähler, Nenner mal Nenner" gilt. Aber für einen jungen Forscher ist die Malrechnung noch weit entfernt und die „von-Aufgaben" haben noch nichts mit Multiplikation zu tun.

Vertauschbarkeit von Operatoren

Erstes Experiment

Auf dem Pult stehen ein Liter (roter) Kirschsaft und mehrere identische Becher oder Trinkgläser. Wie lassen sich $\frac{3}{4}$ von $\frac{2}{7}$ Liter abfüllen? Die Schüler kommen von selbst auf die Vorgehensweise: Der Kirschsaft wird zuerst auf sieben Becher gleichmäßig verteilt, der Inhalt von zweien wird erneut in vier Becher gegossen. Drei der Neuabfüllungen werden zur Seite gestellt, das sind $\frac{3}{4}$ von $\frac{2}{7}$ Liter Kirschsaft.

Was wäre, wenn die Abfüllung umgekehrt erfolgen würde? Ist $\frac{3}{4}$ von $\frac{2}{7}$ mehr als $\frac{2}{7}$ von $\frac{3}{4}$? Bevor das Experiment mit Apfelsaft durchgeführt wird, zeigt jeder Schüler seine Vermutung an: Daumen hoch bedeutet, die grüne Abfüllung (also $\frac{2}{7}$ von $\frac{3}{4}$) ergibt mehr, Daumen nach unten bedeutet das Gegenteil. Wer glaubt, dass beide Abfüllungen genau dasselbe Ergebnis liefern, lässt den Daumen zur Seite zeigen.

Jetzt wird der Apfelsaft zuerst auf vier Becher verteilt (Achtung: Dazu werden größere Becher benötigt!), der Inhalt von dreien auf sieben verteilt, von denen schließlich zwei genommen werden. Auf diese Weise wurden $\frac{2}{7}$ von $\frac{3}{4}$ abgefüllt.

Im ersten Versuch entstanden drei mit Kirschsaft gefüllte Becher, im Apfelsaftversuch nur zwei, die allerdings etwas mehr enthalten. Um die Mengen zu vergleichen, werden gleiche Säfte zusammengeschüttet. Scheinbar kommt dasselbe heraus, auch wenn wir noch nicht wissen, wie viel an Kirsch- bzw. Apfelsaft jetzt im Becher ist. Die Frage steht im Raum: „Geht das nur bei diesen Brüchen?“ Im Folgenden werden weitere Beispiele untersucht.

Zweites Experiment

Die Schüler gehen zu zweit zusammen. Jeder überlegt sich einen Bruch seiner Wahl. Statt Kirsch- und Apfelsaft umzuschütten, werden jetzt Strohhalme geschnitten. Ein Beispiel zeigt die Schnittprozedur für alle: Von einem roten Strohhalm werden zuerst $\frac{2}{7}$ von seiner vollen Länge abgeschnitten. Von dem abgeschnittenen Stück werden anschließend $\frac{3}{4}$ abgetrennt. Ein grüner Strohhalm (der dem Apfelsaft entspricht) wird in umgekehrter Reihenfolge gekürzt. Wie beim Saftversuch ergeben sich gleiche Längen. Ist die Schnittprozedur klar, holt sich jedes Schülerpaar zwei Strohhalme und führt mit den selbstgewählten Brüchen die Übung durch.

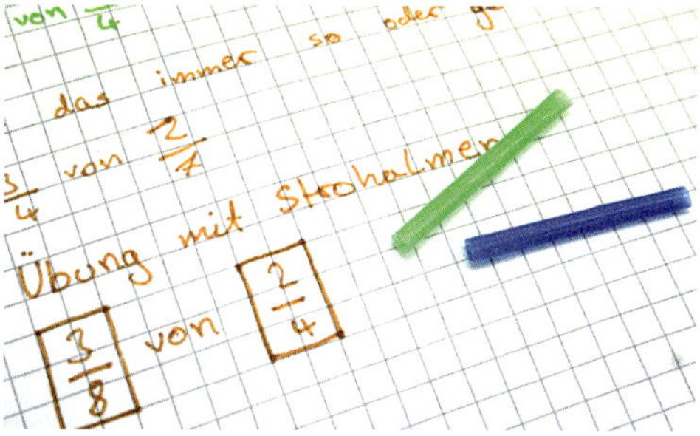

Obwohl jede Gruppe andere Strohhalmlängen erhält, kommt innerhalb der Gruppe dasselbe heraus.

Didaktischer Hinweis

Natürlich ist das kein Beweis dafür, dass wirklich immer exakt dasselbe herauskommt. Aber es ist hübsch, auf diese Weise eine Art „Variable" einführen zu können: Alle Gruppen schneiden unterschiedliche Stücke, aber trotzdem kommen alle zu dem Ergebnis, dass die Reihenfolge keine Rolle spielt. Das Konkrete wird auf diese Weise vom Prinzipiellen abgelöst. Die Idee einer Variablen wird in doppelter Hinsicht erfahren:

Idee einer Variablen erfahren

1. Der Schüler sieht viele Beispiele für ein Prinzip und weiß, dass es gar nicht an den speziellen Zahlen liegt, mit denen er arbeitet.
2. Durch die Wahl behandelt der Schüler einen beliebigen Bruch: Er hätte ja eine beliebige andere Wahl treffen können.

Hätte jeder Schüler an derselben Aufgabe gearbeitet (wie im ersten Versuch mit den Säften), würde er das Konkrete als Gegebenheit mitlernen. Die Gefahr besteht, dass er denkt, dass es an diesen konkreten Zahlen hängt. Durch die Vielfalt des Konkreten wird eine Abstraktion erreicht. Und das wie von selbst: Des Gehirn hat den Drang, die Dinge zu vereinfachen, also lernt es nicht die vielen Beispiele, sondern das Prinzip bzw. das Kalkül.

das Gehirn vereinfacht

Gerüche und Geschmäcke

Alternative / Erweiterung

Gerüche und Geschmäcke prägen sich sehr nachhaltig ein. Es ist also kein Fehler, wenn man nach dem Unterricht auf das Erlernte anstößt und mit dem Röhrchen den Saft austrinkt.

Wenn jeder Schüler genau den hergestellten Saftanteil aus einem doppelt gekürzten Röhrchen trinken soll, nimmt man für den Saft kleinere Anteile, z. B. $\frac{3}{8}$ von $\frac{2}{11}$ oder $\frac{2}{11}$ von $\frac{3}{8}$. Zwei Liter Saft reichen dann für eine Schulklasse (29 Schüler). Von den Röhrchen werden $\frac{5}{6}$ von $\frac{3}{4}$ genommen, also $\frac{5}{8}$ der ursprünglichen Länge, ansonsten werden die Strohhalme sehr kurz.

In dieser Form der Übung findet das Anteilnehmen eine direkte materielle Entsprechung. Ein Nachteil liegt in den relativ kleinen Saftmengen, dem Vorschreiben der Brüche und in der großen Anzahl von Bechern, was das Umschütten unter Umständen langatmig gestaltet.

14.3 Multiplikation von Brüchen: „Von" wird zu „mal"

Sind beide Becher in Abschnitt 14.2 (Trinken von Brüchen) wirklich *exakt* gleich gefüllt? Und wenn ja: Lässt sich die Füllung auch berechnen? Und gibt es Brüche, bei denen es nicht funktioniert?

Die Schüler schneiden aus ihrem Heft ein Rechteck aus. Wie beim Kirschsaft soll der Anteil $\frac{3}{4}$ von $\frac{2}{7}$ bestimmt werden. Zuerst wird das Rechteck gemäß $\frac{2}{7}$ in sieben Spalten eingeteilt, von denen zwei eingefärbt werden, z. B. blau. Das Vorgehen entspricht dem Abschneiden von $\frac{2}{7}$ eines Röhrchens.

In einem zweiten Schritt wird die Fläche geviertelt, jedoch mit horizontalen Linien. Schließlich werden $\frac{3}{4}$ von den eingefärbten $\frac{2}{7}$ ausgeschnitten:

Als Ergebnis erhält man 6 von 28 Kästchen, sprich $\frac{6}{28}$ von der gesamten Fläche.

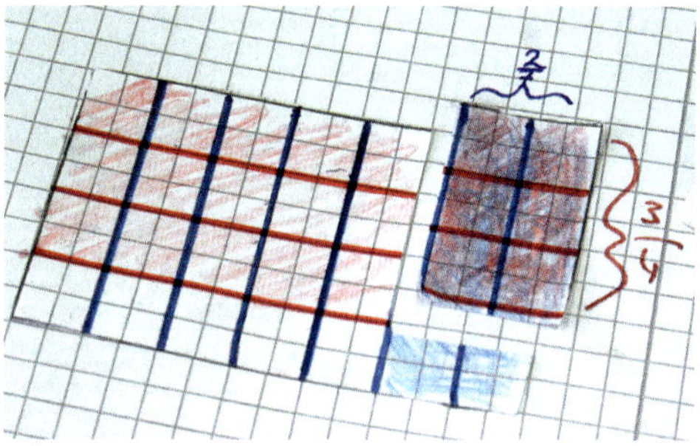

Offensichtlich kann man das Rechteck um 90° drehen, ohne dass sich die Einteilung ändert. Die gedrehte Sichtweise entspricht $\frac{2}{7}$ von $\frac{3}{4}$. Auch in diesem Fall werden dieselben Kästchen doppelt eingefärbt. Das hat noch nichts mit dem Multiplizieren von Brüchen zu tun. Bisher handelt es sich lediglich um das Anteilnehmen von Anteilen, genauer um $\frac{3}{4}$ von $\frac{2}{7}$.

Der Clou ist, dass wir bereits wissen, wie wir die Fläche eines Rechtecks berechnen: Länge mal Breite. Genau an dieser Stelle geschieht der Rollenwechsel: Aus dem „von" wird ein „mal", aus Operatoren werden Zahlen (bzw. Längen):

„von" wird zu „mal"

$$\frac{3}{4} \textit{ von } \frac{2}{7} = \frac{3}{4} \cdot \frac{2}{7}$$

Im Zähler steht die Anzahl der ausgeschnittenen, der „zählenden" Kästchen ($3 \cdot 2$), der Nenner stellt die Menge aller Kästchen ($4 \cdot 7$) dar. Also lässt sich weiterrechnen:

$$\frac{3}{4} \cdot \frac{2}{7} = \frac{3 \cdot 2}{4 \cdot 7}$$

$\frac{3}{4}$ von $\frac{5}{8} = \frac{3}{4} \cdot \frac{5}{8}$

Ein alternativer Zugang durch Wegfalten

Ein zweites Beispiel mit demselben mathematischen Inhalt: Wie lässt sich zeigen, dass $\frac{3}{4}$ von $\frac{5}{8}$ dasselbe wie $\frac{3}{4}$ mal $\frac{5}{8}$ bedeutet? Und wie rechnet man $\frac{3}{4} \cdot \frac{5}{8}$ aus?

Konkrete Umsetzung

Jeder Schüler nimmt ein DIN-A4-Blatt zur Hand und faltet es so, dass acht Zeilen entstehen. Anschließend werden vier Spalten erzeugt, so dass das Blatt in 32 Kästchen unterteilt ist:

Zuerst wird der Anteil $\frac{5}{8}$ hergestellt. Hierzu werden drei von den acht Zeilen nach hinten gefaltet. Man sieht nach dem Wegfalten nur noch $\frac{5}{8}$ des ganzen Blattes.

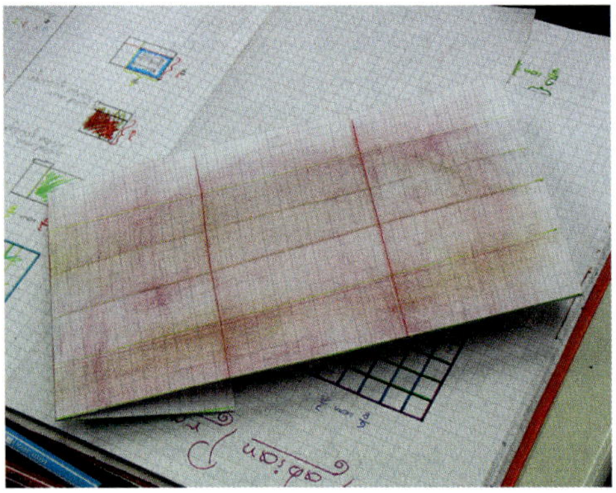

Jetzt wird von der neu entstandenen Fläche $\frac{1}{4}$ (der Spalten) nach hinten gefaltet. Die Fläche, die übrig bleibt, ist der zählende Anteil. Dieser wird angemalt oder umrandet. Beim Auffalten erkennt man, dass 15 von 32 Kästchen angemalt sind, das ist die Darstellung des Bruches $\frac{15}{32}$.

Zähler

Offensichtlich ergibt auch $\frac{5}{8}$ von $\frac{3}{4}$ dasselbe Ergebnis. Anschaulich wird nur in umgekehrter Reihenfolge gefaltet, jedoch entsteht dasselbe Rechteck.

Der zählende Anteil lässt sich über den Flächeninhalt des angemalten Rechtecks bestimmen, also mittels Länge mal Breite, hier $3 \cdot 5$. Entsprechend berechnet sich die Anzahl aller Kästchen (aufgefaltetes Blatt) mit $4 \cdot 8$. Damit ist die Multiplikationsregel „Zähler mal Zähler, Nenner mal Nenner" gefunden.

Hier ein Beispiel eines gehirngerechten Tafel- bzw. Heftaufschriebs. Auf der einen Seite wird bildhaft aufgeschrieben, auf der anderen formal. Man beachte die eigenständige Farbkodierung der Schülerin.

gehirngerechter Heftaufschrieb

14.4 Aufschrieb der Regel „Zähler mal Zähler, Nenner mal Nenner"

blinder Professor erklärt Ahnungslosem

Ein Schüler nimmt die Rolle eines Mathematikprofessors ein. Er kann alles rechnen, aber leider sieht er so schlecht, dass er einen Helfer benötigt, der zwar sehen und schreiben kann, aber kaum Mathematik versteht (vgl. auch 13.13 *Blinder Wissenschaftler erklärt Ahnungslosem*). Der Professor nimmt auf einem Stuhl vor der Tafel Platz und schließt die Augen (er sieht schlecht) oder blickt zur Klasse, so dass er die Tafel nicht sehen kann. Der Lehrer schreibt einen Malpunkt zwischen zwei Bruchstrichen an: — · —. Dann dürfen Schüler Zahlen nennen, die der Lehrer in willkürlicher Reihenfolge als Zähler und Nenner einträgt.

Der Professor sagt nun, was der Helfer tun soll. Er weiß nicht, wo die Zahlen stehen, aber er weiß natürlich, wie man Brüche multipliziert. Also sagt er etwas wie: *„Du musst schauen, was im ersten Bruch oben*

steht. Und dann schaust Du, was im zweiten Bruch oben steht. Die beiden Zahlen nimmst Du dann mal und schreibst sie rechts als Zähler hin. (...)" Wenn der Helfer etwas nicht verstanden hat, zum Beispiel, was „Zähler" bedeutet, darf er nachfragen. Wenn der Professor nicht weiterkommt, darf er die Klasse um Hilfe bitten. Auch die Zuschauer denken dann in Variablen, weil sie sich in den Professor hineinversetzen müssen, um eine richtige Anweisung zu finden.

Denken in Variablen

Auf diese Weise wird an einem konkreten Beispiel das Prinzip bzw. die Rechenregel verstanden. Wieder wird hier, ohne dass es thematisiert wird, bereits mit Variablen gerechnet.

Didaktische Bemerkung

Die Übung ist in zweierlei Hinsicht mathematisch. In erster Linie geht es natürlich um das Prinzip der Multiplikation von Brüchen. Mindestens ebenso entscheidend ist die exakte Formulierung, die das Professor-Helfer-Spiel auf natürliche Weise fordert. Klare Bezeichnungen wie „Zähler" und „Nenner" versteht der Helfer viel besser.

exakte Formulierung mit richtigen Begriffen

Theaterpädagogische Bemerkung

Der Reiz des Spiels liegt darin, dass der eine etwas weiß, was der andere nicht weiß, und umgekehrt. Der Professor hat auf den ersten Blick die Macht, weil er als einziger die Aufgabe lösen kann. Diese Macht wird jedoch durch den Helfer gebrochen, auf sein Schreiben ist ja der Professor angewiesen.

Wie entsteht der Humor? Zu Beginn der Übung ist der Professor im Hochstatus[45], den er aber im Verlauf der Übung durch unklare Anweisungen verliert. Es gefällt uns, wenn der Status gewechselt wird. Wir lachen darüber, wenn ein reicher und wichtiger Mann in Anzug und Krawatte auf einer Bananenschale ausrutscht. Wenn hingegen ein armer und hungriger Mensch genau dasselbe Schicksal erfährt, dann ist es nicht komisch. Wir lachen nicht über das Ausrutschen, sondern in erster Linie über den Statuswechsel. So wird nicht über den Schüler gelacht, sondern über die Situation, wodurch der Schüler nicht bloßgestellt wird.

Statuswechsel

kein Bloßstellen

45 Zum theatralen Begriff „Hochstatus": Besitzt ein Spieler die Macht, steuert er das Geschehen in Form und Geschwindigkeit, ist er Herr der Lage, nimmt er sich den Raum, den er möchte, so befindet er sich im Hochstatus. Im Tiefstatus kehren sich die Verhältnisse um.

Rollenschutz auf der Bühne

Ein paar Menschen tun etwas, andere schauen zu. Das ist nichts anderes als Theater. Durch die Zuschauer (die Klasse) wird der Raum vor der Tafel zur Bühne, zwei Schüler spielen die Rollen. Die Zuschauer sehen also nicht die Mitschüler, sondern Schauspieler in einer bestimmten Rolle. Daher macht es nichts, dass der Helfer ein Dummerchen darstellt, der gerade einmal Zahlen schreiben kann, sonst aber nichts versteht. Seine Dummheit ist Teil seiner Rolle, er muss ja in der Rolle bleiben. Keiner nimmt an, dass er wirklich nichts versteht. In diesem Zusammenhang spricht man von Rollenschutz. Man kann den Rollenschutz noch verstärken, indem die Schauspieler ein sogenanntes Zitat bekommen, also irgendeinen Gegenstand, der nach der Aufführung wieder abgelegt wird. Das kann z. B. ein vom Lehrer mitgebrachter Schal, eine Brille, ein Stock oder eine Mütze sein. Man ist so lange in der Rolle, bis der Gegenstand abgelegt wird.

Rollenschutz durch Zitat

Allgemein gilt im Unterricht: Wenn der Lehrer um Bühnenwirkung und Rollenschutz weiß, dann wird er nicht versehentlich einen Schüler bloßstellen.

Allgemeiner Aufschrieb als Formel

Nach dem konkreten Beispiel soll die Rechenregel als Formel aufgeschrieben werden. Wieder scheibt der Lehrer

$$\frac{}{} \cdot \frac{}{}$$

an die Tafel. Ein Schüler, dessen Name mit „A" beginnt, soll sich eine Zahl denken, aber nicht sagen. Wenn z. B. Antonia so weit ist, trägt der Lehrer ein a ein:

$$\frac{a}{} \cdot \frac{}{}$$

Personalisierung von Variablen

Nachdem sich Herr **B**inder, **C**hiara und **D**okan ebenfalls eine Zahl ausgedacht haben, stehen die entsprechenden Variablen ebenfalls an der Tafel:

$$\frac{a}{b} \cdot \frac{c}{d}$$

Auch wenn man nicht weiß, welche Zahl sich die vier „Variablen" jeweils gedacht haben, ist doch (wie beim Professor-Helfer-Spiel) klar, was man prinzipiell tun muss. **A**ntonia muss ihren Wert mit dem von **C**hiara malnehmen und das Ergebnis auf den Zähler schreiben. Analog entsteht der Nenner durch Herrn **B**inder und **D**okan.

$$\frac{a}{b} \cdot \frac{c}{d} = \frac{a \cdot c}{b \cdot d}$$

Das Einführen von Variablen über Namen ist nahezu selbsterklärend: Die Zahlen existieren schon, aber wir wissen sie (noch) nicht, daher schreiben wir Variablen. Es ist dasselbe wie beim Professor-Helfer-Spiel.

Variable: beliebig, aber fest

14.5 Eine sinnliche und eine abstraktere Übung

Die sinnliche Übung

Falls der Saft beim „Trinken von Brüchen" noch nicht getrunken wurde, können folgende Aufgaben gestellt werden.

1. Was ergibt $\frac{3}{4}$ von $\frac{2}{5}$ von $\frac{1}{9}$ von einem Liter Saft?
2. Getrunken werden soll aus einem Röhrchen, welches noch $\frac{6}{7}$ von $\frac{9}{10}$ von $\frac{3}{4}$ seiner ursprünglichen Länge besitzt. Wie lange ist das Röhrchen?

Der erste, der beide Aufgaben rechnerisch gelöst hat, beginnt mit dem Aufteilen des Saftes. Wer seinen Strohhalm in der richtig berechneten Länge geschnitten hat, holt seinen Saftanteil ab.

Die abstraktere Übung

Wie lässt sich das Produkt $\frac{1}{2} \cdot \frac{1}{2} \cdot \frac{1}{2}$ (geometrisch) deuten?
Eine mögliche Antwort besteht in nebenstehendem Bild.

Unten das Produkt $\frac{1}{3} \cdot \frac{1}{3} \cdot \frac{1}{3}$.

Für weitere Beispiele wie z. B. $\frac{1}{2} \cdot \frac{1}{3} \cdot \frac{1}{4}$ können aus einer Kartoffel Quader geschnitten und anschließend entsprechend dem Term zerlegt werden.
Man kann auch daran erinnern (vgl. Band I, Rechnen mit Größen), dass man ein Milliardstel von einem Kubikmeter erhält, wenn man zuerst eine millimeterstarke Scheibe von einem Kubikmeter-Würfel abschneidet, von dieser Scheibe einen millimeterbreiten Streifen abtrennt und schließlich davon einen Millimeter nimmt.

14.6 Über Zahlen und ihre Rollen – kleiner Exkurs für den theatralen Mathematiker

Eine bekannte Frage: Was kommt ins Kästchen?

$$\square \cdot 5 = 1$$

Die rationalen Zahlen sind eine Gruppe (G, ·), das Inverse zur 5 ist die Zahl $\frac{1}{5}$. Wenn wir die Gleichung lösen möchten, teilen wir auf beiden Seiten durch 5, wir benutzen also den Operator „geteilt durch 5“ bzw. „: 5“.

$$\square \cdot 5 = 1 \Leftrightarrow \square = 1 : 5$$

Im blauen Kästchen steht das inverse Element (also eine Zahl), rechts wird mittels des Operators „: 5“ die Zahl $\frac{1}{5}$ erst gebildet. In der Äquivalenzumformung ist somit ein Rollentausch enthalten.
Dies gilt ebenso für eine additiv geschriebene Gruppe (G, +). Wieder können wir fragen: Was kommt ins Kästchen?

$$\square + 2 = 0$$

Hier die Zahl –2. Das Minuszeichen ist ein Teil der Zahl. Wieder entsteht die Lösung erst durch die Anwendung des Operators „– 2“:

$$\square + 2 = 0 \quad | -2$$
$$\square = 0 - 2$$
$$\square = -2$$

Auch hier wird erst durch Anwendung des Operators auf die Null (0 – 2) die Zahl –2 gebildet.

Rollenbelegung des Minuszeichens: Vorzeichen bzw. Operator

Auf den ersten Blick scheint diese Betrachtung die Sache unnötig zu verkomplizieren und natürlich wird man seinen Schülern diese Gedanken nicht mitteilen. Aber es ist gut, wenn man als Lehrer um den Rollenwechsel Bescheid weiß. Erklärungen werden deutlicher, wenn man sich im Klaren darüber ist, welche Rolle z. B. eine „–2“ einnimmt. Ein konkretes Beispiel ist in Abschnitt 12.10 dargestellt. Dort wird die Lösung von 5 – (–2) auf einer Treppe erlaufen. Das rote Minuszeichen wird dabei als halbe Drehung (Operator) interpretiert, das blaue als Rückwärtslaufen (Vorzeichen).

14.7 Brüche im Dezimalsystem: Dezimalbrüche

Auf dem Boden werden mit Kreppband mehrere „Stellen“ und ein Komma markiert (vgl. auch den Abschnitt 11.2). In der Übung gibt der Lehrer einen Bruch vor, z. B. $\frac{9}{8}$, und die Schüler ordnen sich entsprechend ein.

Umgekehrt können sich auch ein paar Schüler auf die „Bühne" stellen und der Rest der Klasse überlegt sich den zugehörigen Bruch.

Konkrete Umsetzung

Wiederholung des Stellenwertsystems

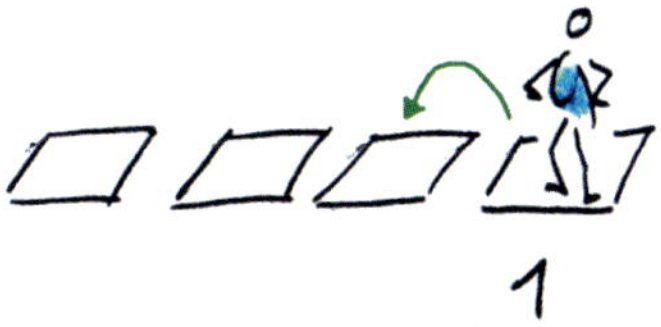

Zuerst wird das Stellenwertsystem wiederholt: Ein Freiwilliger stellt sich auf die Stelle, an der er „1" wert ist.
Mit einem Hüpfer nach links verzehnfacht er seinen Wert. Ein zweiter Hüpfer verzehnfacht erneut, der Schüler steht bereits auf Hundert. Auf diese Weise kann man 10^1, 10^2 usw. einführen.
Im nächsten Schritt hüpft er in die negative Richtung. Jedes Mal ist sein Stellenwert nur noch der zehnte Teil. Die Anzahl der Hüpfer entspricht der Hochzahl in der Potenzschreibweise 10^0, 10^{-1}, 10^{-2}, 10^{-3} ... So bedeutet 10^0 gar nicht hüpfen, 10^{-1} einmal rückwärts (bzw. nach rechts) hüpfen usw.

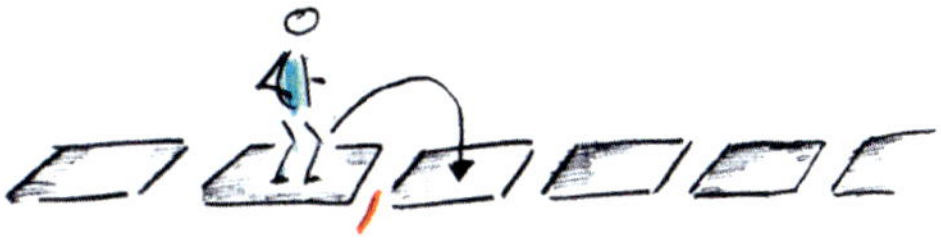

Brüche im Stellenwertsystem

Brüche sollen auch im Stellenwertsystem ausgedrückt werden. Es ist keineswegs klar, dass sich jeder Bruch in das Stellenwertsystem pressen lässt. Es wundert nicht, dass es hier früher oder später Schwierigkeiten geben wird: Der Bruch ist ja durch Anteilbildung gewissermaßen „organisch" entstanden. Der Leser weiß natürlich, dass sich alle Brüche im Zahlensystem darstellen lassen, aber auch, dass es gar nicht so einfach zu beweisen ist, dass jeder Bruch eine eindeutige Dezimaldarstellung besitzt und umgekehrt.

Die Übung
Zwei Gruppen werden gebildet, z. B. Mädchen und Jungen. Es darf nicht gesprochen werden. Der Lehrer gibt einen sehr einfachen Bruch einer Gruppe (z. B. den Jungen) vor, z. B. $\frac{3}{100}$. Entsprechend gehen drei Jungen auf die zweite Nachkommastelle. Glauben die Mädchen, dass die Aufgabe richtig gelöst wurde, klatschen sie.

Theaterpädagogische Zwischenbemerkungen:

Applaus

- Dem Klatschen kommen zwei Bedeutungen zu: Erstens drückt es eine Wertschätzung der anderen Gruppe gegenüber aus und zweitens markiert der Applaus das Ende.

Rollenwechsel

- Es werden zwei Rollen vergeben: Die Zuschauer werden zu Prüfern, die anderen zu Prüflingen.
- Die Schüler, die auf einer Stelle stehen, nehmen gemeinsam die Rolle einer Ziffer ein. Ohne es thematisieren zu müssen, ist klar, dass Ziffern etwas anderes als Zahlen sind.

Ich fordere die Schüler auf, weitere einfache Aufgaben zu nennen. Schnell werden weitere Beispiele gefunden: $\frac{3}{100}$, $\frac{4}{10}$, $\frac{2}{1000}$. Offensichtlich sind die Brüche am einfachsten darzustellen, deren Nenner Zehnerpotenzen sind bzw. die der Konstruktion des Stellenwertsystems entsprechen.
Als nächstes sollen die Mädchen $\frac{1}{2}$ stellen. Um diese Aufgabe zu lösen, muss man auf Zehntel erweitern.
Ist der Spielablauf geklärt, können sich die Schüler gegenseitig Aufgaben stellen. Bei Unklarheiten wird die Übung unterbrochen und die Lösung diskutiert. Folgendes Bild zeigt das Ringen um die Darstellung von $\frac{5}{4}$:

Von der Dezimalzahl zurück zum Bruch
Um eine Dezimalzahl (z.B. 0,25) als Bruch zu schreiben, erweitert man auf $\frac{25}{100}$. Das lässt sich anschaulich darstellen: Die Schüler auf der ersten Nachkommastelle wandern eine Stelle nach rechts. Aus einem Zehntel ist ein Hundertstel geworden. Wenn der Gesamtwert nicht verändert werden soll, müssen sich die ehemaligen Zehntel verzehnfachen. Entsprechend halten sie zehn Finger hoch. Jetzt zählt man 25 auf der Hundertstelstelle.
Allgemein lässt sich eine (nicht-periodische) Dezimalzahl auf diese Weise als Bruch schreiben: Alle Schüler werden (mittels Vervielfachen) auf die letzte Nachkommastelle verschoben und dort zusammengezählt.

14.8 Kommazahlen verstehen: andere Zahlensysteme[46]

Verständnis des Wesentlichen durch zwei oder drei konkrete Beispiele

Man versteht das Wesentliche des uns vertrauten Zehner- bzw. Dezimalsystems erst, wenn man andere Systeme kennt. Für ein Stellenwertsystem braucht man ja nicht die Zahl 10 zugrunde zu legen. Die 10 ist uns nur vertrauter, aber es gibt keinen mathematischen Grund, warum es mit der 10 einfacher sein sollte, als wenn wir eine andere Basis zugrunde legen. Anders formuliert: Für einen jungen Menschen, der sich noch nicht an das Zehnersystem gewöhnt hat, ist das Fünfer- oder das Zweiersystem weder leichter noch schwerer zu erlernen. Wer noch nie mit Kommazahlen konfrontiert wurde, für den bedeutet 0,25 nicht automatisch ein Viertel! Sich mit anderen Zahlensystemen zu beschäftigen hilft dem Schüler bei der Konstruktion und beim Verständnis seiner eigenen mathematischen Vorstellungswelt. Das ist kein Umweg für das Verständnis, sondern eine Abkürzung. Es hilft, das Wesentliche an unserem Zahlensystem vom Unwesentlichen zu unterscheiden. Unwesentlich ist beispielsweise die Wahl der Basis 10.

Konstruktion der eigenen Vorstellungswelt

Vorbereitung
Die Schüler – nicht der Lehrer – wählen ein System (eine Basis) ihrer Wahl. Dadurch wird die Beliebigkeit der Basis ausgedrückt. Würde der Lehrer z.B. das Fünfersystem vorgeben, dann wäre die 5 nicht beliebig gewesen. Es ist ein Unterschied, wer in welcher Rolle etwas bestimmt.

Beliebigkeit durch Schülerwahl

46 Dieser Abschnitt stellt die konsequente Fortführung der in 11.2 behandelten Stellenwertsysteme dar.

Für das Beispiel wollen wir annehmen, ein Schüler hätte sich das Vierersystem ausgesucht. Wie im letzten Kapitel geht jetzt ein Freiwilliger auf die Bühne. Er stellt sich links neben dem Komma auf, auf die Einser.

Bemerkung
Hier wird – ohne dass es thematisiert wird – gelernt, dass in allen Systemen links vom Komma die Einser stehen. Nullmal hüpfen gibt immer eins! In einer höheren Klasse wird der Schüler Schaubilder von Exponentialfunktionen zeichnen, die alle durch (0|1) gehen. Ohne diese Tatsache anzusprechen, wird hier quasi spielerisch der Grundstock erfahren.

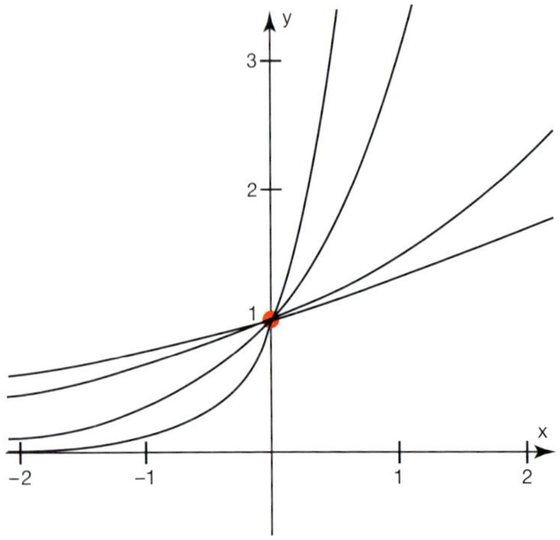

Jetzt hüpft der Freiwillige einmal nach links, er ist jetzt das Vierfache wert. Ein zweiter Hüpfer lässt seinen Wert noch einmal um das Vierfache auf 16 steigen. Dieses Hochhüpfen können wir als Hochzahl schreiben. Vier „hoch" zwei bedeutet also zweimal hochhüpfen bzw. zwei Stellen weiterhüpfen und seinen Wert zweimal vervierfachen, kurz: 4^2. Entsprechend geht es mit 4^3 und 4^4 weiter. Die Schüler erleben, wie schnell der Wert wächst, die Übung wird zur Kopfrechenübung. Wenn der Schüler auf der vierten Vorkommastelle angekommen ist, verlässt er die Bühne. Eine weitere Frage: Was ergibt 4^0? Einer, der die Antwort zu kennen glaubt, wird aufgerufen, geht an die entsprechende Stelle und sagt dort die Lösung.

Kleiner Exkurs: Dimensionen hüpfen
Die Hochzahl lässt sich als geometrische Dimension begreifen. Bei der Interpretation ist es geschickt, mit 4^2 zu beginnen und nicht etwa mit 4^0. Ein Schüler stellt sich im Vierersystem auf die zweite Stelle, 4^2 kann als Flächeninhalt eines Quadrates mit einer Seitenlänge von 4 m aufgefasst werden (mit der Fläche 16 m^2). Also etwas Zweidimensionales. Der Schüler kann jetzt durch Vorwärts- oder Rückwärtshüpfen nach weiteren Interpretationen fragen: 4^3 lässt sich als das Volumen eines dreidimensionalen Würfels (64 m^3) verstehen, 4^1 als Dimension einer Länge (4 m = 4 m^1) und schließlich 4^0 als dimensionsloser

Punkt (ohne Einheit). Weiter kann man auf der vierten Stelle überlegen, wie sich 4^4 interpretieren lässt. Es handelt sich um einen (nicht mehr vorstellbaren) vierdimensionalen Würfel mit dem (vierdimensionalen) Rauminhalt von 256 m^4 (vgl. auch in Band I den Abschnitt 5.18: *Ecken, Kanten und Flächen eines vierdimensionalen Würfels*).
Die Hochzahl als Dimension lässt sich noch exakter mittels „Richtungshüpfer" deuten: Mit jedem Hüpfer springt man in eine weitere Dimension. Auf der Stelle 0 wird gar nicht gehüpft, auf der ersten Stelle einmal vorwärts, bei der zweiten nach rechts, bei der dritten nach oben und bei der vierten müsste man senkrecht zur Realität springen.

Negative Hochzahlen – rückwärts hüpfen
Beim Rückwärtshüpfen wird der Wert jedes Mal geviertelt: Aus 4^4 wird 4^3 usw. Auf diese Weise kommt man sehr anschaulich auf die Bedeutung negativer Hochzahlen. Das Vierteln von $4^0 = 1$ ergibt $4^{-1} = \frac{1}{4}$. Entsprechend ergeben sich durch weiteres Hüpfen 4^{-2}, 4^{-3}, …
Ist die Sache verstanden, sind auch sehr schnell alle anderen Stellenwertsysteme verstanden, so dass mit der eigentlichen Übung begonnen werden kann:

Brüche im Stellenwertsystem
Manche Brüche lassen sich sehr einfach darstellen, z. B. $\frac{1}{4}$ als $(0{,}1)_4$. Die Vier als Index gibt das Stellenwertsystem an, in dem die Zahl (in Klammern) geschrieben wurde. Zahlen im Zehnersystem werden in normaler Schreibweise, also ohne Klammer und Index, angegeben.
Ebenso lässt sich $\frac{1}{16} = (0{,}01)_4$ gut ins Vierersystem einordnen. Die Schüler geben weitere Beispiele: Wenn der Nenner dem Wert einer Stelle entspricht, ist die Sache einfach.
Im Allgemeinen jedoch ist das Einordnen von Brüchen in das Stellenwertsystem nicht einfach. In der Regel muss schriftlich dividiert werden – und zwar im jeweiligen Zahlensystem. Dies zeigt, dass es prinzipiell nicht einfach ist, nur haben wir Erwachsenen uns im Zehnersystem schon so daran gewöhnt, dass $\frac{1}{4}$ als 0,25 geschrieben werden kann, dass wir gar nicht mehr darüber nachdenken. Für einen Sechstklässler ist diese Frage ebenso schwer, als wenn Sie $\frac{3}{8}$ ins Vierersystem einsortieren sollten.

Übung: Kommazahlen in verschiedenen Zahlensystemen
Ein Schüler oder der Lehrer wählt ein System aus, im Beispiel ist es das Vierersystem. Dann werden von Freiwilligen die Stellen beliebig

besetzt; im Vierersystem passen maximal drei Personen auf eine Stelle:

Damit lautet die nonverbal gestellte Frage: Welcher Zahl im Zehnersystem entspricht $(0{,}23)_4$?

Die Zuschauer versuchen die Aufgabe zu lösen. Wer so weit ist, verschränkt zum Zeichen die Arme. Die Lösung kann erspielt werden. Wenn ein Spieler um eine Stelle nach rechts rückt, dann viertelt sich sein Wert. Damit sich die Zahl nicht verändert, hält er beim Weiterrücken symbolisch vier Finger hoch, er zählt jetzt also vierfach.

Die Roten zeigen nur einen Finger.

Die zweite Nachkommastelle hat im Vierersystem den Wert $4^{-2} = \frac{1}{16}$. Damit ergibt sich $\frac{1+1+1+4+4}{16} = \frac{11}{16}$ im Zehnersystem. Bleibt man dagegen im Vierersystem, wird die Bruchbildung sehr einfach: $(0{,}23)_4 = \left(\frac{23}{100}\right)_4$.

Die Bedeutung der Stelle tritt durch das Weiterrücken in den Vordergrund. Alternativ oder im Anschluss an die Übung kann man den Wert des Bruches Stelle für Stelle zusammenzählen:

$(0{,}23)_4 = 2 \cdot \frac{1}{4} + 3 \cdot \frac{1}{16}$.

Zweites Beispiel

Welcher Bruch wird durch $(1{,}011)_2$ dargestellt?

Hier muss der grüne Schüler dreimal rückwärts bzw. nach rechts hüpfen und streckt an seinem Ziel entsprechend acht Finger hoch, der blaue hüpft nur einmal und streckt folgerichtig zwei Finger hoch.

Es ergibt sich $\frac{8+2+1}{8} = \frac{11}{8}$. Anschließend werden zur Probe die Werte der einzelnen Stellen zusammengezählt:

$1 \cdot 1 + 0 \cdot \frac{1}{2} + 1 \cdot \frac{1}{4} + 1 \cdot \frac{1}{8} = \frac{11}{8}$.

Auch hier gilt natürlich $(1{,}011)_2 = \left(\frac{1011}{1000}\right)_2$.

Drittes Beispiel und Abschluss

Schließlich wird das Zehnersystem ausgewählt. Man erkennt, dass alles nach demselben Prinzip verläuft. Bei einem Hüpfer nach rechts werden alle (zehn) Finger hochgehalten. Wahrscheinlich rechnen wir aus diesem Grund mit dem Zehnfinger- bzw. mit dem Zehnersystem.

14.9 Division durch Brüche

Die Frage danach, ob das Teilen durch Brüche überhaupt einen Sinn ergibt, ist die Frage nach einer weiteren haptischen Interpretation des Teilens, welche über die landläufige Vorstellung des Aufteilens auf eine gegebene Anzahl von Personen hinausgeht. Im Folgenden wird zuerst eine mögliche Umsetzung skizziert und im Anschluss werden zwei unterschiedliche Vorstellungen vom Divisor geklärt.

haptische Interpretation

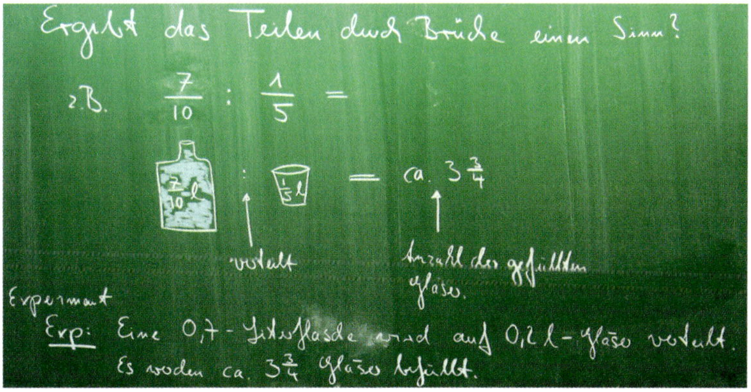

Zentral ist folgende Grundidee des Teilens: Wenn man z. B. einen 10-Liter-Kanister Saft auf 2-Liter-Gefäße verteilt, werden genau 5 Stück gefüllt: 10 l : 2 l = 5.
Wenn man auf kleinere Gefäße verteilt, werden mehr Gefäße gefüllt. Und wenn man durch einen Bruch kleiner als 1 dividiert, erhält man eine größere Zahl als die anfängliche. Das erscheint einem jungen Menschen meist recht ungewöhnlich: Man verteilt etwas, und es wird mehr! Im Folgenden wird die Grundidee des Verteilens beibehalten, nur die Gefäße werden verkleinert.

Konkrete Umsetzung im Unterricht
Es werden kurz die bereits bekannten Rechenarten anschaulich wiederholt:
$\frac{7}{10} + \frac{1}{5}$ kann man sich mit Hilfe von Pizzastücken erklären: Erst isst man $\frac{7}{10}$ einer Pizza, dann $\frac{1}{5}$ von einer anderen Pizza und schließlich kommt es im Magen zusammen. Auch $\frac{7}{10} - \frac{1}{5}$ erklärt sich auf diese Weise. Die Multiplikation $\frac{7}{10} \cdot \frac{1}{5}$ kann als Anteil eines Anteils verstanden werden. Lässt sich $\frac{7}{10} : \frac{1}{5}$ ebenfalls anschaulich erklären?

Aufgabe
Der Lehrer wartet Stille ab und schreibt dann den Satz *„Ergibt das Teilen von Brüchen einen Sinn?“* an.
Lässt sich so etwas wie $\frac{7}{10} : \frac{1}{5}$ überhaupt rechnen? Das ist nicht einfach. Eine Aufgabe wie die mit dem 10-Liter-Kanister in der Einleitung ist leicht nachvollziehbar. Aber ergibt das Teilen durch Brüche einen Sinn? Jeder Schüler überlegt für sich, wie er diese Aufgabe anschaulich interpretieren könnte. Wer eine Idee hat, verschränkt die Arme. Sind alle bereit, werden Vorschläge gesammelt.

Eine mögliche Vorgehensweise könnte so aussehen: Eine 0,7-Liter-Flasche wird auf 0,2-Liter-Becher verteilt. Die Anzahl der gefüllten Becher ergibt die Lösung.

Im Experiment füllen sich ca. $3\frac{3}{4}$ Becher. Also ergibt $\frac{7}{10} : \frac{1}{5}$ ungefähr $3\frac{3}{4}$.

Ist das Ergebnis *exakt* oder nur ungefähr richtig? Wir können genauer und genauer messen, aber letztendlich können wir das *exakte* Ergebnis nur mittels Denken erhalten:

Verteilt man 1 Liter auf $\frac{1}{5}$l-Becher, werden genau 5 Becher gefüllt. Es ergibt sich $1\,l : \frac{1}{5}l = 5$.	
Wenn die Flasche doppelt so groß wäre (bzw. 2 Flaschen), könnte man das Doppelte an Bechern (2 · 5) füllen. Um das einzusehen, muss man nicht mehr konkret eingießen; wir werden also ein bisschen abstrakter. Die zugehörige Rechnung lautet: $2\,l : \frac{1}{5}l = 2 \cdot 5$	
3 Liter Cola, verteilt auf $\frac{1}{5}$l-Becher, füllen die dreifache Anzahl: $3\,l : \frac{1}{5}l = 3 \cdot 5$	

Natürlich können wir auch eine halbe Flasche ausschenken. Hier würde nur die Hälfte *von* 5 Bechern gefüllt. Entsprechend würde eine 0,7-Liter-Flasche auch das 0,7-Fache *von* fünf Bechern füllen: $\frac{7}{10}\,\text{l} : \frac{1}{5}\,\text{l} = \frac{7}{10} \cdot 5 = \frac{7}{2}$. Die Lösung im Experiment war somit nur ungefähr richtig.

Zur Kehrbruchregel

Mit dem Bild des Eingießens lässt sich die Kehrbruchregel für das Dividieren von Brüchen anschaulich ableiten. Im Grunde ist die Regel bereits fast hergeleitet, aber da sich der Kehrbruch von einem Fünftel als ganze Zahl schreiben lässt, sieht man den Kehrbruch noch nicht. Statt „$\cdot \frac{5}{1}$“ schreibt man einfach nur „$\cdot$ 5“ (vgl. oben). Im Folgenden wird daher die Aufgabe $\frac{7}{10}\,\text{l} : \frac{2}{5}\,\text{l}$ gelöst:

Wir beginnen wie im letzten Abschnitt: Offensichtlich würde eine 1-Liter-Flasche fünf $\frac{1}{5}$-Liter-Becher füllen.

Wenn wir zwei Becher klammern, dann fassen die neuen Gefäße das Doppelte, ergo: Man benötigt nur noch halb so viele (der doppelt so großen) Gefäße. Auf diese Weise entsteht der Kehrbruch.

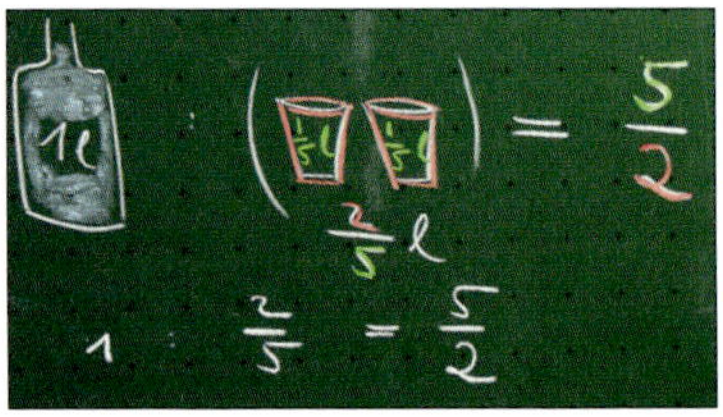

Es wird in doppelt so große, geklammerte Becher eingegossen. Falls man 0,4-Liter-Becher parat hat, lässt sich das Ergebnis der zweieinhalb Becher klarer darstellen, wenn man den Inhalt entsprechend umgießt:

Ein zweites konkretes Beispiel: Verteilt man einen Liter auf $\frac{1}{7}$-Liter-Becher, lassen sich offensichtlich sieben davon füllen. Werden jetzt drei Becher zu einem neuen Gefäß zusammengeklammert, passt in dieses das Dreifache und man benötigt damit nur ein Drittel der neuen Gefäße.

Damit wurde mit konkreten Beispielen die Kehrbruchentstehung abgeleitet. Man darf an dieser Stelle gerne nachfragen, was sich ändert, wenn Nenner und Zähler verändert werden.
Auch wenn wir bisher erst 1 Liter verteilen, also $1 : \frac{a}{b} = \frac{b}{a}$ berechnen können, war das der kniffligste Schritt. Der folgende Gedankenschritt ist wieder eine Multiplikation, beachten Sie das Wort *„von"* in der folgenden Formulierung. Die Argumentation ist dieselbe wie im Abschnitt über Multiplikation.
Verteilt man den Inhalt einer 5-Liter-Flasche, lassen sich auch fünfmal so viele Becher füllen als mit einer 1-Liter-Flasche. $5 : \frac{3}{4}$ ergibt also das Fünffache *von* $1 : \frac{3}{4}$.

Verteilt man den Inhalt einer 0,7-Liter-Flasche bzw. einer $\frac{7}{10}$-Liter-Flasche, lässt sich entsprechend nur der Bruchteil *von* $\frac{7}{10}$ an Bechern füllen, verglichen mit einer 1-Liter-Flasche. Damit ist $\frac{7}{10} : \frac{2}{5} = \frac{7}{10} \cdot \frac{5}{2} = \frac{7}{4}$. Schließlich wird die Rechnung mit einer 0,7-Liter-Flasche und 0,4-Liter-Gefäßen (ggf. geklammerten 0,2-Liter-Bechern) experimentell überprüft.

Didaktik: Divisoren in unterschiedlichen Rollen

zwei unterschiedliche Vorstellungen

Es gibt zwei unterschiedliche Vorstellungen, um eine Divisionsaufgabe wie 12 : 2 anschaulich zu deuten bzw. zu lösen.

Erste Vorstellung: Zwölf Äpfel für zwei Kinder
Zwei Kinder erhalten insgesamt zwölf Äpfel. Wie viele bekommt jedes Kind?
Zur Lösung werden die Äpfel an zwei Kinder verteilt. Jedes hat nach der Division sechs Äpfel bekommen. Formal sieht das so aus:

12 Äpfel : 2 = 6 Äpfel.

Die Rolle des Divisors ist hierbei die Anzahl der Kinder. Meist wird die Division auf diese Weise veranschaulicht.

Zweite Vorstellung: Für wie viele Kinder reichen die Äpfel?
Man könnte die Aufgabe 12 : 2 auch so lösen: Viele Kinder stehen Schlange vor einem Korb mit zwölf Äpfeln. Der Reihe nach darf sich jedes Kind zwei Äpfel nehmen. Für wie viele Kinder reichen die Äpfel? Formal sieht das so aus:

12 Äpfel : 2 Äpfel = 6.

Rolle des Divisors

Die Rolle des Divisors ist hier die Anzahl der Äpfel pro Kind. Die zweite Vorstellung ermöglicht das Teilen durch Brüche. Man kann z. B. jedem Kind nur einen halben Apfel austeilen, dann reicht es für 24 Kinder.

Rollenwechsel des Divisors
Die Schüler bringen in der Regel die erste der oben genannten Vorstellungen mit. Daher wundert es sie auch, dass beim Teilen durch eine Zahl kleiner als eins etwas Größeres herauskommen kann. Ein Rollenwechsel erfordert einen behutsamen Übergang, ansonsten kann Verwirrung entstehen.
Aus diesem Grund beginnt dieses Kapitel mit einem einfachen Beispiel: „Wenn man z. B. einen 10-Liter-Kanister Saft auf 2-Liter-Gefäße verteilt, werden genau 5 Stück gefüllt: 10 l : 2 l = 5."
Der Schüler braucht den Rollenwechsel nicht bewusst mitzubekommen bzw. zu wissen; es reicht, wenn er ihn vollzogen hat. Ich fürchte, ein Sechstklässler wird Sie etwas komisch anschauen, wenn Sie ihm den Unterschied zwischen *„12 Äpfel : 2 = 6 Äpfel"* und *„12 Äpfel : 2 Äpfel = 6"* näherbringen wollen. Aber es trägt wesentlich zum Verständnis bei, wenn der Lehrer um die unterschiedlichen Rollen Bescheid weiß.

Rollenklärung in der Didaktik und Pädagogik
Ganz allgemein sind Rollenwechsel nicht einfach zu vollziehen. Bei didaktischen (und auch zwischenmenschlichen) Dingen gelingt das Verständnis leichter durch Rollenklärung. Dabei muss diese nicht bewusst durchgeführt werden, es reicht, wenn jeder weiß, wovon man spricht. Wenn der eine unter 12 : 2 = 6 etwas anderes versteht als der andere, kommt es zu Irritationen.
Das gilt natürlich auch für den pädagogischen Bereich: Als Lehrer nehmen Sie die verschiedensten Rollen ein: Belehrender, Berater, Erklärender, Strukturgeber, Bewerter, Disziplinierer, Tröster, Motivierer, Scherzemacher, Verständnisvoller … Werden gleichzeitig vom Lehrer

unterschiedliche Rollen eingenommen, entsteht fast immer Unruhe bzw. eine ungute Lernatmosphäre. Verantwortlich ist der Rollenkonflikt des Lehrers, der sich fast simultan auf die Klasse auswirkt, z. B. wenn der Lehrer um Ruhe bittet (der Disziplinierer: *„Jetzt reichts!"*) und dabei verständnisvoll lächelt (der Verständnisvolle: *„Ach, die sind halt noch jung und ich war doch auch nicht immer aufmerksam."*).

Unruhe durch Rollenkonflikt

Vielleicht haben Sie Lust auf folgendes Experiment: Bitten Sie einen Kollegen, Sie im Unterricht auf die verschiedenen Rollen, die Sie einnehmen, zu beobachten. Wechselseitig können Sie den Zusammenhang zwischen Störungen und Rollendopplungen untersuchen.

Rollendopplungen und Störungen

Bemerkungen zur konkreten Umsetzung

Geschmack

Natürlich könnte man statt Cola auch Saft zum Abfüllen verwenden. Aber irgendwie scheint es, dass die Schüler Cola netter finden. Nach der Übung darf jeder, der möchte, einen Schluck trinken. Hierzu formieren sich die Schüler in Gruppen. Wenn z. B. sechs Kinder gemeinsam $\frac{1}{5}$ Liter trinken, wie viel bekommt dann – bei gerechter Teilung – jeder?

Haptisches Erleben von Mengen

Man kann Schülern innerhalb weniger Minuten zeigen, wie man Brüche formal dividiert. Aber es ist sehr schwer, ein mengenhaftes Verständnis hinter den Zahlen bzw. Brüchen aufzubauen. Die Dinge brauchen Zeit. Man muss sich erst nach und nach daran gewöhnen. Zum Beispiel das seltsame Gefühl, dass beim Teilen nicht nur weniger, sondern auch mehr herauskommen kann.

mengenhafte Vorstellung

Für ein grundlegendes Verständnis ist der ständige Wechsel von der handelnden Darstellung mit Flaschen und Bechern zu der symbolischen Formelsprache sehr gewinnbringend, und zwar in beiden Richtungen: Sie können einerseits eine Aufgabe als Formel an die Tafel schreiben und die Schüler nach der Interpretation fragen oder andererseits, wie hier beschrieben, die Kehrbruchregel anschaulich herleiten. Wichtig ist, dass der Schüler nicht blind ein Rezept anwendet.

Wechsel zwischen handelnder und symbolischer Darstellung

Exakte Befüllung
Zur exakten Befüllung hilft ein Löffel.

Mögliche Hausaufgabe
Die Schüler sollen einen Erwachsenen fragen, warum $\frac{7}{10} : \frac{1}{5} = \frac{7}{2}$ ergibt. Wahrscheinlich wird dieser etwas von einem Kehrbruch erklären, aber dann soll nachgebohrt werden, warum man mit dem Kehrbruch multiplizieren muss. Falls der Erwachsene das nicht beantworten kann, soll mit Flaschen und Gläsern die Division erklärt werden, *ohne* das Schulheft aufzuschlagen. Anschließend kann im Heft nachgeschaut werden und der Erwachsene schreibt einen Satz hinein, ob er die Sache mit der Division verstanden hat.

Schüler als Prüfer

Pädagogische Bemerkung
Die letzte Formulierung ist bewusst so gewählt, dass dem Erwachsenen nicht die Rolle des Prüfers zufällt. Man bemerke den feinen, aber doch wichtigen Unterschied zu etwa folgender Formulierung: „Anschließend schreibt der Erwachsene einen Satz zur Kontrolle ins Heft." Wenn noch Unklarheit herrscht, dann muss es nicht zwingend am Schüler liegen. Durch den Eintrag ins Heft ist der Mathematikunterricht nicht, wie häufig der Fall, völlig losgelöst von den Eltern des Kindes. Der Ein-

Rolle des Erwachsenen

trag enthält einen kommunikativen Aspekt: Mit dem Aufschlagen des Heftes wird eine Brücke geschlagen.

Sinnloses und sinnerfülltes Lernen

Das Durchdringen des Stoffes, hier der Algebra, lässt sich am besten durch das eigenständige Erklären üben, daher diese etwas ungewöhnliche Hausaufgabe. Der Fokus liegt im Aufbau einer mengenmäßigen Vorstellung. Das schlichte, rezeptartige Lösen von Divisionsaufgaben lässt sich in wenigen Minuten einem Schüler beibringen. Dieses Vorgehen ist in doppeltem Sinne sinnlos. Einerseits existiert keine sinnhafte Haptik, andererseits wendet der Schüler verständnislos eine Regel an, indem er sinnlos symbolische Zeichen abarbeitet. Aber das könnte man mit etwas Geduld auch einem Schimpansen beibringen. In der Aufgabenstellung geht es nicht um das bloße Errechnen einer richtigen Lösung. Es geht um den Aufbau, die Konstruktion einer Vorstellungswelt. Das Rechnen mit Brüchen soll nicht auf der symbolischen Ebene bleiben, dort ist es sinnentleert. Hinter dem Hantieren mit Brüchen steckt eine Bedeutung auf der Handlungsebene. So kann man die Kehrbruchbildung dazu nutzen, ein sinnvolles Zahlenverständnis aufzubauen. Dieser Aufbau gelingt nicht in wenigen Minuten. Und er gelingt am besten über ein sinnerfülltes Vorgehen. Es ist also ganz gut, wenn zu Hause bei der Erklärung mit Wasserflaschen, oder noch sinnerfüllter mit Saft oder Cola, hantiert wird. Das ergibt Sinn.

doppelt sinnlos

sinnvolles Zahlenverständnis aufbauen

14.10 Können Operatoren vertauscht werden?

Kommt es bei der Division und Multiplikation auf die Reihenfolge an? Ist es egal, ob wir $6 : 3 \cdot 2$ oder $6 \cdot 2 : 3$ rechnen?[47] In diesem konkreten Beispiel kommt in beiden Fällen 4 heraus. Die Frage ist, ob Vertauschungen stets möglich sind.

Reihenfolge der Multiplikation

Konkrete Umsetzung

Die Schüler arbeiten in kleinen Gruppen (ca. vier Teilnehmer) zusammen. Jeder schreibt auf ein Stück Papier ein Mal- oder Geteiltzeichen und dahinter eine Zahl, also z. B.

47 Die „6" ist im Gegensatz zu „· 2" und „: 3" kein Operator.

Personalisierung von Operatoren

„· 4“, „: 3“, und klebt sich das Papier mit Kreppband auf den Pullover. Damit wird jeder Schüler zu einem Operator.
Beispielsweise schreibt der Schüler „: 3“ auf. Um die Funktionsweise eines Operators zu zeigen, schreibt der Lehrer eine „Eingabe“ an die Tafel, z. B. die Zahl 6. Der Schüler agiert als Operator „: 3“ und gibt das Ergebnis (hier 2) auf einem Stück Papier in geschriebener Form aus (Drucker). Ein anderer Operator wie „· 4“ hätte natürlich einen anderen Wert ausgegeben.

Hintereinanderausführung

Interessant ist die Hintereinanderausführung von Operatoren. Die Schüler einer Gruppe bilden eine Kette, indem sie sich an die Hand nehmen.

Der Lehrer schreibt z. B. eine 5 an die Tafel. Der erste Schüler in der Kette führt seine Operatorentätigkeit aus ($5 \cdot 4$) und gibt 20 in Form eines Zwischenergebnisses mündlich an seinen Nachfolger weiter. Dieser teilt durch drei und gibt demnach $\frac{20}{3}$ weiter. Entsprechend operiert der dritte und gibt $\frac{40}{3}$ an die letzte Person, die schließlich $\frac{200}{3}$ aufschreibt bzw. an den Drucker ausgibt.
Jetzt vertauschen wir die Operatoren, d.h., sie stellen sich in einer neuen Reihenfolge auf. Wieder wird dieselbe Zahl eingegeben, und wenn kein Rechenfehler passiert, kommt die Gruppe wieder auf dasselbe Ergebnis. Anschließend wird das Experiment mit einer neuen Eingabe wiederholt. Wieder ist das Ergebnis unabhängig von der Reihenfolge.
Man kann über ein induktives Argument die Vertauschbarkeit beweisen: Offensichtlich können zwei Operatoren miteinander vertauscht werden, da die Multiplikation zweier Zahlen als Fläche interpretiert werden kann und eine Vertauschung der Faktoren einer Vertauschung von Länge und Breite entspricht. Wenn jedoch jeweils zwei nebeneinander stehende Operatoren ihren Standort wechseln können, kann jede beliebige Reihenfolge erzeugt werden. (Durch aufeinanderfolgende Transpositionen kann jede beliebige Permutation beschrieben werden.) Das lässt sich durchspielen, indem nur noch Nach-

Produkt als Fläche

bartauschungen (Transpositionen) zugelassen werden. Es hilft, wenn die Transposition eine Form bekommt: Zwei beieinander stehende Schüler können sich beide Hände geben (sie müssen sich hierzu vom Rest der Kette lösen) und drehen sich gemeinsam um 180°.

Operatoren sind im Allgemeinen nicht vertauschbar

Drehungen vertauschen i. A. nicht

Drehungen im Raum vertauschen im Allgemeinen nicht. Das lässt sich einfach demonstrieren: Zwei Tischnachbarn bilden ein „Produkt“, d. h. eine Hintereinanderausführung aus Operatoren. Der eine dreht ein Buch um 90° nach vorne. Der andere dreht um 90° nach links. Zu Beginn wird das Buch mit dem Titel noch oben und dem Buchrücken nach links hingelegt. Dann nimmt der erste Operator das Buch, dreht es um 90° nach vorne und gibt es weiter. Der zweite dreht weiter um 90° nach links. Das Ergebnis bleibt auf dem Tisch liegen. Jetzt werden die Operatoren vertauscht (die Schüler wechseln den Platz) und die Operationen werden erneut mit einem zweiten Buch durchgeführt. Beide Bücher besitzen eine unterschiedliche Orientierung, also sind offenbar Drehungen im Allgemeinen nicht vertauschbar. Würden Drehungen vertauschen, gäbe es keinen Zauberwürfel (Rubik's Cube, vgl. hierzu Abschnitt 16.11).

14.11 „Punkt vor Strich“ und Klammerrechnung

Die Übung im letzten Abschnitt könnte man für Plus und Minus wiederholen. In diesem Fall ist die Vertauschbarkeit recht offensichtlich. Aber was ist, wenn man die Operationen Plus, Minus, Geteilt und Mal miteinander vertauscht?

Mischt man die beiden Gruppen „Mal und Geteilt“ und „Plus und Minus“[48], kommt es auf die Reihenfolge an. Damit ergeben Klammern

48 Mit „Gruppen“ wird hier tatsächlich an den mathematischen Gruppenbegriff angelehnt. Die Gruppe „Mal und Geteilt“ lässt sich formal (**G**, ·) schreiben, „Plus und Minus“ entsprechend (**G**, +).

einen Sinn. Die Klammern legen die Reihenfolge der Rechnungen fest. Damit man nicht zu viele Klammern benötigt und es übersichtlich bleibt, gibt es weitere Regeln wie z. B. „Punkt vor Strich" und die starke Bindung von Basis und Exponent bei Potenzen.

Distributivgesetze

Um mit Klammern rechnen zu können, werden Distributivgesetze nötig. Somit zeigen die letzten beiden Übungen deren Sinn auf. Mir persönlich gefällt dieser Einstieg zum Rechnen mit Klammern besser, als nur von einem Rechenvorteil zu sprechen.[49]

Ein häufiger Fehler

Taschenrechner

Es soll mit dem Taschenrechner $\frac{2}{3 \cdot 4}$ berechnet werden. Viele Schüler tippen hier leider die falsche Abfolge ein: „zwei – geteilt durch drei – mal vier." Manche retten sich vor dem Fehler, indem sie eine Klammer setzen und $\frac{2}{(3 \cdot 4)}$ berechnen. Das ist natürlich richtig, aber wirklich verstanden hat erst derjenige, der weiß, dass „zwei – geteilt durch drei – geteilt durch vier" die Schreibweise bzw. Rechnung ohne Klammer ist.

14.12 Brüche am Fahrrad – der Bruch als Verhältnis

verschiedene Rollen eines Bruchs

Ein Bruch kann die Rolle eines Anteils, eines Operators, einer rationalen Zahl (etwa als Lösung einer linearen Gleichung) oder die eines Verhältnisses einnehmen. Mithilfe von Zahnrädern lassen sich Brüche als Verhältnis anschaulich deuten. Das eigene Fahrrad bzw. die Übersetzungsverhältnisse der Gangschaltung spielen eine zentrale Rolle.

Brüche als Übersetzung, Kürzen und Erweitern von Brüchen

Wenn man an der Kurbel einmal dreht, dreht sich der hintere Zahnkranz zweimal, falls das Verhältnis der Zähne 2 : 1 bzw. $\frac{2}{1}$ beträgt. Um diesen Fall zu erreichen, kann das größte Kettenblatt mit 42

49 Hier wird der Leser vielleicht an sein Mathematikstudium erinnert: Die Nicht-Vertauschbarkeit und deren Forderung nach dem Distributivgesetz zeigt eine weitere Bedeutung. Man kann unsere Zahlenbereiche (im mathematischen Sinne Zahlenkörper) auch so verstehen: Ein Zahlenkörper besteht aus einer Menge **K** mit zwei Verknüpfungen (**K**, · , +), also aus zwei Gruppen. Das Distributivgesetz stellt die Verknüpfung zwischen den beiden Gruppen her, salopp formuliert werden die Gruppen durch die Distributivgesetze „verheiratet".

Zähnen und das fünfte Ritzel mit 21 Zähnen genommen werden.[50] Aber da es bei der Übersetzung nur auf das Verhältnis ankommt, können wir kürzen und statt $\frac{42}{21}$ einfacher $\frac{2}{1}$ schreiben.

Der kleinste und größte Gang am Fahrrad
Wenn das Prinzip der Übersetzung verstanden wurde, sollen Fahrräder untersucht werden. Gruppen werden so eingeteilt, dass pro Gruppe mindestens ein Fahrrad mit Kettenschaltung vorhanden ist.

Es sollen jeweils der höchste und der kleinste Gang untersucht werden. Typische Maximalwerte liegen zwischen drei und vier, Minimalwerte knapp unter eins.

typische Übersetzungsverhältnisse

Selten kommt einem Bruch eine so alltägliche Bedeutung zu: Bei einer Umdrehung mit dem Pedal dreht sich das Hinterrad entsprechend der Übersetzung bzw. dem errechneten Bruch. Wenn man jetzt noch mit dem Umfang des Hinterrades multipliziert, erhält man die Strecke, die man mit einer Pedalumdrehung vorwärts kommt.

50 Kettenblätter befinden sich am Tretlager, die kleinen Zahnräder am Hinterrad werden Ritzel genannt.

Brüche und Dezimalzahlen

Wie viele Gänge besitzt eine 21-Gang-Schaltung effektiv? Und wie sind diese verteilt? Um das eigene Fahrzeug besser untersuchen zu können, werden alle möglichen Übersetzungsverhältnisse in einem Zahlenstrahl eingetragen.

Im Beispiel besitzen die Kettenblätter 24, 32 und 42 Zähne, die Ritzel 13, 15, 17, 19, 21, 24 und 28.

Die vorderen Kettenblätter übernehmen die Rolle der Zähler, die Ritzel am Zahnkranz die verschiedenen Nenner. Die möglichen Übersetzungen des kleinsten Kettenblattes sind in Grün, die des mittleren in Blau und die des größten in Rot dargestellt. Bei einer 21-Gang-Schaltung entstehen entsprechend drei mal sieben Brüche. Ohne dass es erwähnt werden muss, ist schnell klar, dass man Brüche besser in Dezimalzahlen umwandelt, wenn man sie der Größe nach anordnen will.

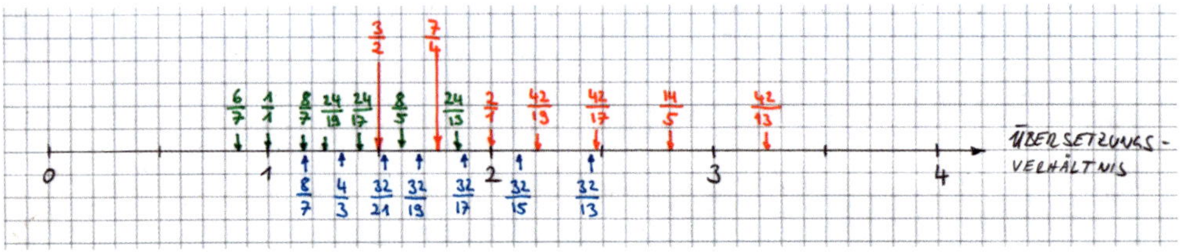

Die Übung eignet sich gut als Hausaufgabe. Falls keine Kettenschaltung vorhanden ist, kann auch eine Nabenschaltung untersucht werden. Dort können zwar keine Zähne gezählt werden, aber das Hinterrad dreht sich bei einer vollen Kurbelumdrehung unterschiedlich oft, so dass auch hier das Verhältnis bestimmt werden kann. Das Verfahren ist etwas aufwendiger, aber bei einer Nabenschaltung gibt es auch weniger Gänge.

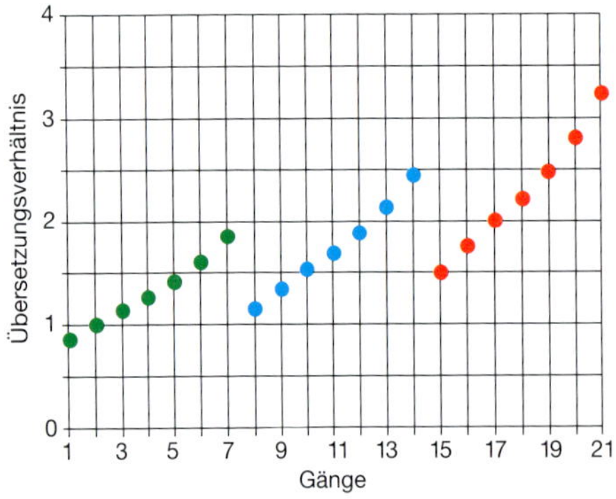

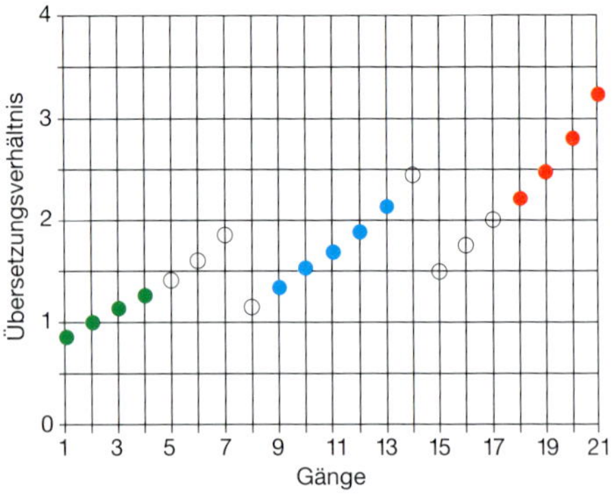

Es ist interessant, wie sich die Übersetzungen bei einer Kettenschaltung verteilen. Wünschenswert wäre eine äquidistante Aufteilung. Bei einer 21-Gang-Schaltung überlagern sich die Übersetzungen. Für eine äquidistante Einteilung bräuchte man demnach weniger Gänge, bei der hier vorgestellten 21-Gang-Schaltung wären es ca. dreizehn. Es kommt also nicht nur auf eine hohe Anzahl von Gängen an, sondern auch darauf, wie diese verteilt sind. Im rechten unteren Bild auf voriger Seite sind die „doppelten" Gänge entfärbt.

Verteilung der Gänge

Didaktische Bemerkungen

Das eigene Fahrrad

Die Untersuchung des *eigenen* Fahrrads ist zentral. Es geht nicht darum, irgendeine fremde Aufgabe aus einem Schulbuch zu lösen, nein, es geht um das, was im wörtlichen Sinne selbst „erfahren" wird. Je größer das Verhältnis bzw. der Bruch, desto höher der Gang und desto mehr Kraft brauche ich zum Treten.

selbst „erfahren"

Mathematik hilft in der Bewertung von Gangschaltungen

Natürlich ist es für mich interessant, ob mein Fahrrad eine sinnvolle Gangschaltung besitzt. Und natürlich möchte ich wissen, ob ich im Falle einer Nabenschaltung wirklich weniger Gänge benötige. Mathematik ist nicht losgelöst von den Dingen, sondern besitzt eine konkrete Bedeutung. So macht mein Rad bei einer Kurbeldrehung im kleinsten Gang $\frac{6}{7}$ bzw. ca. 0,86 und im höchsten $\frac{42}{13}$ bzw. ca. 3,23 Umdrehungen.

„Das hat etwas mit mir zu tun!"

14.13 Algebra der Übersetzungen – Bruchrechnen mit Getrieben

Wie oft dreht sich das letzte Zahnrad, wenn das linke einmal gedreht wird? In diesem Abschnitt geht es um eine Veranschaulichung der Multiplikation von Brüchen, um das Wechselspiel zwischen Getrieben und Zahlenwelt.

Übersetzung und Getriebe

Im Folgenden werden zwei Zahnräder, die miteinander verbunden sind, eine *Übersetzung* genannt. Ein *Getriebe* besteht im Allgemeinen aus der Verknüpfung mehrerer Übersetzungen.

Mengenhafte Vorstellungen und Übersetzungen

mengenhafte Vorstellung

Um einen Bezug zu Zahlen und der Algebra aufzubauen, hilft es ungemein, eine mengenhafte Vorstellung von abstrakten Dingen zu geben. Ein Produkt zweier Zahlen kann ich als Rechteck zeichnen, aber ich verstehe mehr, wenn ich weiß, dass ich das Produkt auch als Hintereinanderausführung zweier Übersetzungen deuten kann. Die Rechteckvorstellung (im Bild links) ist uns vertrauter als die Hintereinanderschaltung zweier Übersetzungen. Dargestellt ist das Produkt **3 · 2** einmal geometrisch als Fläche, einmal als Hintereinanderausführung

zweier Operatoren. Links ergibt sich eine Fläche mit 6 Flächeneinheiten bzw. Münzen, rechts dreht sich das letzte Zahnrädchen sechsmal bei einer Kurbelumdrehung. Möchte man dagegen das Produkt 2 · 3 darstellen, werden links Zeilen und Spalten vertauscht bzw. wird das Rechteck um 90° gedreht, rechts müsste die Reihenfolge der Übersetzungen bzw. der Operatoren vertauscht werden.
Das vordere Zahnrad, also das direkt angetriebene, wird im Folgenden auch „aktiv", das hintere „passiv" genannt. Werden die beiden durch eine Kette verbunden, drehen sie sich gleichsinnig, bei einer direkten Verzahnung gegensinnig (vgl. den Abschnitt 12.13 *Minus mal Minus gibt Plus*).

Drehsinn

Schülermodelle im Unterricht[51]
Für konkrete Aufgaben im Unterricht wird zumindest ein Getriebe benötigt. Netter ist es aber, wenn mehrere Schüler ein eigenes Getriebe mit Fischertechnik, Lego & Co. bauen und mitbringen.

Konkrete Umsetzung im Unterricht
Wenn die Bruchrechnung bereits vollständig behandelt wurde, wenden die Schüler das Gelernte auf Getriebe an. Viele Fragestellungen sind möglich:

- Wie lässt sich die Multiplikation von Brüchen deuten?
- Wie die Division zweier Brüche?
- Welche Bedeutung hat ein Kehrbruch?
- Welche Zahnräder lassen sich vertauschen, ohne die Gesamtübersetzung zu beeinflussen?
- Welche Gesamtübersetzungen lassen sich mit den sechs Zahnrädern 10, 20, 20, 30, 30, 40 realisieren?
- Wie lassen sich die Brüche $\frac{0}{3}$ bzw. $\frac{3}{0}$ deuten?[52]

Es gibt viele, viele Möglichkeiten. Der Leser hat die Wahl, wie weit er im Unterricht gehen möchte. Folgende Tabelle gibt einen Überblick:

51 Vgl. Martin Kramer: Bruchrechnen als Abenteuer, Klett Kallmeyer 2017. – Über den Vertrieb von Fischertechnik können Sie unter dem Namen „Bruchrechnen als Abenteuer" einen Bruchrechnen-Baukasten erwerben (eine Liste der Einzelteile sowie nähere Informationen unter www.unterricht-als-abenteuer.de bei den Downloads zu diesem Band).
52 Die Grenzwerte lassen sich als Grenzfälle von Übersetzungen behandeln: Je kleiner das Nennerzahnrad, desto schneller dreht es sich. Im mechanisch nicht realisierbaren Grenzfall von null Zähnen müsste sich dieses unendlich oft drehen.

Abstrakte Zahlen	**Reales Getriebe**
Bruch $$\frac{20}{10}$$ Das vordere **(aktive)** Zahnrad wird als Zähler, das hintere **(passive)** als Nenner gedeutet. Wenn man möchte, kann man den Bruchstrich als Verbindung, in diesem Falle als Kette, deuten.	*Übersetzung*  Das direkt angetriebene (aktive) Rad besitzt 20 Zähne, das hintere (passive) **10**.
Bruchzahl Es gibt viele verschiedene Brüche, die dieselbe Bruchzahl darstellen.	*Übersetzungsverhältnis* Es gibt viele Übersetzungen, die dasselbe Übersetzungsverhältnis erzeugen.
Kürzen und erweitern Werden Zähler und Nenner um denselben Faktor gekürzt bzw. erweitert, ändert sich die Bruchzahl nicht.	Vervielfacht man bei beiden Rädern die Anzahl der Zähne mit demselben Faktor, so verändert sich die Übersetzung nicht.
Negative Brüche Die kettenlose Verzahnung stellt einen negativen Bruch dar. Versteht man wie üblich unter positiver Richtung eine Drehung gegen den Uhrzeigersinn, so ergibt sich der Bruch $$\frac{+30}{-10}$$	 Das vordere Zahnrad dreht sich gegensinnig zum hinteren Ritzel. Dreht man die gezeigte Kurbel im mathematisch positiven Sinne gegen den Uhrzeigersinn, bewegen sich beim vorderen Rad 30 Zähne nach **links** und beim hinteren **10** Zähne nach **rechts**.

<table>
<tr>
<td>

Multiplikation eines Bruches mit einer natürlichen Zahl

$$\frac{4}{2} \cdot 3 = \frac{4}{2} \cdot \frac{3}{1}$$

</td>
<td>

Vervielfachen der Umdrehungen

Gegeben ist eine schwarze Übersetzung von **4:2**. Die rote Übersetzung von 3:1 verdreifacht die Übersetzung. Die letzte Achse dreht sich dreimal schneller als die mittlere.

</td>
</tr>
<tr>
<td>

Multiplikation von Brüchen

Das Verknüpfen von Übersetzungen entspricht der Multiplikation von Brüchen.

$$\frac{2}{3} \cdot \frac{4}{2} \cdot \frac{1}{3}$$

Die einzelnen Übersetzungen können als eine Hintereinanderausführung von Operatoren gedeutet werden, z. B. als

$$\frac{2}{3} \text{ von } \frac{4}{2} \text{ von } \frac{1}{3}$$

</td>
<td>

Ein Getriebe

Es können mehrere Übersetzungen hintereinander geschaltet werden.

In diesem Beispiel besteht das Getriebe aus drei Übersetzungen (von links nach rechts):

2:3, 4:2, 1:3.

</td>
</tr>
<tr>
<td>

Kommutativität

Da die Multiplikatoren kommutativ sind, hängt das Ergebnis nicht von der Reihenfolge ab. Es gilt:

$$\frac{2}{3} \cdot \frac{4}{2} \cdot \frac{1}{3} = \frac{2}{3} \cdot \frac{1}{3} \cdot \frac{4}{2} = \frac{4}{9}$$

</td>
<td>

Übersetzungen sind vertauschbar

Es ist egal, in welcher Reihenfolge die einzelnen Übersetzungen montiert werden. Stets ergibt sich dieselbe Gesamtübersetzung von 4:9. Das ist nicht unmittelbar ersichtlich; die Gesamtübersetzung ergibt sich aus nebenstehender Multiplikation.

</td>
</tr>
</table>

Minus mal Minus gibt Plus $\left(\frac{+30}{-10}\right)\cdot\left(\frac{+20}{-10}\right)=+\frac{6}{1}$	Verknüpft man zwei gegensinnige Übersetzungen, bleibt der Drehsinn zwischen dem ersten und letzten Rädchen erhalten. 
Kehrbruch $\frac{1}{\left(\frac{1}{3}\right)}=\frac{3}{1}$	*Umkehrung der Übersetzung* Wird eine Übersetzung oder ein Getriebe umgekehrt angetrieben bzw. umgedreht und die Kurbel am hintersten Rad angebracht, so kehrt sich die Übersetzung um. Im Beispiel wird aus **1:3** die Übersetzung **3:1**.  
Division von Brüchen mittels Kehrbruch $\frac{4}{2}:3=\frac{4}{2}\cdot\frac{1}{3}$ *Durch einen Bruch teilt man, indem man mit dem Kehrbruch multipliziert.*	*Teilen der Umdrehungen* Möchte man die Anzahl der Drehungen des mittlerenen Zahnrades vorne bzw. der mittleren Achse durch 3 teilen, kehrt man das Verhältnis der roten Übersetzung zu 1:3 um.  Die letzte Achse dreht sich jetzt dreimal langsamer als die mittlere. *Durch das Verhältnis der hinteren Übersetzung wird geteilt, indem man diese umgekehrt einbaut, statt 3:1 also 1:3.*

Kürzen in Produkten $$\frac{2}{3} \cdot \frac{4}{2} \cdot \frac{1}{3}$$ Die 2 darf herausgekürzt werden. Bei Produkten darf nicht nur an einem Bruch, sondern auch an verschiedenen untereinander gekürzt werden.	Die Gesamtübersetzung des Getriebes ändert sich nicht, wenn bei genau einem aktiven und einem passives Rad die Zähne um ein gemeinsames Vielfaches verändert werden.  Als Spezialfall können die beiden rot hervorgehobenen Räder durch entsprechend kleinere oder größere ersetzt werden.
Zähler mal Zähler, Nenner mal Nenner Nach der Rechenregel zur Multiplikation von Brüchen können die Zähler und Nenner beliebig miteinander vertauscht werden. $$\frac{2}{4} \cdot \frac{4}{2} \cdot \frac{1}{3}$$	Die aktiven Zahnräder können beliebig miteinander vertauscht werden, ohne dass sich die Gesamtübersetzung verändert. 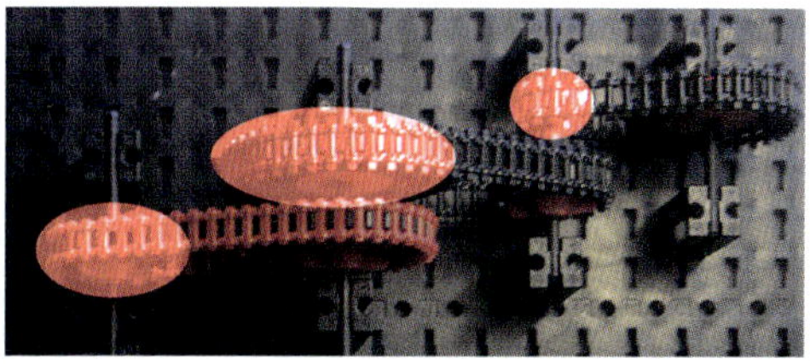 Ebenso können die passiven Zahnräder beliebig miteinander vertauscht werden. Diese für Getriebe nicht offensichtliche Eigenschaft kann beim konkreten Einbau hilfreich sein: Möchte man eine bestimmte Gesamtübersetzung für ein Getriebe verwirklichen, so schreibe man den entsprechenden gewünschten Bruch und zerlege diesen in passende Faktoren.

Primfaktoren und Zahnkränze

Gegeben sind beliebig viele Zahnräder mit 10, 20, 30 und 40 Zähnen. Lässt sich mit diesen eine Übersetzung von 1:60 für eine Uhr realisieren?

Es gilt:

$$\frac{1}{60} = \frac{1}{2} \cdot \frac{1}{2} \cdot \frac{1}{3} \cdot \frac{1}{5} = \frac{10}{20} \cdot \frac{10}{20} \cdot \frac{10}{30} \cdot \frac{10}{50}.$$

Es können z. B. vier Räder mit 10 Zähnen, zwei mit 20 und je eines mit 30 und 50 zur Realisierung verwendet werden. Laut Aufgabe steht kein Zahnrad mit 50 Zähnen zur Verfügung, daher lässt sich keine Übersetzung 1 : 60 bauen.

Irrationale Übersetzungen

Auf den ersten Blick scheint es, als könne man jede beliebige Übersetzung bauen. Allerdings lässt sich nicht jede beliebige Zahl mit Zahnrädern realisieren.

So kann keine Übersetzung gebaut werden, die zweimal hintereinandergeschaltet eine Übersetzung 2:1 ergibt.

$\sqrt{2}$

Als „Verhältnis" wäre hier $\sqrt{2}:1$ nötig. Um beliebige irrationale Zahlen darstellen zu können, muss die Kette zwischen den Rädern durch ein kontinuierliches Band ersetzt werden. Dieses macht die Sache „vollständig" in dem Sinne, dass keine Übersetzung fehlt. In der Tat handelt es sich um ein Modell für die reellen Zahlen. Die Übersetzungen mittels Zahnrädern liegen „dicht", sind aber nicht vollständig im mathematischen Sinne.

Modell für reelle Zahlen

Rationale Getriebe – rationales Denken

Wir können nur in Verhältnissen denken, daher ist unser Denken rational. Ebenso sind auch alle unsere Maschinen, die mit Zahnrädern arbeiten, rational. In diesem Sinne sprengt die Mathematik das „Rationale", lässt Taschenrechner, Computer und Maschinen hinter sich und wird – „irrational".

Taschenrechner

14.14 Neidfreies Teilen unter zwei Personen

Angenommen, Sie haben gerade mit einem Kollegen den Juwelier in Ihrer Stadt ausgeraubt und nun soll die Beute aufgeteilt werden. Entsprechend unserer demokratischen Erziehung ist die erste Idee, dass beide genau die gleichen Anteile bekommen. Aber leider klappt das nicht, weil der Raub aus ganz verschiedenen Dingen besteht.

Wir stellen die Situation im Klassenraum nach. Antonia und Herr Binder sollen die Beute in Form von Süßigkeiten aufteilen. Das Pult wird zur Bühne, die Schüler stehen im Kreis darum herum. Es wird ein Vorgehen (ein Aufteilungsprotokoll) gesucht, bei dem hinterher kein Streit entstehen kann. Unabhängig davon, ob sich die Bankräuber lieben oder hassen. Mit anderen Worten: Es ist eine Aufteilung gesucht, die *neidfrei* ist. Wieder taucht Mathematik als Pädagoge im Unterricht auf[53], diesmal als Streitschlichter bzw. Streitvermeider. Keiner der beiden soll hinterher neidisch sein.

Mathematik als Pädagoge

Wer eine Idee hat, verschränkt die Arme.

Erste Lösungsversuche

Der Leser kennt die Lösung: A teilt auf, B sucht aus. Aber für die Schüler ist das noch nicht klar.

Meist wird zuerst ein proportionales Protokoll versucht (jeder bekommt das Gleiche), aber dummerweise lässt sich ein einzelner Lutscher nicht aufteilen, ohne dass er zerstört wird.

Die nächste Idee: Jeder nimmt sich abwechselnd ein Stück. Antonia beginnt und bedient sich als Erste. Ich unterbreche und frage Herrn Binder, ob das für ihn ok ist. Er findet es in Ordnung, also frage ich die Klasse. Wer es in Ordnung findet, zeigt das mit dem Daumen nach oben an, wer nicht, entsprechend nach unten. Es klärt sich: Antonia

53 Vgl. z.B. in Band I Abschnitt 1.1 *Vom Chaos zur Symmetrie* oder Abschnitt 5.6 *Projektion – Schattenbilder der Objekte*.

ist die Dame und ihr sollte gesellschaftlich der Vortritt gewährt werden, aber natürlich ist das ein Vorteil für sie.

Ein Lösungsvorschlag

Schließlich findet sich die Lösung: A teilt auf, B sucht aus. Wenn A nach reiflicher Überlegung so geteilt hat, dass beide Teile für sie gleich wertvoll sind, frage ich die Klasse, wer sich für das rechte Häufchen und wer für das linke entscheiden würde. Offensichtlich hat jeder im Raum seine eigene private Wertevorstellung, jeder bewertet aus seiner Wirklichkeit heraus die Dinge anders. Ich fordere die Schüler auf, für sich selbst die Werteverteilung zu schätzen. Der persönliche Wert von Antonias Anteil soll mit Fingern angezeigt werden, ein Finger steht für 10%. Antonia hat sicherlich aus ihrer Sicht 50% zu 50% aufgeteilt. Aber nicht alle teilen ihre Einschätzung. Wir können die unterschiedlichen Wertevorstellungen noch klarer aufzeigen: Ich weiß von einer Schülerin, dass sie keine Gummibärchen mag. Ich teile eine neue Beute: Ein riesiger Haufen Gummibärchen liegt auf der einen Seite, ein kleiner Keks auf der anderen. Für uns beide ist auch diese Aufteilung neidfrei. Ein anderes Räuberpaar, bei dem beide Gummibärchen lieben, würde die Sache natürlich völlig anders sehen. Neidfreies Teilen ist offensichtlich nicht dasselbe wie gerechtes Teilen.

verschiedene Wirklichkeiten

Ergänzung

Wenn Herr Binder die Beute aufgeteilt hätte, wären vermutlich zwei andere Häufchen entstanden. Käme er dann besser weg? Wäre es besser, aufzuteilen als auszusuchen?

Zwar ist die Aufteilung neidfrei, weil jeder meint, dass er mindestens 50% vom Schatz hat, dennoch ist man besser dran, wenn man den anderen aufteilen lässt. Antonia wird nämlich aus ihrer Sicht die Beute 50 % zu 50 % teilen, während Herr Binder dieselbe Aufteilung ganz anders bewerten wird, vielleicht 55 % zu 45 %. Auf diese Weise bekommt er 5 % mehr ab, als wenn er selbst die Aufteilung vorgenommen hätte.

14.15 Neidfreies Teilen unter drei Personen[54]

Für die folgende Übung werden viele Süßigkeiten benötigt. Statt einen Juwelier auszurauben, kann jeder Schüler ein paar Süßigkeiten mitbringen, welche dann zusammengeworfen werden. Auf diese Weise gibt es die unterschiedlichsten Sorten. Alternativ kann der Lehrer selbst ein Süßigkeitsregal „plündern" und seine Klasse einladen.[55] Im Prinzip müsste man auch bei dieser Übung beliebig fein teilen können, also ist es gut, wenn sehr kleine und zerlegbare „Einheiten" wie z. B. Brausestäbchen im Diebesgut enthalten sind. Es werden Dreiergruppen gebildet. Jede Gruppe schickt einen Gesandten, um ihr aufzuteilendes Diebesgut abzuholen.

54 Vgl. auch den Artikel über „Neidfreies Teilen" von Ian Stewart in: Spektrum der Wissenschaft, Dossier 02/03: Mathematische Unterhaltungen II, S. 38 – 42

55 Für diese Unterrichtssequenz habe ich das Süßigkeitsregal geplündert. Die Schüler hatten Süßigkeiten eingefordert, wenn ich dreimal vergessen würde, ins Tagebuch einzutragen. „Neidfreies Teilen" eignet sich ganz gut, um eine eventuelle Schuld bei seinen Schülern zu begleichen und gleichzeitig Mathematik aufzuzeigen.

Die Schüler bekommen zehn Minuten Zeit, um die Beute untereinander neidfrei aufzuteilen. Die Übung ist nicht einfach, kaum eine Gruppe wird die Lösung finden. Und trotzdem sind diese zehn Minuten wichtig, denn ohne das eigene Ringen um die Lösung könnte man diese gar nicht wertschätzen. Es geht in dieser Phase darum zu verstehen, was neidfreies Teilen bedeutet.

eigenes Ringen um die Lösung

Je ernster die Aufteilung genommen wird, desto besser. Man kann die Bedeutung des neidfreien Teilens noch hervorheben: Stellen wir uns statt der drei Personen drei aneinandergrenzende Länder vor, die unter sich etwas aufzuteilen haben, vielleicht Rohstoffe, die genau unter dem gemeinsamen Dreiländereck liegen, jedoch unterschiedliche Reinheit besitzen, so dass ein proportionales Teilen nicht möglich ist. Neidet nach der Aufteilung ein Land dem anderen etwas, kann das unter Umständen einen Krieg auslösen.

proportional vs. neidfrei

Ein weiteres Beispiel ist das neidfreie Aufteilen eines Grundstückes unter drei Erben. Vielleicht kann auch hier Mathematik pädagogisch wirken. Der Leser kennt vermutlich den Spruch: „Versteht ihr euch noch oder habt ihr schon geerbt?“ Es ist gut, wenn das System Neidfreiheit garantiert und somit manches Problem gar nicht erst aufkommen lässt. Vor allem dann, wenn sich die Erben nicht verstehen.

Mitunter kommen die Schüler auf „falsche Lösungen“, die zwar proportional, aber nicht neidfrei sind:

Eine proportionale Lösung, die nicht neidfrei ist: das bewegte Messer

Die Beute wird in einer langen Schlange ausgelegt. Ein Spieler nimmt einen roten Stift (das Messer) und fährt langsam vom Kopf der Beute in Richtung Schwanz.

Sobald einer von den dreien den bereits überstrichenen Teil für fair hält (also für ein Drittel), ruft er stopp. Er bekommt den überstrichenen Anteil. Erneut wird das Messer über den Rest der Beute bewegt. Wer von den beiden Übrigen zuerst stopp ruft, erhält den überstrichenen Anteil.

Das Verfahren ist proportional, da jeder meint, dass er mindestens ein Drittel der Beute besitzt, aber es ist nicht neidfrei: Der erste Stopprufende bekommt aus seiner Sicht ein Drittel der Beute. (Wenn er später rufen würde, dann bestünde die Gefahr, dass ein anderer den überstrichenen Teil abbekommt und so weniger als zwei Drittel zu teilen übrig bleiben.) Der Rest wird unter den beiden anderen aufgeteilt. Letzteres geschieht neidfrei. Doch aus der Sicht des ersten Stopprufenden muss nicht jeder der beiden denselben Wert (ein Drittel) erhalten. Im allgemeinen wird der erste Rufer einem anderen etwas neiden.

proportional

Eine neidfreie Lösung: Aufteilungsprotokoll in fünf Schritten

Die Schüler in der Dreiergruppe geben sich gegenseitig Namen: Wer ein A im Namen hat, wird „A" getauft. Zum besseren Verständnis werden die Spieler farblich kodiert.

Die Aufteilung wird durchgespielt, während der Lehrer das Protokoll vorliest. Beim ersten Durchgang wird die kursiv gedruckte Erklärung übersprungen. In einem zweiten Durchgang werden auch die Erklärungen vorgelesen. Grafiken erleichtern das Verständnis.

Erster Schritt

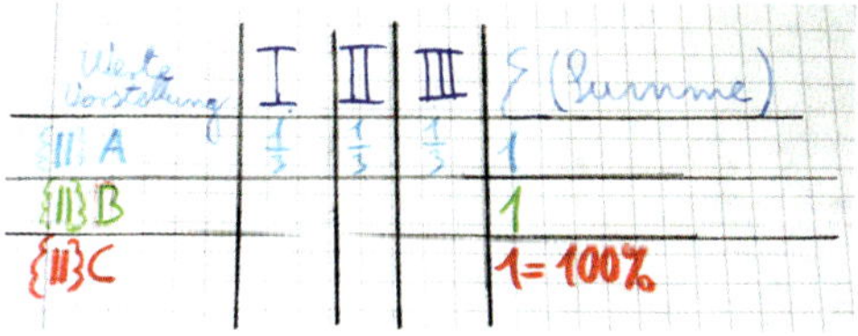

Spieler A (hier Aimen) zerlegt die Beute in drei für ihn gleich wertvolle Teile. Er soll hierbei sehr, sehr genau sein. Egal, was passiert, er würde mit jedem Teil gleich glücklich sein und den anderen nichts neiden. Seine **(blauen)** Gedanken tragen wir in die ins Heft gezeichnete Tabelle ein.

Die Symbole neben den Großbuchstaben stellen die Gehirne der einzelnen Spieler dar, auf diese Weise werden ihre Gedanken (die jeweiligen Wertevorstellungen) farblich kodiert. Wir können die unterschiedlichen Sichtweisen mit verschiedenfarbigen Brillen illustrieren. Es gibt also eine blaue, eine grüne und eine rote Betrachtung der Aufteilung. In Aimens blauer Wirklichkeit sieht die Verteilung so aus:

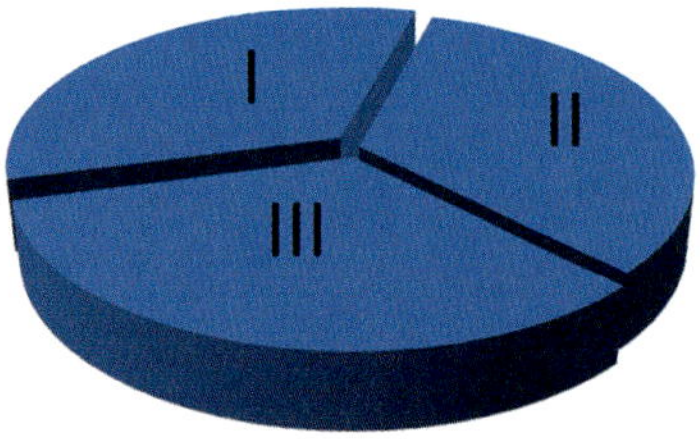

Zweiter Schritt
In der Wirklichkeit von Spieler B (Julian) können alle Stücke verschieden groß sein.

B schneidet von dem größten Stück so viel ab, dass (aus seiner grünen Sicht) zwei größte Stücke von gleichem Wert entstehen. Falls es ohne Schneiden bereits zwei größte Stücke gibt, reicht die Kennzeichnung derselben.

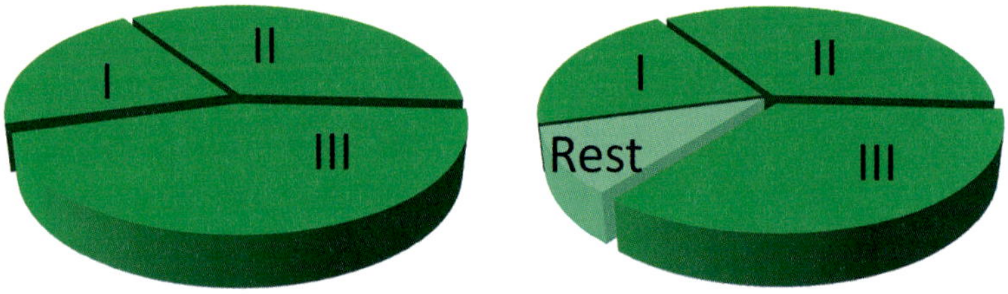

Das Reststück wird vorerst beiseite gelegt.

Dritter Schritt
Nun greifen **Joshua (C)**, **Julian (B)** und **Aimen (A)** in genau dieser Reihenfolge zu. Jeder nimmt das Stück, das er für das größte hält. Das beschnittene Stück muss **B** nehmen, falls es **C** noch nicht genommen hat.

Bis auf den Rest ist die Beute jetzt neidfrei aufgeteilt: Joshua (C) hat keinen Grund, auf jemanden neidisch zu sein, er darf ja als Erster wählen. Julian (B) bekommt eines der für ihn gleichwertigen größten Stücke und für Aimen (A) bleibt ein unbeschnittenes Stück übrig. Er darf nicht klagen, weil er selbst ja die Aufteilung vorgenommen hat.

Vierter Schritt
Es bleibt noch, den Rest zu verteilen. Derjenige von B und C, der nicht das beschnittene Stück genommen hat, bekommt das Messer. Er wird im Folgenden der „Messerbesitzer" genannt und zerlegt den Rest in drei für ihn faire Teile. Der andere von B oder C wird der „Nicht-Messerbesitzer" genannt.

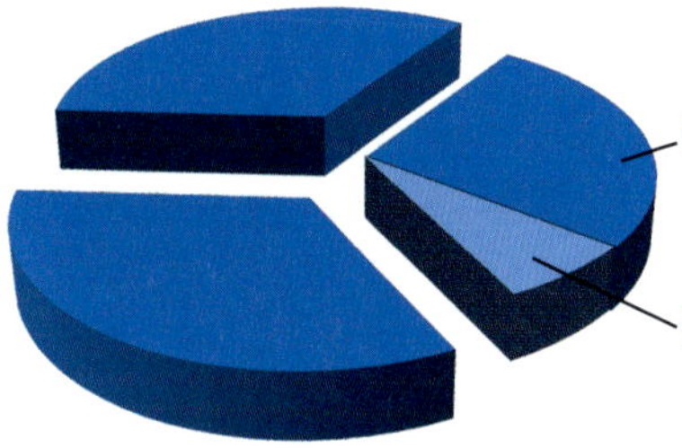

Fünfter Schritt
Zuerst greift der Nicht-Messerbesitzer zu, dann A, dann der Messerbesitzer.

Der Nicht-Messerbesitzer kann auf niemanden neidisch sein, er hat ja die freie Wahl. Aimen (A) ist nicht neidisch auf den Nicht-Messerbesitzer, weil dieser sogar den ganzen Rest einstreichen könnte und dann immer noch nicht mehr als den aus Aimens blauer Sicht fairen Teil bekäme (vgl. Skizze im vierten Schritt). Der Messerbesitzer kann auf niemanden neidisch sein, er hat ja selbst den Rest zerlegt.

Schließlich tragen **Joshua (C)** und **Julian (B)** ihre Wertevorstellungen von der Beuteaufteilung in die Tabelle ein. Wenn neidfrei aufgeteilt wurde, muss für jeden Spieler jeweils der selbst erhaltene Anteil am höchsten bewertet worden sein.

Pädagogische Bemerkungen

Unterschiedliche Wertevorstellungen, unterschiedliche Wirklichkeiten
Pädagogisch betrachtet geht es in dieser Übung um das Erleben, dass jeder in seiner eigenen Wirklichkeit lebt. Wir sehen unsere Welt durch verschiedene Brillen. Das ist natürlich eine Binsenweisheit, allerdings eine, die leider sehr häufig übersehen wird. Häufig entsteht Streit, wenn einer der Beteiligten von einer absoluten Wirklichkeit ausgeht, die es prinzipiell nicht geben kann (Konstruktivismus). In dieser Übung wird man gezwungen, die Aufteilung aus der Sicht seiner Partner heraus zu sehen. Sehr wahrscheinlich wird der Schüler das konkrete Aufteilungsprotokoll vergessen. Viel wesentlicher

Konstruktivismus

ist jedoch das Erleben unterschiedlicher Wirklichkeitsauffassungen, die nicht als pädagogisches Geschwätz beiseitegeschoben, sondern in einer mathematischen Form der Betrachtung den notwendigen Ernst erfahren. Man muss die Sache mit den Wirklichkeiten nicht einmal thematisieren – die Aufgabe selbst, sprich die Mathematik, wirkt hier als Pädagoge.

Mathematik als Pädagoge

Süßigkeiten im Unterricht

Die Süßigkeiten werden hier nicht als Belohnung eingesetzt, etwa in diesem Sinne: „Wenn du das richtig gerechnet hast, bekommst du ein Gummibärchen." Eine solche „Bonbon-Pädagogik" wäre eine extrinsische (von außen gesteuerte) Motivation, und wenn die Gummibärchen verschwinden, verschwindet auch die Motivation. Hier nehmen die Süßigkeiten eine andere Rolle ein: Natürlich sind sie das Objekt der Begierde, aber die Belohnung kommt nicht durch die Süßigkeiten selbst, sondern durch die Lösung des Problems, wie die Beute am besten aufgeteilt werden kann. – Hätten Sie gedacht, dass Gummibärchen & Co. im Unterricht eine intrinsische Motivation ermöglichen?

intrinsische Motivation

Teil IV

Algebra

Kapitel 15

Potenzen

Aus zwei Gründen nimmt die Potenzrechnung eine sehr zentrale Stellung in der Schulmathematik ein: Erstens ist sie, wie noch ausgeführt werden wird, die Mathematik der Wahrnehmung und hat somit unmittelbar mit einem selbst zu tun, und zweitens vernetzt und verbindet sie unterschiedliche mathematische Disziplinen wie die Algebra, die Geometrie, die Wahrscheinlichkeitsrechnung und die Analysis. Ja, die Vernetzung geht sogar in den kulturellen und politischen Bereich. Nicht nur die Bevölkerungsentwicklung und die Radioaktivität gehorchen exponentiellen Wachstumsprozessen, auch die Stimmung einer Gitarre (vgl. Abschnitt 15.7).

Mathematik der Wahrnehmung

Vernetzung

15.1 Plädoyer für vernetztes Lernen

In welche mathematischen Disziplinen, in welche Altersstufe gehört das Thema Potenzen?
Als erstes sind da die Potenzgesetze und man sieht das Thema in der Algebra. Doch je länger man darüber nachdenkt, desto zentraler wird die Stellung von Potenzen im Unterricht. Angefangen mit dem Zahlensystem in der Unterstufe bis schließlich zur Behandlung von exponentiellem Wachstum in der Kursstufe ziehen sich die Potenzen durch alle Altersstufen und mathematischen Gebiete. Wenn Sie wollen, können Sie das Buch kurz aus der Hand legen, um zuerst selber die Bereiche zu finden, in denen Potenzen auftauchen.
Aus didaktischer Sicht ist die Verknüpfung unterschiedlicher mathematischer Disziplinen sehr lehrreich. Umso mehr, als die Mathematik mit den Potenzen einen unmittelbaren Bezug zu uns hat, schlicht und einfach deswegen, weil wir unsere Welt logarithmisch bzw. exponentiell wahrnehmen und so der natürliche Logarithmus in einem sehr menschlichen Sinne natürlich ist – oder durch Ihren Unterricht wird.

Potenzen in der Schulwirklichkeit

Algebra
Es geht um Definitionen, Regeln, um das Vereinfachen von Termen. Weiter erschließen die Potenzgesetze das Rechnen mit (höheren) Wurzeln (vgl. 15.6 *Potenzgesetze oder das Aufschließen von Gleichungen*).

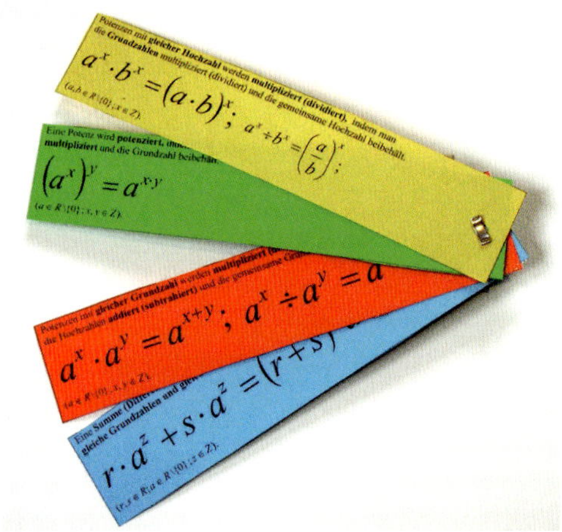

$$10^0 = 1 \qquad 10^{\frac{1}{2}} = \sqrt{10}$$

Zahlensysteme
Im schulischen Kontext tauchen Potenzen zum ersten Mal im Stellenwertsystem auf (vgl. Abschnitt 15.6 in diesem Band: *Zahlensysteme im Unterricht*).
„Hüpft" eine Ziffer um eine Stelle weiter, so verändert sich ihr Wert um den Faktor 10. Das Stellenwertsystem ist eine großartige Idee: Mit dem „Weiterhüpfen" oder Potenzieren können wir die Entfernung zur nächsten Galaxie *und* die Masse eines Elektrons angeben bzw. unvorstellbar große *und* kleine Zahlen notieren. Das wäre für die Römer unmöglich gewesen! Unser Zahlensystem ist nicht irgendein Zahlensystem, es ist das beste, das bisher gefunden wurde, und das liegt unter anderem daran, dass die Exponentialfunktion $x \mapsto 10^x$ so rasant wächst.

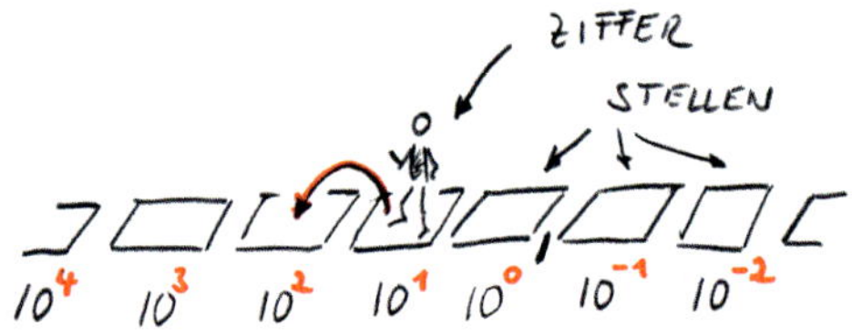

Die Potenz als Dimension
Durch die geometrische Interpretation der Hochzahl erhalten wir ein tieferes Verständnis vom Begriff des Potenzierens[56]:
Unter der Dimension lässt sich die Anzahl der verschiedenen zueinander senkrechten Richtungen verstehen. Verrückt man einen

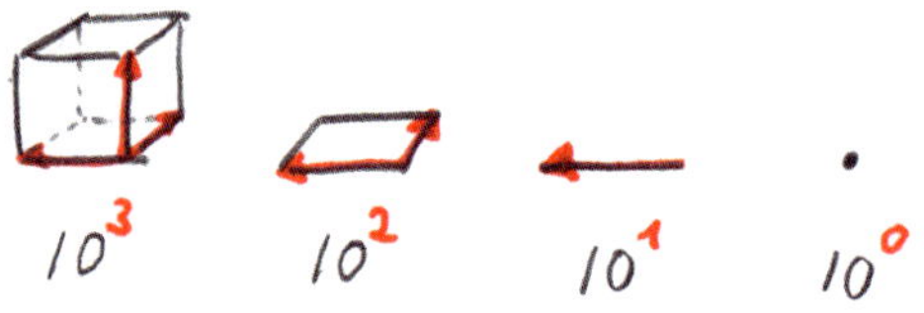

56 In Band I wird mit Hilfe der dritten Dimension eine Vorstellung von 1 000 000 bzw. 1 000 000 000 möglich. Der Zusammenhang von Potenzen und Dimensionen ermöglicht die Vorstellung großer Zahlen (vgl. Band I, Abschnitt 8.4).

Punkt um 10 Einheiten, erhalten wir eine entsprechende *Strecke*. Wird diese senkrecht um weitere 10 Einheiten verschoben, entsteht eine zweidimensionale *Fläche*, und so weiter. Über den Zusammenhang von Hochzahl und Dimension können wir einen vier-, fünf- oder beliebig endlichdimensionalen Raum zwar nicht mit unserer Wahrnehmung begreifen, aber immerhin verstehen. So wird Mathematik fast zu einer Art Sinnesorgan. Wir können mit ihr in vierdimensionale Welten reisen und Ecken, Kanten, Flächen und Volumina eines vierdimensionalen Würfels berechnen (vgl. hierzu Band I, Abschnitt 5.18). Fraktale haben eine gebrochene Dimension, wenn man den Dimensionsgedanken durch folgende Fragestellung weiter ausbaut: Wie ändert sich das Volumen, wenn sich die (lineare) Kantenlänge verdoppelt? Bei einem Würfel verachtfacht sich das Volumen: $2^D = 8$, er ist ein dreidimensionales Gebilde.

Die Hochzahl erhalten wir über den Logarithmus, d. h. die Umkehrung des Potenzierens. So erklärt sich die Formel für die *Selbstähnlichkeits-Dimension*[57]:

$$D = -\frac{\log(8)}{\log\left(\frac{1}{2}\right)} = 3$$

Anschaulich lässt sich diese Formel so verstehen: Halbieren wir die Kantenlänge eines Gebildes – hier eines Würfels –, benötigen wir in diesem Falle acht dieser verkleinerten (selbstähnlichen) Versionen, um das ursprüngliche Volumen auszufüllen. Fraktale Gebilde wie z. B. der Sierpinski-Schwamm (vgl. das Modell in der Abbildung) füllen jedoch nicht den ganzen Raum aus; daher ergibt sich im Allgemeinen eine gebrochene, sprich fraktale Dimension zwischen 2 und 3.

Hintereinanderausführung von Wahrscheinlichkeitsexperimenten

Der Ausdruck $\left(\frac{1}{6}\right)^3$ beschreibt die Wahrscheinlichkeit, dreimal hintereinander eine Sechs zu würfeln. Die Hochzahl gibt dabei die Anzahl der Wiederholungen eines Zufallsexperimentes an. Die Frage, wie oft

57 Zu Selbstähnlichkeit, Dimension und Fraktalen vgl. Band I, Abschnitt 5.14: *Die Sierpinski-Pyramide*.

man würfeln muss, um mit einer Wahrscheinlichkeit von 50% mindestens einmal eine Sechs zu bekommen, entspricht der Lösung dieser Gleichung:

$$\left(\frac{5}{6}\right)^x = \frac{1}{2}$$

Homöopathie
Das Potenzieren kennen wir auch aus der Homöopathie. Hier gibt die Potenz das Maß für die Verdünnung eines Wirkstoffes an. Je höher die Potenz, desto höher wird die Wirksamkeit des Medikamentes eingestuft (vgl. Band III, Abschnitt 23.1 *Potenzen schmecken*).

Kernphysik
Hand in Hand mit der Wahrscheinlichkeitsrechnung geht die Beschreibung von radioaktiven Zerfällen. Atomkerne „altern" nicht, sie zerfallen spontan mit einer bestimmten Wahrscheinlichkeit. Das „Gesetz" der großen Zahlen findet seine Entsprechung in der großen Anzahl von Teilchen. Die Avogadro-Konstante $6{,}022 \cdot 10^{23} \frac{1}{mol}$ gibt die Teilchenzahl pro Stoffmenge an. Weil es so viele Teilchen sind, lässt sich der Zerfall durch Wahrscheinlichkeiten in Form einer exponentiellen Zerfallsfunkton beschreiben. Wir können mithilfe der Analysis Exponentialfunktionen untersuchen. Begriffe wie Asymptoten, Halbwertszeit oder die Umkehrfunktion (Logarithmus) tauchen auf.

Kettenreaktionen
Auch bei einer Kettenreaktion (Schneeballprinzip) findet das Potenzieren eine Anwendung. Die Frage könnte heißen: Wie lässt sich am schnellsten eine Information (ein Feuer) verteilen? (Vgl. 11.7 *Wunderkerzen und exponentielles Wachstum*)

Funktionen
Allgemein lassen sich Wachstumsfunktionen stets in der Form $t \mapsto c \cdot a^t$ schreiben, solange die prozentuale Änderung konstant ist.

Differentialgleichung
In der Analysis suchen wir eine Funktion, deren momentane Änderungsrate gleich ihrem Funktionswert ist. Die Lösung der Differentialgleichung $f = f'$ führt zur e-Funktion (genauer zu $t \mapsto c \cdot e^t$). In dieser Schreibweise lassen sich Wachstumsfunktionen ableiten und integrieren.

Exponentielle bzw. logarithmische Wahrnehmung

Optische und akustische Experimente
Eine Kerze erhellt den Klassenraum. Wenn Sie eine weitere anzünden, wird es logischerweise ein bisschen heller. Sagen wir, um eine Stufe. Möchte man den Raum um eine weitere Stufe erhellen, reicht es nicht, eine weitere Kerze anzuzünden. Man muss die Anzahl der Kerzen verdoppeln, um denselben Zuwachs an Helligkeit zu empfinden.

eine Stufe heller

Ebenso kann die Wahrnehmung von Lautstärke untersucht werden. Zuerst summt ein Schüler, dann zwei, dann vier, dann acht usw. Unsere Wahrnehmung ist, was das Sehen und Hören angeht, logarithmischer Natur. Ohne direkt hinzusehen, können wir unterscheiden, ob ein oder zwei Schüler einen Summton von sich geben oder ob eine oder zwei Kerzen brennen. Aber wir können schwer den Lautstärkeunterschied oder den Helligkeitsunterschied zwischen 15 und 16 summenden Schülern bzw. brennenden Kerzen ausmachen. Wenn bereits 100 Kerzen brennen, werden Sie durch Anzünden einer weiteren Kerze keinen Helligkeitsunterschied wahrnehmen.

e-Funktion und natürlicher Logarithmus

Die obigen Beispiele für exponentielle Wahrnehmung lassen sich auch allgemeiner betrachten. Bezeichnet man die absolute Reizgröße, z. B. die Lautstärke oder die Helligkeit, mit J und den kleinsten wirksamen (noch wahrnehmbaren) Reizunterschied mit ΔJ, so gilt

E. H. L. Weber

für den mittleren Intensitätsbereich die von E. H. L. Weber entdeckte Beziehung: $\frac{\Delta J}{J} = konst.$ Diese Gleichung besagt, dass die Änderung proportional zum Gesamtbestand ist. Das ist eine Beschreibung von exponentiellem Wachstum, also einer Exponentialfunktion. In diesem Zusammenhang erscheint der natürliche Logarithmus besonders natürlich, ja geradezu menschlich. Es wundert also nicht, dass für die Messung der Lautstärke (in „phon" und „dB(A)"), der Schwingstärke („K-Wert" bei Vibrationen) sowie der Geruchsstärke („dBG") logarithmische Modelle zugrunde liegen.

Fühlen in Größenordnungen

Schätzen von Anzahlen oder Längen

Auch im Schätzen von Anzahlen oder Längen „fühlen" wir in Größenordnungen. Hier ein kleines psychologisches Experiment: Zwei Partner stellen sich weit entfernt voneinander auf. Dann geht einer langsam auf sein stehendes Gegenüber zu, bis dieser eine andere Wahrnehmungsqualität (Nähe) empfindet. Sobald sich ein anderes Gefühl einstellt, stoppt er mit einem Handzeichen das Näherkommen des anderen. Die aktuelle Stelle des Läufers wird markiert, indem dieser einen Stift hinlegt. Dann geht es weiter, bis wieder eine neue „Schranke der Nähe" erreicht ist. Wieder wird mit einem Stift diese zweite Nähe markiert. Und so weiter.

Die markierten Abstände werden mit abnehmender Distanz immer kleiner. Meist bringt die Halbierung eine andere Qualität bzw. Intimität.

In einer Folgeübung wird die exponentielle Annäherung (Distanz wird jedes Mal halbiert) mit einer linearen Annäherung um eine bestimmte Länge verglichen.

exponentielles Wachstum zu schätzen ist unmöglich

Es ist äußerst bemerkenswert, dass unsere Wahrnehmung bzw. unser Empfinden in gewissem Sinne in exponentieller Weise geschieht – und trotzdem ist es uns fast unmöglich, exponentielles Wachstum zu schätzen (vgl. hierzu Abschnitt 15.5). Könnte es sein, dass unsere Wahrnehmung exponentiell und unser Denken linear ist?

lineares Denken

„Die Zeit geht immer schneller vorbei."
Je älter wir werden, desto schneller rennt die Zeit dahin. Zumindest empfinden das viele so; vor allem beim Jahreswechsel wundern sich die Erwachsenen, wie schnell doch ein Jahr vorüberging.
Für meinen Jungen stellt das letzte Lebensjahr derzeit ca. 10 % seines gesamten Lebens dar, bei mir sind es nur ca. 2,5 %. Da ich mich immer auf mein gesamtes Leben beziehe, erlebe ich in einem Jahr, verglichen mit meinem Leben, relativ gesehen immer weniger.[58]

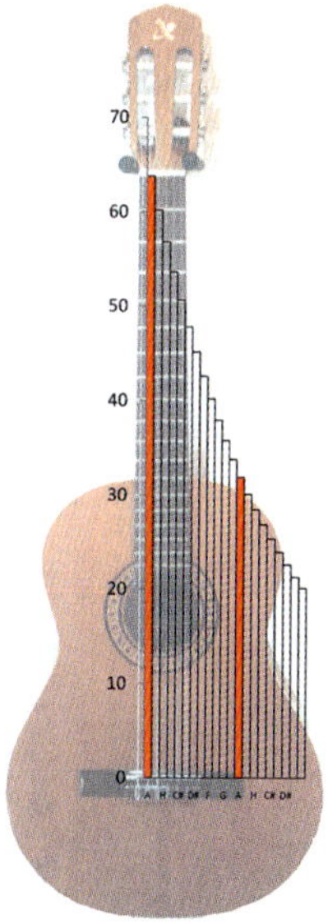

Musik und Mathematik
Auch in der Musik spielen Potenzen eine bedeutsame Rolle. Zum Beispiel entsteht die Oktave durch eine Frequenzverdopplung. Man kann auf einer Saite die Schwingungsfrequenz bei gleicher Spannung verdoppeln, indem man die Saite halbiert.
So gehorcht beispielsweise die Bundreinheit bzw. die Bundlage einer Gitarre exponentiellem Wachstum, vgl. Abschnitt 15.7.

15.2 Der Weltraum, unendliche Weiten

Der Klassenraum wird abgedunkelt. Wir befinden uns im leeren, interstellaren Raum. In der Mitte des Zimmers wird stellvertretend für unsere Sonne eine Kerze angezündet. Die Kerzenflamme hat eine Höhe von ca. 2 cm. In diesem Maßstab würde die Erde als Staubkorn die

Kerze als Sonne

58 Es gibt viele weitere Parameter, die unser subjektives Zeitempfinden ausmachen. Die Sache mit dem immer kleiner werdenden prozentualen Anteil ist eine Möglichkeit, die „Beschleunigung der Zeit" ein bisschen zu verstehen.

Flamme im Abstand von ca. 2,15 m umkreisen. Wenn wir in einer klaren Nacht in den Sternenhimmel blicken, sehen wir ca. 5000 Sonnen. Wo müsste man im skizzierten Kerzenmodell die nächste Kerze oder Fackel aufstellen? Auf dem Pausenhof? In der nächsten Straße? Am Bahnhof? In einer anderen Stadt?
Es herrscht Stille: Wer für sich eine Antwort gefunden hat, verschränkt die Arme. Wenn alle so weit sind, äußert ein Schüler eine Vermutung. Fast immer liegt diese zu tief. Wer meint, dass die Entfernung größer ist, hält seinen Daumen nach oben, wer das Gegenteil glaubt, zeigt mit dem Daumen nach unten.
Es dauert einige Aufforderungen des Lehrers *„Wer bietet mehr?"*, bis man bei einer Stadt angekommen ist, die ca. 300 km entfernt ist!
Man beachte: Es handelt sich um unsere unmittelbare Nachbarsonne Proxima Centauri (V645 Centauri) im System Alpha Centauri, die ca. 4,22 Lichtjahre entfernt ist. Bei dieser Übung kann man gut erspüren, wie klein und verloren wir Menschen in den unendlichen Weiten des Weltraums sind.

Begegnungen mit Außerirdischen – eine Fermi-Aufgabe

Paul Watzlawick

Paul Watzlawick schreibt in seinem Buch „Wie wirklich ist die Wirklichkeit?" [59] über außerirdische Kommunikation. „Gibt es intelligentes Leben auf anderen Planeten?" Die Antwort ist ein fast sicheres Ja. „Es steht nämlich mit Sicherheit fest, dass sich unser gesamtes Sternensystem (die Milchstraße) auf denselben vier Grundelementen – Kohlenstoff, Wasserstoff, Stickstoff und Sauerstoff – aufbaut, die 99 % unserer irdischen Materie ausmachen." Wenn Sie also einen Alien treffen, dann wird er sich an ähnlichen Orten wie wir Menschen aufhalten. Solche Orte gibt es – intergalaktisch gesehen – sehr, sehr viele. Nun stellt sich die Frage, ob es möglich ist, Kontakt aufzunehmen. Es dauerte Millionen von Jahren, bis der Mensch das Licht so gezähmt hat, dass er damit Information übertragen kann (Funktechnik), was vielleicht eine Möglichkeit einer Kontaktaufnahme impliziert. Zumindest kann man damit bereits ein Auto auf dem Mars steuern (Mars Pathfinder, 1996 von der NASA eingesetzt, sendete ca. 17000 Bilder zur Erde). Auf der anderen Seite scheint es so, dass hoch entwickelte Zivilisationen die starke Tendenz haben, sich selbst zu zerstören: Wir können uns nicht nur einmal vernichten, der englische Be-

59 Paul Watzlawick: Wie wirklich ist die Wirklichkeit?, Piper Verlag München [23]1997, S. 173 ff.

griff „Overkill“ bezeichnet die „Mehrfachvernichtungskapazität“: Bei einer Gesamtsprengkraft von ca. 7500 Megatonnen (das entspricht 7,5 Milliarden Tonnen) TNT würde auf jeden Erdenbürger ca. eine Tonne TNT fallen.
Das Zeitfenster für eine Kommunikation intelligenter Wesen im All scheint sehr klein zu sein. Es müssten ja mindestens zwei hochentwickelte Zivilisationen existieren, die sich noch nicht selbst in die Luft gejagt haben. So betrachtet ist es sehr unwahrscheinlich, dass wir je Kontakt zu Außerirdischen haben werden.
Es gibt noch eine weitere Schwierigkeit der Begegnung: Beide Zivilisationen können sich nicht zu einem bestimmten Zeitpunkt verabreden. Es gibt keine absolute Zeit, sondern lediglich eine individuelle. So könnte man relativistisch fragen: Wo ist jetzt?

Fermi-Aufgabe
Das Nachdenken über Kontakt zu Außerirdischen ist eine Fermi-Aufgabe, die einen kulturellen wie auch persönlichen Bezug besitzt. Gefragt ist nach einer quantitativen Abschätzung, für die quasi keine Daten verfügbar sind. „Wie wahrscheinlich ist es, dass die Menschheit Kontakt mit Außerirdischen herstellt?“

kultureller und persönlicher Bezug

15.3 Umgang mit großen Zahlen – Modell unseres Sonnensystems

Es soll ein Modell unseres Sonnensystems berechnet und nachgebaut bzw. auf die Straße gemalt werden, also eine Übung für den Umgang mit großen Zahlen.

Konkrete Umsetzung
Sowohl die Entfernungen wie auch die Planetendurchmesser sollen so exakt wie möglich umgesetzt werden. Gibt man den Modellabstand Erde – Sonne mit 10 m vor, so wird man zumindest die ersten vier Planeten und unseren Mond auf dem Pausenhof unterkriegen.
Die Ausführung der Übung sei dem Leser überlassen. Zur Umsetzung ist die Tabelle auf nächster Seite hilfreich.
(a Jahre, d Tage, h Stunden; AE astronomische Einheiten, 1 AE entspricht dem Radius, genauer der großen Halbachse der Erdumlaufbahn)

Planeten	Merkur	Venus	Erde	Mars	Jupiter	Saturn	Uranus	Neptun	Pluto
Große Halbachse in Mio. km in AE	57,91 0,387	108,21 0,723	149,60 1,000	227,92 1,524	778,57 5,204	1.433,53 9,582	2.872,46 19,201	4.495,06 30,047	5.906,38 39,482
Umlaufdauer	87 d 23 h	224 d 17 h	365 d 6 h	1 a 322 d	11 a 315 d	29 a 167 d	84 a 5 d	164 a 289 d	247 a 250 d
Äquatordurchmesser in km im Verhältnis zum Erdäquatordurchmesser	4879 0,383	12.104 0,949	12.756 1,000	6794 0,533	142.984 11,209	120.536 9,449	51.118 4,007	49.528 3,883	2390 0,187

Unser Mond	
mittlerer Bahnradius in km	384.405
Umlaufzeit in Tagen	27,32
Durchmesser in km	3.476
Unsere Sonne	
mittlerer Durchmesser in km	1.392.500

Die Dimensionen unseres Sonnensystems habe ich erst richtig begriffen, als wir bei einem Projekt den „Merkur" (Modelldurchmesser ca. 4 mm) auf dem Teppich suchten, während die „Sonne" mit einem Durchmesser von 1,39 Metern in Form eines Riesenluftballons in vielen Metern Entfernung hing.[60]

60 Vgl. Martin Kramer, Physik als Abenteuer Bd. 2, Teil III: Umsetzung von Großprojekten, Aulis 2010

Die folgenden Bilder entstanden auf einem Matheferienlager der Didaktik der Universität Freiburg. Bei diesem Planetenweg hatte die „Sonne" einen Durchmesser von 70 cm.

15.4 Einführung in das Rechnen mit Potenzen

Wie oft lässt sich ein DIN-A4-Blatt falten?

Sechs Mal! Wenn wir das Blatt wieder auffalten, erhalten wir 64 kleine Rechtecke. Wir schreiben die Papierlagen in Abhängigkeit von den Faltungen auf, beginnend mit einer Faltung. Der linke Teil der Tabelle (siehe nächste Seite) wird vorerst freigelassen.

Faltungen							1	2	3	4	5	...	n
Papierlagen							2	4	8	16	32	...	2^n
... in Potenzschreibweise							$= 2^1$	$= 2^2$	$= 2^3$	$= 2^4$	$= 2^5$	...	2^n

Die Anzahl der Faltungen entspricht der Hochzahl. Da keine Faltung genau einer Lage Papier entspricht, ergibt sich $2^0 = 1$ auf natürliche Weise. Man bemerke, dass das Ergebnis rein anschaulich gewonnen wurde.[61]

negative Hochzahlen

Auch die Bedeutung negativer Hochzahlen lässt sich anschaulich finden. Hierzu wird Auffalten als negatives Falten interpretiert. Man falte die 2^6 Lagen wieder schrittweise auf. Um das ursprüngliche, ungefaltete DIN-A4-Blatt weiter aufzufalten, müsste man es der Dicke nach durchschneiden. Man erhält dann nur noch eine halbe Lage. Ein weiteres „Auffalten" ergibt nur noch eine Viertellage. Jetzt kann die Tabelle vollständig ausgefüllt werden:

Faltungen	$-n$	...	-3	-2	-1	0	1	2	3	4	5	...	n
Papierlagen	$\frac{1}{2^n}$		$\frac{1}{8}$	$\frac{1}{4}$	$\frac{1}{2}$	1	2	4	8	16	32	...	2^n
... in Potenzschreibweise	$= 2^{-n}$	...	$= 2^{-3}$	$= 2^{-2}$	$= 2^{-1}$	$= 2^0$	$= 2^1$	$= 2^2$	$= 2^3$	$= 2^4$	$= 2^5$	...	2^n

15.5 Exponentielles Wachstum ist unabschätzbar

lineares Denken

Unser Gehirn denkt linear: Wenn Sie doppelt so schnell laufen, dann legen Sie den doppelten Weg zurück, wenn Sie die dreifache Menge einkaufen, zahlen Sie das Dreifache. Solche Dinge können wir gut abschätzen, solche Dinge können wir denken.

Ganz anders verhält es sich mit exponentiell ablaufenden Veränderungen. Hier versagt unser Gehirn und wir tun gut daran, nicht unserer Intuition zu vertrauen, sondern dem Taschenrechner. Es gibt heute in unserer globalen Welt eine ganze Reihe von exponentiellen Problemen, die leider nicht linear verlaufen und so den Großteil der Bevölkerung nicht beunruhigt, weil die exponentielle Veränderung nicht in ihrer Bedeutung begriffen wird. An dieser Stelle wird der Mathematikunterricht für unsere Gesellschaft lebenswichtig. Wie sollen Entscheidungsträger ohne Kenntnis exponentieller Wachstumsab-

Mathematik wird lebenswichtig

61 Vgl. auch das Stellenwertsystem in Abschnitt 11.2. Bereits in der Unterstufe können negative Potenzen (rückwärts hüpfen) und $5^0 = 1$ (gar nicht hüpfen) anschaulich verstanden werden. In Abschnitt 15.8 wird die Aussage $a^0 = 1$ für $a < 0$ formal aus den Potenzgesetzen abgeleitet.

läufe ein Problem wie die rapide ansteigende Weltbevölkerung lösen? Im Folgenden wird an vier unterrichtlichen Beispielen gezeigt, dass wir unfähig sind, exponentielles Wachstum zu schätzen.

Anstieg der Weltbevölkerung

Beispiel 1: Falten bis zum Mond

Die Sache mit dem Falten aus 15.4 lässt sich zu einem Gedankenexperiment ausbauen: Angenommen, man wäre nicht durch die Papierstärke (ca. 0,1 mm) gezwungen, mit dem Falten aufzuhören. Nach sechs Faltungen würde die Dicke 6,4 mm betragen. Die mittlere Entfernung zu unserem Mond beträgt 384.405 km. Wie oft müsste man falten, um diese Entfernung zu erreichen? Hundert Mal, tausend Mal oder ein paar Millionen Mal?

Antwort: 42 Mal. Kaum zu glauben, wenn man nicht mathematisch vorbelastet ist. Exponentielles Wachstum wird fast immer unterschätzt. Hier die Rechnung:
42 Faltungen ergeben 2^{42} Lagen Papier. Das ergibt eine Gesamtdicke von $2^{42} \cdot 0{,}1\,\text{mm} = 439805\,\text{km}$.

Beispiel 2: Die Erfindung des Schachspiels …

… oder 18 Trillionen 446 Billiarden 744 Billionen 73 Milliarden 709 Millionen 551 tausend und 615 Weizenkörner.
Ein weiser Mann namens Sissa hat das Schachspiel vor ca. 1500 Jahren erfunden. Der Legende nach wollte der indische König Sheram den Erfinder belohnen. Dessen vermeintlich bescheidener Wunsch bestand „nur" aus Weizenkörnern. Auf das erste Feld sollte ein Korn, und für jedes folgende sollte sich die Anzahl verdoppeln, also der Reihe 1, 2, 4, 8, 16, … gehorchen. Die Situation ist hier mit Reiskörnern nachgestellt:

Die erste Reihe sieht harmlos aus. Selbst wenn man weiß, dass schlussendlich $2^{64}-1$ Körner auf dem Brett liegen. Stellen Sie sich vor, dass eine bestimmte Insektenart auf diese Weise wächst. Zu dem Zeitpunkt, zu dem sich das Wachstum als Plage herausstellt, ist es oft schon zu spät für natürliche Gegenmaßnahmen. Oft erscheinen Maßnahmen, die im Moment noch nützen würden, als übertrieben und unangemessen brutal. Der Mensch reagiert häufig erst dann, wenn ihn etwas stört. Diese Tatsache ist erschreckend, wenn man beispielsweise an die Gefahr eines Klimawandels denkt. Wenn sich in unserem Beispiel die Insekten in zehn Wochen zehn Mal verdoppelt haben und beginnen, sich als Plage bemerkbar zu machen, dann gibt es eine Woche später doppelt so viele Plagegeister.

Gefahr eines Klimawandels

Konkrete Umsetzung
Im Klassenzimmer lassen sich die Schachfelder durch Tische repräsentieren. Die Frage, ob eine Tüte Reis oder Weizenkörner ausreicht, wird zuvor abgeschätzt. Dann werden die Körner abgezählt und ausgelegt und schließlich schreitet jeder Schüler die Körnervervielfachung entlang den Tischen ab. Wenn sich auf den Tischen nur Körner befinden und die Schüler im Hinterkopf an eine Insektenplage denken, erzielt das eine ungemeine Wirkung. Die persönliche Frage mag jeder für sich beantworten: *„Ab wann wäre ich eingeschritten?"*

Beispiel 3: Wachstum in der Produktion

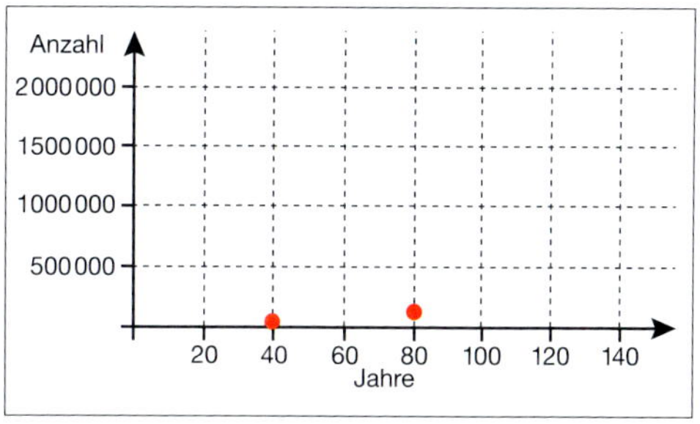

Eine Aufgabe: Die Leitung eines kleinen Traktorenwerkes meint, dass 6 Prozent jährliches Wachstum der Produktion notwendig ist, um auf die Dauer die Existenz des Unternehmens zu sichern. Zu Beginn (im Jahr 0) werden 1000 Traktoren hergestellt. Die Punkte im Schaubild zeigen den Bestand nach 40 und 80 Jahren an. Schätzen Sie einmal, ohne viel zu rechnen, wie viele Traktoren das Werk jeweils nach 60, 100, 120 und 140 Jahren herstellen muss, damit die Wachstumsrate erreicht wird. Skizzieren Sie mit Hilfe Ihrer Schätzwerte den Kurvenverlauf.

Schätzübung im Unterricht

Das Schaubild[62] oben wird per Tageslichtprojektor oder Beamer an die Tafel geworfen. Jeder Schüler überlegt für sich, wie viele Traktoren das Werk nach 140 Jahren herstellen muss, um die Produktionsrate aufrecht zu erhalten. Wer weiß, wo er seinen Punkt einzeichnen wird, verschränkt zum Zeichen die Arme. Wenn alle so weit sind, markiert jeder seine Schätzung an der Tafel. Anschließend werden die Vermutungen mit dem tatsächlichen Kurvenverlauf verglichen ($t \mapsto 1000 \cdot 1{,}06^t$, siehe die linke Abbildung auf der Folgeseite).

Mit fast der gleichen Aufgabe untersuchte Dietrich Dörner[63] die Fähigkeit von Menschen, exponentielles Wachstumsverhalten abzuschätzen. Die Abbildung rechts oben auf der nächster Seite zeigt die durchschnittliche Schätzung eines Wachstums von 6 % und den tatsächlichen Verlauf eines entsprechenden Wachstums.

Ergebnisse aus Dörners experimentellen Untersuchungen:
„… Die geringe Fähigkeit zum Umgang mit nichtlinearen Zeitverläufen lässt sich aber nicht nur an Einzelfällen demonstrieren, sondern auch im psychologischen Experiment als allgemeines Phänomen beobachten. Hier kann man die Stärke dieser Tendenz, zum Beispiel exponentielle Wachstumsverläufe zu unterschätzen, noch besser abschätzen als bei den Einzelfällen, die man im Alltag zu Gesicht bekommt."

62 Die Folien können unter www.unterricht-als-abenteuer.de kostenfrei heruntergeladen werden.

63 Dietrich Dörner: Die Logik des Misslingens, Reinbek bei Hamburg, 2000, S. 168

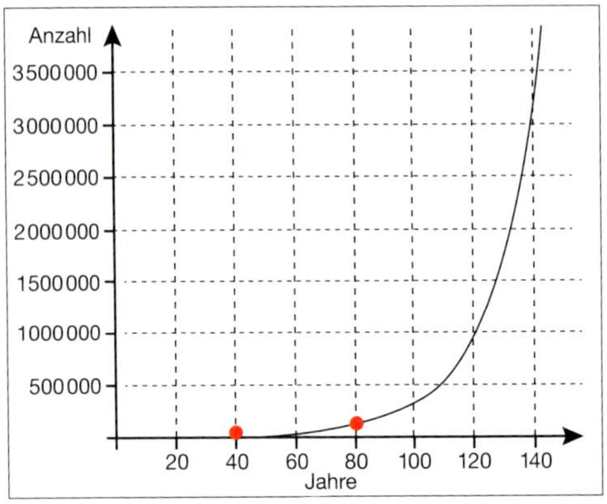

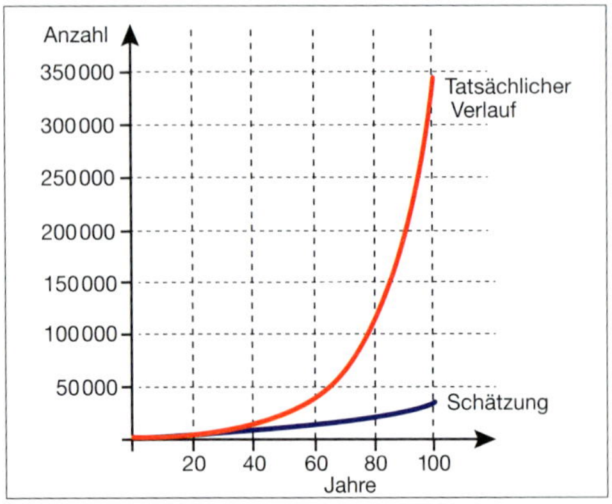

Dörner schreibt weiter: *„Aus diesem Ergebnis lässt sich ablesen, dass zum Beispiel der normale Zeitungsleser, dem ein Artikel mitteilt, die Waldschäden nähmen jährlich um 20 Prozent zu, die tatsächliche Information dieser Nachricht überhaupt nicht versteht. Er glaubt zu verstehen, aber er versteht nicht."*
Und an anderer Stelle[64]: *„Der intuitive Umgang mit nichtlinear verlaufenden Wachstumsprozessen fällt uns allen recht schwer, und wir sind gut beraten, in solchen Fällen nicht auf Intuition, sondern eher auf die Mathematik und den Computer zu vertrauen."*

Beispiel 4: Centmünzen bis zum Mond stapeln
Die Übung wurde bereits bei der Einführung des Stellenwertsystems in der Unterstufe vorgestellt, vgl. Abschnitt 11.3.

politischer Bezug

In der Mittelstufe kann man einen politischen Bezug herstellen: Es scheint doch sehr seltsam und unvernünftig, an eine Wirtschaft zu

64 Dietrich Dörner: Die Logik des Misslingens, Reinbek bei Hamburg, 2000, S. 167

glauben, die auf ständiges Wachstum setzt. Auch wenn der Wachstumsfaktor nur wenige Prozent und nicht wie bei den Centmünzen 200 % beträgt – die Art der Kurve verändert sich dadurch nicht, das Wachstum bleibt exponentiell, auch wenn die Höhe des Mondes erst etwas später erreicht wird.
Rechnerisch lässt sich sehr einfach verdoppeln. Aber im konkreten Fall bricht irgendwann der Turm aus Münzen zusammen. Es geht einfach nicht lange gut, wenn auf jeder neuen Stelle mehr Münzen liegen als auf allen vorhergehenden zusammengerechnet.

Beispiel 5: Über sieben Ecken[65] – eine Fermiaufgabe
Auf der Erde leben über sieben Milliarden Menschen. Könnte es sein, dass jeder jeden Menschen über „sieben Ecken" kennt? Das heißt konkret, du kennst über maximal sieben Bekannte den Regierungschef in China, den Papst und Bill Gates? Schätze mit einer geeigneten Rechnung ab, ob das möglich ist.

Lösungsvorschlag
Natürlich kennen kleine Babys viel weniger Menschen als Jugendliche. Und ein Schüler kennt vermutlich mehr Leute als ein Mönch in einem Schweigeorden.
Hier wird also eine sehr grobe Abschätzung gezeigt: Angenommen, jeder kennt 50 Personen. Das mag im ersten Moment vielleicht viel erscheinen, aber wenn man kurz darüber nachdenkt, Mitschüler, Lehrer und Verwandte dazuzählt, kommt man leicht auf über 200.
Dann kennt jede der 50 Personen wiederum 50 weitere. Das macht also 50^2 Personen. Das wäre jedoch erst ein „Kennen über zwei Ecken". Für sieben Ecken ergeben sich $50^7 = 7{,}8125 \cdot 10^{11}$, also über 781 Milliarden Menschen.
Die Annahme, dass jeder jeden Menschen auf der Erde über sieben Ecken kennt, ist also durchaus berechtigt.
Bemerkung: Bei der Überschlagsrechnung wurde vereinfacht angenommen, dass sich mehrere Personen nicht gegenseitig kennen. Auf der anderen Seite ist die Annahme, dass jeder nur 50 Menschen kennt, vorsichtig geschätzt.

65 Vgl. Martin Kramer: Lernzirkel in der Box – Potenzen, AOL-Verlag, Buxtehude 2008, Aufgabe 11.

15.6 Potenzgesetze oder das Aufschließen von Gleichungen

strukturelles Lernen

Strukturelles Erschließen von Aufgaben kann gut mit einem Schlüssel-Schloss-Prinzip eingeführt und geübt werden. Die Potenzgesetze dienen hierbei nur als Beispiel, genauso kann der Umgang mit Wurzel- oder Logarithmusgleichungen geübt werden.

Konkrete Umsetzung

Die Gesetze werden auf farbige Streifen geschrieben.

$a^x \cdot b^x = (a \cdot b)^x; \frac{a^x}{b^x} = \left(\frac{a}{b}\right)^x$	Potenzen mit **gleicher Hochzahl** werden **multipliziert (dividiert)**, indem man die **Grundzahlen** multipliziert (dividiert) und die gemeinsame Hochzahl beibehält.

Insgesamt sind es drei Gesetze in den Ampelfarben (gelb, grün und rot). In vielen Schulbüchern wird das Distributivgesetz $r \cdot a^z + s \cdot a^z = (r + s) \cdot a^z$ als ein viertes hinzugefügt.

$$a^x \cdot b^x = (a \cdot b)^x; \frac{a^x}{b^x} = \left(\frac{a}{b}\right)^x$$

$$(a^x)^y = a^{x \cdot y}$$

$$a^x \cdot a^y = a^{x+y}; a^x : a^y = a^{x-y}$$

$$r \cdot a^z + s \cdot a^z = (r + s) \cdot a^z$$

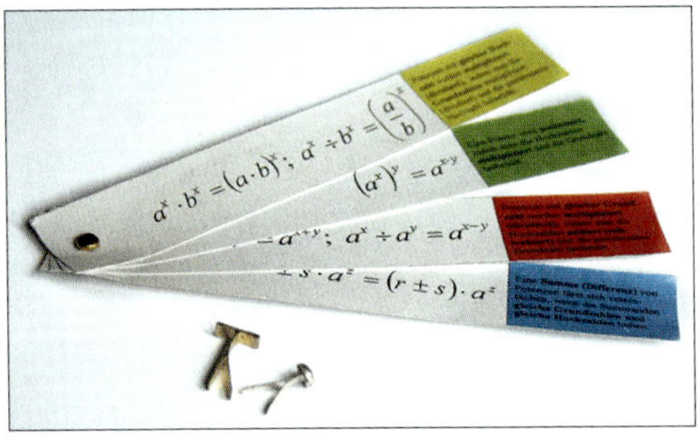

Nach der Einführung eines Gesetzes bekommt jeder Schüler den zugehörigen farbigen Streifen *(Schlüssel)* oder fertigt einen solchen als Hausaufgabe an.[66] Die Gesetze sind somit farblich kodiert. Die Farbwirkung (Gesetz der Ähnlichkeit) kann noch verstärkt werden, wenn der Lehrer Merksätze bzw. den gesamten zugehörigen Tafelanschrieb in der entsprechenden Farbe gestaltet. Gelb wirkt an der Tafel, aber nicht im Schülerheft, dort eignet sich eine farbige Unterlegung. Mithilfe einer Musterbeutelklammer ergibt sich ein „Schlüsselbund" wie abgebildet.

Mit diesem wird die Aufgabe schrittweise „aufgeschlossen". Bei Verwendung des passenden Schlüssels bzw. Rechengesetzes wird das zugehörige Gleichheitszeichen entsprechend eingefärbt. Ein Beispiel:

66 Kostenfreie Kopiervorlage unter www.unterricht-als-abenteuer.de. Am besten drucken oder kopieren Sie die Vorlage auf dünnen Fotokarton.

$$\frac{4^n \cdot 25^{n+1}}{10^{2n+1}} = \frac{(2^2)^n \cdot (5^2)^{n+1}}{10^{2n+1}}$$
$$= \frac{2^{2n} \cdot 5^{2(n+1)}}{10^{2n+1}}$$
$$= \frac{2^{2n} \cdot 5^{2n+2}}{10^{2n+1}}$$
$$= \frac{2^{2n} \cdot 5^{2n} \cdot 5^2}{10^{2n} \cdot 10}$$
$$= \frac{(2 \cdot 5)^{2n} \cdot 5^2}{10^{2n} \cdot 2 \cdot 5}$$
$$= \frac{5}{2}$$

Außer dem Gleichheitszeichen kann zusätzlich alles mit eingefärbt werden, was das entsprechende Gesetz bewirkt hat:

$$\frac{2^{2n} \cdot 5^{2n+2}}{10^{2n+1}} = \frac{2^{2n} \cdot 5^{2n} \cdot 5^2}{10^{2n} \cdot 10}$$

Reihenfolge und Anzahl der benötigten Gesetze hängt von dem jeweiligen Lösungsweg ab. In jedem Falle lernt der Schüler, Aufgaben strukturell zu lösen. Es geht um Vernetzung statt um Pauken. Bei jedem Schritt wird Bezug auf das entsprechende Gesetz genommen.

Vernetzung statt Pauken

Malen nach Zahlen bzw. nach Rechengesetzen
Statt die Schüler bei Rechenübungen ihre eigenen Aufgaben selbst einfärben zu lassen, können bereits gelöste Aufgaben ausgeteilt werden, die dann entsprechend mit Farbe versehen werden sollen.

Unterschiedliche Rechenwege
Alternativ können Aufgaben auch lehrerzentriert angegangen werden. Hierzu schreibt der Lehrer eine Aufgabe an die Tafel, beispielsweise soll ein Term vereinfacht werden: $4^x \cdot 4^x = \ldots$
Die Schüler halten alle Potenzgesetzstreifen nach oben, mit denen die Aufgabe gelöst werden kann. Es wird also nicht nach der Lösung selbst, sondern nach der Vorgehensweise gefragt. In diesem Sinne ist dieses Üben *intelligent* und hebt sich deutlich von sturem Pauken ab. Im obigen Beispiel halten die Schüler sicherlich unterschiedliche Streifen hoch. Je nach Farbwahl wird anders gerechnet:

intelligentes Üben

$4^x \cdot 4^x = (4 \cdot 4)^x = 16^x$ bzw.
$4^x \cdot 4^x = (4^x)^2 = 4^{2x} = (4^2)^x = 16^x$ bzw.
$4^x \cdot 4^x = 4^{x+x} = 4^{2x} = (4^2)^x = 16^x$

Bei größeren Rechnungen können auf diese Weise unterschiedliche Rechenschritte bzw. Vorgehensweisen diskutiert werden.

Rechengesetze als Grammatik

In Abschnitt 16.1 wird Mathematik als eine Sprache vorgestellt. In diesem Sinne ist der vorgestellte „Schlüssel" eine Grammatik – wie natürlich jede Formelsammlung auch. Man beachte, dass bei dieser Art von Übung die Potenzgesetze in beide Richtungen gelesen werden. Für schwächere Schüler bereitet die Leserichtung häufig eine Schwierigkeit, obwohl es für den Kenner kaum einen Unterschied gibt. Und trotzdem unterscheidet sich Rückwärtsgehen prinzipiell vom Vorwärtsgehen, auch wenn man dieselben Schritte macht. So wird $a^x \cdot a^y = a^{x+y}$ anders wahrgenommen als $a^{x+y} = a^x \cdot a^y$. Die Farbkodierung unterscheidet hierin nicht: Für sie ist die Richtung innerhalb einer Rechnung gleichgültig. Rot bleibt rot:

Leserichtung einer Formel

$$\frac{2^{2n} \cdot 5^{2n+2}}{10^{2n+1}} = \frac{2^{2n} \cdot 5^{2n} \cdot 5^2}{10^{2n} \cdot 10} \quad \text{bzw.} \quad \frac{2^{2n} \cdot 5^{2n} \cdot 5^2}{10^{2n} \cdot 10} = \frac{2^{2n} \cdot 5^{2n+2}}{10^{2n+1}}$$

Wertschätzung der Übung, Nachhaltigkeit

Dürfen die Schüler die Streifen auch in der Klassenarbeit verwenden, werden diese mit mehr Sorgfalt hergestellt. Die Farbkodierung ist nachhaltig: So wissen die Schüler noch über ein halbes Jahr später die Farbe des jeweiligen Gesetzes, während der Lehrer sich nicht mehr an spezielle Einfärbungen erinnert.

Farbkodierung ist nachhaltig

Theatrale Erweiterung: Personalisieren von Rechengesetzen

Als erstes werden die Potenzgesetze personalisiert: Entsprechend den Farben werden vier Rollen zusammen mit entsprechend farbigen Kreiden verteilt. Wer z. B. ein gelbes Oberteil anhat, schlüpft in die Rolle des gelben Gesetzes, er kann also Potenzen mit gleicher Hochzahl multiplizieren bzw. dividieren. Mit einem grünen Schal kann man sich für das Potenzieren von Potenzen bewerben usw. Das jeweilige Gesetz wird damit personifiziert. Man beachte, dass die personalisierten Gesetze in beide Richtungen arbeiten können: $(a^x)^y = a^{x \cdot y}$ bzw. $a^{x \cdot y} = (a^x)^y$. In der üblichen Leserichtung wird manchmal nur die erste Aussage erkannt.

Gesetze als Rollen

Sind die Rollen verteilt, wird ein Term an die Tafel geschrieben, der möglichst alle Gesetze zur Vereinfachung benötigt, z. B. $\frac{4^n + 2^{2n} + 25^{n+1}}{10^{2n+1}}$.
Die vier „Gesetze" stellen sich rechts daneben auf. Jeder in der Klasse soll für sich entscheiden, welches der vier Gesetze er für den nächsten Rechenschritt anwenden würde. Die Antwort wird nonverbal durch Hochhalten eines oder mehrerer farbiger Streifen gegeben. Die vier „Gesetze" schauen sich die Abstimmung kurz an, anschließend tritt ein Gesetz vor, markiert das Gleichheitszeichen in der entsprechen-

den Farbe und vereinfacht – seiner Rolle entsprechend – den Term. Dabei hinterlässt das „Gesetz“ Spuren: Was es in den Händen hatte, erhält seine Farbe. Im Beispiel tritt das grüne Gesetz auf die Bühne:

$$\frac{4^n + 2^{2n} + 25^{n+1}}{10^{2n+1}} = \frac{4^n + 4^n + 25^{n+1}}{10^{2n+1}}$$

Entsprechend könnte Mr. Blau weiterrechnen:

$$\frac{4^n + 2^{2n} + 25^{n+1}}{10^{2n+1}} = \frac{4^n + 4^n + 25^{n+1}}{10^{2n+1}} = \frac{2 \cdot 4^n + 25^{n+1}}{10^{2n+1}}$$

Alternative zu den Streifen

Die Potenz-Fächer eignen sich gut, wenn sie die ganze Einheit begleiten. Möchte man nur farblich kodiert abfragen, können auch Stifte, Kleber oder Scheren in der entsprechenden Farbe hochgehalten werden.

Verständnis und Sprache: Was ergibt $x^2 + x^3$?

Als unterrichtender Lehrer kennen Sie vermutlich eine Vielzahl von Lösungsvorschlägen:

typische Schülerfehler

$x^2 + x^3 = x^5$

$x^2 + x^3 = x^6$

$x^2 + x^3 = 5x$

$x^2 + x^3 = 2x^2 + x$

…

Ein schwächerer Schüler sieht oft kein System hinter den ganzen Zahlensymbolen. Er sieht auf ein Gewirr von vielen Regeln und versteht oft nicht, warum er einmal etwas zusammenzählen darf, ja sogar soll und muss, während ein anderes Mal alles falsch wird. Es ist zweifelhaft, ob diesem Schüler Erklärungen mit weiteren Gesetzmäßigkeiten helfen: *„Hier steht x^2 plus x mal x^2 – also kannst du ein x ausklammern."* Auch eine Wiederholung desselben Wortlautes wird nichts bringen, auch wenn sie beim ersten Mal meist etwas langsamer und beim zweiten Mal langsamer und lauter ist.

bildliche Repräsentationsebene

In der folgenden Erklärung wird die Repräsentationsebene gewechselt. Statt weiter formal zu argumentieren, wird in Bildern gesprochen[67]: Jeder weiß, dass man nur Äpfel und Äpfel, nicht aber Birnen und Äpfel zusammenzählen kann. Unter x^2 darf man sich ein Quadrat mit der Kantenlänge x vorstellen, eine Fläche also:

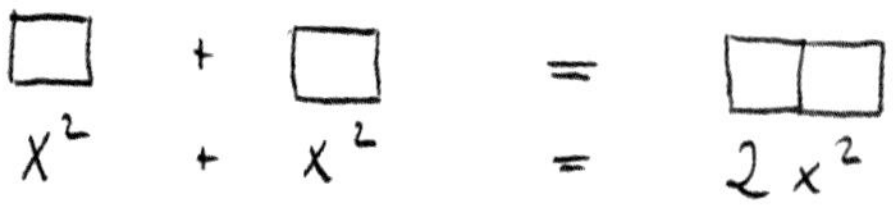

Ebenso können Würfel addiert werden:

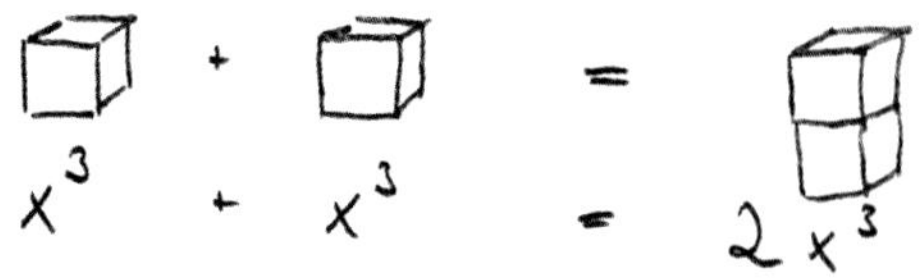

Genauso wenig Sinn wie das Zusammenzählen von Äpfeln und Birnen ergibt die Addition von Würfel und Fläche:

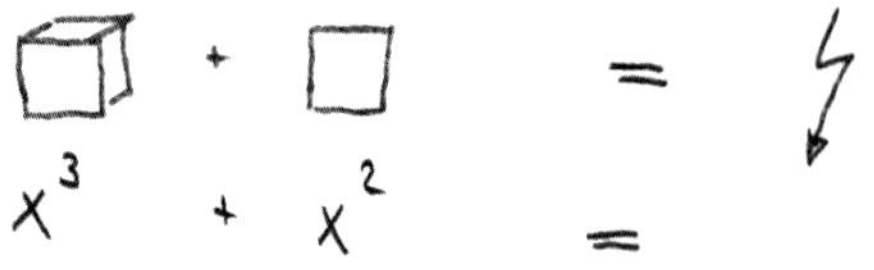

Didaktischer Hintergrund: Kommunikation in unterschiedlichen Repräsentationsebenen bzw. Sprachen

Wechsel der Repräsentationsebene

Die entscheidende Hilfe für das Verständnis des fragenden Schülers liegt im Wechsel der Repräsentationsebene. Wie im Text karikiert dar-

67 Vgl. in 15.1 den Absatz *Die Potenz als Dimension* (S. 190f.). Zu den drei Repräsentationsebenen nach Bruner (formal, bildlich, handelnd: „EIS-Prinzip") vgl. in 17.1 den Absatz *Drei Ebenen der Vermittlung* (S. 274f.).

gestellt, wird in der Erklärung häufig nur das Gesagte wiederholt, was an die Unterhaltung mit einem Schwerhörigen erinnert. Aber eine sehr deutliche und etwas lautere Wiederholung bringt meist ebenso wenig, wie wenn ich Ihnen auf Chinesisch etwas dreimal erkläre: Der Schüler versteht schlichtweg nicht die „Fremdsprache", die formale Sprache des Lehrers. Wenn der Lehrer die formale Aussage in Bilder übersetzt, ist die Chance, dass der Schüler versteht, viel höher als bei der deutlichsten und langsamsten Wiederholung. Sie kennen das kommunikationspsychologische Phänomen aus dem Alltag: Wenn Sie bei einer Erklärung zum Stift greifen, fügen Sie eine bildhafte Repräsentationsebene in Ihre Erläuterung ein.

Fremdsprache

Aber auch die Gegenrichtung ist möglich. Mitunter versteht ein Schüler die bildhafte Erklärung schlechter als einen formalen Beweis. Auch hier ergibt es Sinn, die Sprache zu wechseln. In diesem Fall von bildhaft zu formal.

15.7 Musik und Mathematik: Gitarre und exponentielles Wachstum

Halbiert man die Länge einer Saite, so verdoppelt sich ihre Schwingungsfrequenz und es erklingt eine Oktave.

Oktave

Um zu musizieren, benötigt man eine Einteilung der Oktave in zwölf Halbtöne. Um einen Halbton höher zu spielen, muss die Saite um einen bestimmten Prozentsatz verkürzt werden. Da die Saite immer um denselben Prozentsatz verkürzt wird, rücken mit abnehmender Saitenlänge die Bünde immer weiter zusammen.

Eine hübsche Verknüpfung von Musik, Algebra und Exponentialfunktionen besteht in dieser Aufgabe:

1. Fertige für die Gitarre ein Schaubild *Saitenlänge über Tonhöhe* (Halbtonabstand) an.
2. Berechne die exakte Lage der Bünde.

Eine mögliche Lösung

Jeder Halbton verkürzt die Saitenlänge jeweils um denselben prozentualen Anteil. Nach zwölf Verkürzungen muss die Saite halbiert sein, weil dann die Oktave erreicht ist. Somit gilt

$$a^{12} = \frac{1}{2} \quad \text{bzw.} \quad a = \sqrt[12]{\frac{1}{2}} = \left(\frac{1}{2}\right)^{\frac{1}{12}} \approx 0{,}9439,$$

wobei a für den prozentualen Anteil der schwingenden Saite steht. Der erste Bund befindet sich somit 5,61 % der Saitenlänge vom Steg („nullter Bund") entfernt. Die A-Saite von Jims Gitarre hat eine Saitenlänge von 0,638 Meter. Hier eine errechnete Wertetabelle und das Schaubild der Funktion:

Bundnummer	Ton für A-Saite	Prozentualer Anteil der Saitenlänge	**Wirksame Saitenlänge (in cm)**	Bund position (in cm)
0	A	1,00	63,80	0,00
1	A#	0,94	**60,22**	3,58
2	H	0,89	**56,84**	6,96
3	C	0,84	**53,65**	10,15
4	C#	0,79	**50,64**	13,16
5	D	0,75	**47,80**	16,00
6	D#	0,71	**45,11**	18,69
7	E	0,67	**42,58**	21,22
8	F	0,63	**40,19**	23,61
9	F#	0,59	**37,94**	25,86
10	G	0,56	**35,81**	27,99
11	G#	0,53	**33,80**	30,00
12	A	0,50	31,90	31,90
13	A#	0,47	**30,11**	33,69
14	H	0,45	**28,42**	35,38
15	C	0,42	**26,82**	36,98
16	C#	0,40	**25,32**	38,48
17	D	0,37	**23,90**	39,90
18	D#	0,35	**22,56**	41,24
19	E	0,33	**21,29**	42,51

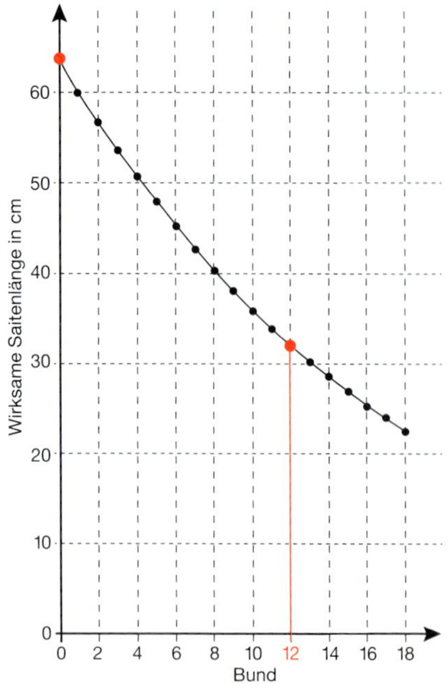

In der folgenden Darstellung ist die errechnete wirksame Saitenlänge in Balkenform über die Gitarre gelegt. Die theoretischen Werte stimmen hervorragend mit der tatsächlichen Verteilung der Bünde überein:

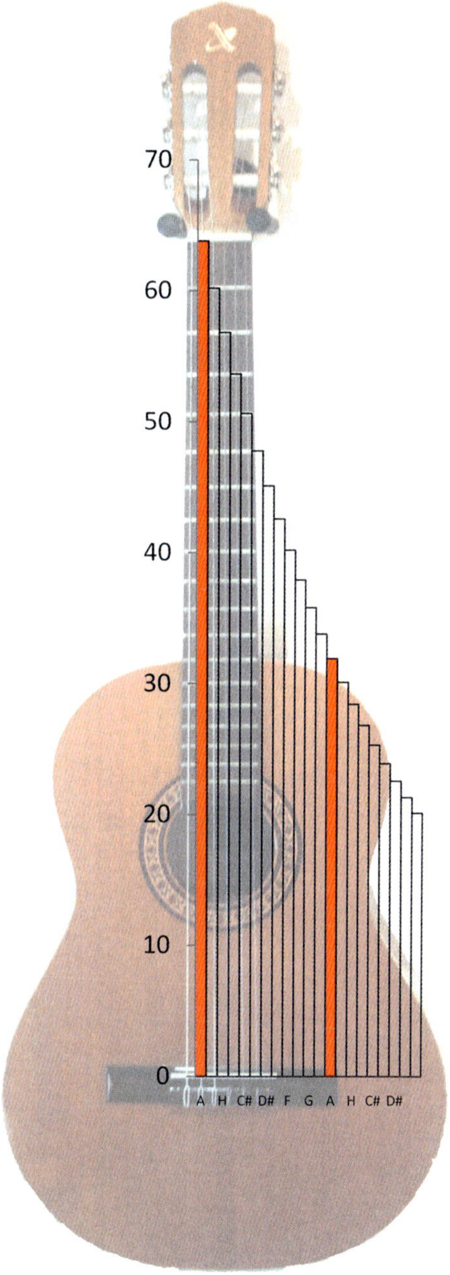

Didaktische Erweiterungen und Hintergründe

Kultureller Hintergrund
Die allererste Begegnung mit dem Instrument ist das Spiel und nicht die Mathematik. So ist folgerichtig eine gute Eröffnung, wenn zuerst ein Stück vorgetragen wird, am besten durch einen Schüler. Erst nach dem musikalischen Genuss wird nach und nach klar, dass ohne Mathematik die Lagebestimmung der Bünde schwierig wird.

Die eigene Gitarre
Zwar reicht es, wenn der Lehrer eine Gitarre in den Unterricht mitbringt, aber es ist intensiver, wenn die Schüler das eigene Instrument vermessen. Ich schrieb oben absichtlich von „Jims Gitarre“ und nicht von der „abgebildeten Gitarre“. Nicht jeder wird eine Gitarre bei sich zu Hause haben, aber vielleicht gibt es genügend Musiker in der Klasse, dass für das Arbeiten in Kleingruppen ausreichend viele Instrumente vorhanden sind.
Wenn mehrere Gitarren im Unterricht verwendet werden, wird klarer, auf was es ankommt. So muss bei allen Gitarren die Saite um denselben Faktor gekürzt werden, obwohl die Saiten eine unterschiedliche Länge aufweisen.

Gitarre und Mathematik
Was hat eine Gitarre in einer Mathematikstunde zu suchen?
Oder, um genauer zu sein, beim Thema Potenzen? Falls Sie in einer typisch deutschen Schule unterrichten, werden Sie sich vielleicht darüber wundern, wie oft Sie darauf angesprochen werden. Gitarren werden im Allgemeinen dem Musikunterricht zugeordnet. Wenn Sie es so wollen, dann begehen Sie auf materieller Basis einen fächerübergreifenden Unterricht und vernetzen Fächer, die auf den ersten Blick für manchen gar nicht zusammengehören.

Excel
Da die Saite mit jedem Halbtonschritt immer um denselben Faktor gekürzt wird, bietet sich eine Berechnung mit Excel an. Die Lösungen in der Tabelle wurden mit Excel berechnet. Die Saitenlänge ist hierbei eine Variable.[68]

„Halbwertstonhöhe"
Im Vergleich mit exponentiellem Wachstum entspricht die Oktave der Halbwertszeit. Man könnte den Abstand von 12 Halbtönen die „Halbwertstonhöhe" nennen: Geht man von einem beliebigen Ton eine Oktave weiter, so halbiert sich die wirksame Saitenlänge. Man muss also nicht von der ganzen A-Saite ausgehen, ebenso kann man beispielsweise vom C ausgehen (dritter Bund, A-Saite). Zählt man 12 Halbtöne weiter, so kommt man auf die halbe wirksame Saitenlänge. Den Schülern ist häufig nicht klar, dass exponentielles Wachstum bedeutet, dass diese Eigenschaft der Saitenhalbierung für alle Töne gilt, egal, welche Stelle der Saite man betrachtet. In der folgenden Fragestellung tritt das in den Vordergrund.

68 Eine mögliche Umsetzung finden Sie unter www.unterricht-als-abenteuer.de zum freien Download.

Alternative Fragestellung
Man bestimme den Abstand zwischen dem 2. und 3. Bund. Dann gehe man 12 Bünde weiter und misst zwischen dem 14. und 15. Bund etwa den halben Abstand. Zu klären sind folgende Fragen:
a) Hat sich der Abstand exakt oder nur ungefähr halbiert?
b) Gilt die genaue oder ungefähre Abstandhalbierung nur für den 2. und 3. Bund oder prinzipiell für alle Bünde?

15.8 Warum gilt $2^0 = 1$?

„*Das ist halt so definiert*" ist eine Antwort von eher juristischer als mathematischer Natur und hilft wenig für ein strukturelles Verständnis. Aus didaktischer Sicht verhält sich die Sache ähnlich wie der Grund, warum man nicht durch null teilen darf (vgl. Abschnitt 13.20).

juristisch

Warum $2^0 = 1$ ergibt oder sich Brüche mit negativen Hochzahlen schreiben lassen $\left(\frac{1}{9} = 3^{-2}\right)$ oder Wurzeln mit Brüchen im Exponenten $\left(\sqrt{5} = 5^{\frac{1}{2}}\right)$, liegt daran, dass wir *wollen,* dass die Potenzgesetze ohne Ausnahme gelten. Eine Knobelaufgabe für schnelle Klassen könnte so lauten:

Potenzgesetze erzwingen Definitionen

Finde mit dem geeigneten Potenzgesetz heraus, warum
a) $a^0 = 1$ *(für positives a) gilt.*
b) $a^{\frac{1}{2}} = \sqrt{a}$ *für nichtnegatives a gilt.*
c) $a^{-n} = \frac{1}{a^n}$ *für positives a und ganzzahliges n gilt.*
Wenn du möchtest, kannst du für a eine konkrete Zahl wählen, z.B. 3 oder 4 oder 643.

$a^0 = 1$
$a^{\frac{1}{2}} = \sqrt{a}$
$a^{-n} = \frac{1}{a^n}$

Eine mögliche Lösung
Die Rechnungen sind entsprechend den Farbstreifen in 15.6 eingefärbt.
a) Für positives a gilt: $a^0 = a^{2-2} = \frac{a^2}{a^2} = 1$
Zur Anschauung im Unterricht kann helfen:
- Papierfalten (vgl. Abschnitt 15.4 *Einführung in das Rechnen mit Potenzen*): Das noch ungefaltete Papier ist einlagig ($2^0 = 1$).
- Saftverdünnungen (vgl. Band III, 23.1 *Potenzen schmecken*):
- Der unverdünnte Saft hat einen Fruchtsaftgehalt von 100% $\left(\left(\frac{1}{2}\right)^0 = 100\% = 1\right)$.
- Die Einerstelle im Zahlensystem: Im Dezimalsystem wie auch in jedem anderen Stellenwertsystem hat die Einerstelle den Wert 1 ($10^0 = 1$ bzw. $5^0 = 1$ etc.; vgl. auch 11.2 *Das Fünfersystem im Unterricht*).

b) Für nichtnegatives a gilt: $a = a^{\frac{1}{2} \cdot 2} = \left(a^{\frac{1}{2}}\right)^2 = (x)^2$. Es ist also eine Zahl x gesucht, die quadriert die Ausgangszahl a ergibt. Das ist nichts anderes als die Quadratwurzel. Analog können höhere Wurzeln behandelt werden: $a = a^{\frac{1}{n} \cdot n} = \left(a^{\frac{1}{n}}\right)^n = (x)^n$.

c) $a^{-n} = a^{0-n} = \frac{a^0}{a^n} = \frac{1}{a^n}$

Terme, Gleichungen und Vektorrechnung

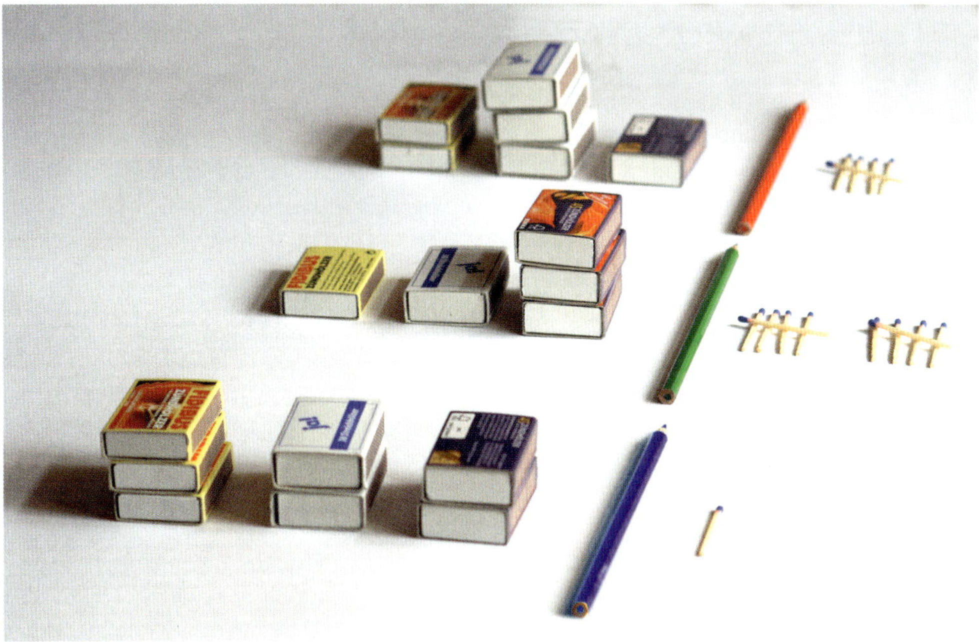

Teil V

Terme, Gleichungen und Vektorrechnung

Kapitel 16

Terme und Gleichungen

methodisch-didaktische Bemerkungen

Gute Methoden sind einfache Methoden. Sie funktionieren, ohne dass man großartig darüber nachdenken muss. Vieles läuft wie von selbst ab, und wenn man an einigen konkreten Beispielen die Bedeutungen und Wirkungen einzelner didaktischer und psychologischer Mechanismen versteht, wird man sie an anderer Stelle ebenfalls einsetzen wollen. Daher habe ich bei der Einführung und beim Lösen von Gleichungen besonderen Wert auf die methodisch-didaktischen Bemerkungen gelegt.

Sowohl die Gesetze der Gestaltpsychologie als auch theatrale Rollenbetrachtungen lassen sich auf viele weitere Situationen und Themen übertragen, die unterrichtlichen Beispiele sind exemplarisch zu verstehen. – Sie sehen, ich versuche mein Bestes, um Sie nicht in eine „Kramerschublade" zu pressen. Statt Methoden nur zu kopieren, ist es viel lebendiger und schöner, selbst kreieren oder verändern zu können.

übertragbar auf andere Themen

selbst kreieren

16.1 *Mathematik ist eine Sprache – Rechengesetze als Grammatik*

Makrina kam einmal nach einer Mathestunde zu mir, zeichnete etwas an die Tafel und fragte mich: „Wissen Sie, was das heißt?" Ich wusste es nicht, schaute von allen Seiten darauf und vermutete schließlich, dass ich so etwas schon einmal gesehen hätte. Vielleicht Sanskrit. „Es ist Chinesisch. Und genauso sieht für mich Ihr Tafelanschrieb aus." Später habe ich erfahren, dass es nicht einmal Chinesisch war! Ich muss heute noch darüber lachen: Da habe ich mir doch alle Mühe damit gegeben, dass alle meine Schüler dieses – nennen wir es einmal mathematisches – Denken verstehen.

Schüler sind die besten Lehrer. Makrina hatte Recht: Die Tafel war fein säuberlich beschrieben, mit Farben wurden Zusammenhänge unterstützt – aber von all dieser Ästhetik abgesehen, blieben nur abstrakte Zeichen übrig. Ein Schüler, der nicht die Idee hinter diesen Symbolen erkennt und versteht, mag davon verängstigt werden. Es ist, als ob Sie ein chinesisches Buch aufschlagen und dann vom Vortragenden gefragt werden: „Gibt es noch Fragen?"

Ich brauchte über ein Jahr, um die Tragweite der Worte meiner Lehrerin Makrina zu verstehen: *Mathematik ist eine Sprache.* Ziffern sind Buchstaben, Zahlen stellen Wörter dar. Zwar ist der Wortschatz unendlich groß, dafür sehr, sehr einfach zu lernen: Hier drei Wörter: 876; 9876; 23.

Wortschatz

In höheren Klassen kommen vielleicht noch „versteckte Wörter" hinzu, man spricht von Variablen: $x, y, z, a, b, \ldots$, aber damit hat man dann auch so ziemlich den ganzen Wortschatz parat!

Sprache ist mehr als eine willkürliche Aneinanderreihung von Wörtern. *„Wörtern eine von ist mehr Aneinanderreihung Sprache willkürliche als."* Damit sich ein Sinn ergibt, müssen Wörter auf eine bestimmte Art und Weise zusammengefügt werden: Erst die Grammatik ermöglicht Sprache und damit Kommunikation überhaupt. Betrachten wir

Grammatik

die Grammatikregeln der deutschen Sprache, so muss man sehr viel können, um nur den Aufbau eines Satzes zu verstehen. Es gibt zig Regeln und zig Ausnahmen und zig Unklarheiten und zig Doppeldeutigkeiten. Kurz: Die deutsche Sprache ist kompliziert – auch wenn sie zugleich etwas Wunderbares ist, denn nur durch sie können wir unser Empfinden in der Welt beschreiben, kommunizieren und letzten Endes verstehen.

Die Sprache der Mathematik ist einfacher: Es gibt sehr wenig an Grammatik. Keine Ausnahmen, keine Doppeldeutigkeiten und keine Unklarheiten – schon mit wenigen Regeln lässt sich ein mathematischer Text entschlüsseln.

wenig Regeln

16.2 Mathematik als Schachspiel

Das Auflösen von Gleichungen ist schwer! Immerhin bedarf es ganzer Algebrasysteme, damit ein Computer Gleichungen vereinfachen kann. Wie vereinfacht man beispielsweise diese Gleichung?

$$\frac{(3a^5b^{-2})^3}{(27a^{-1}b^3)^{-1}} = 1$$

Für den Kenner ist es einfach. Er „spürt" irgendwie, mit welchem Schritt er beginnen muss, um sein Ziel zu erreichen.

Doch vergessen wir für einen Moment das Auflösen von Gleichungen.

Spielen Sie Schach? Es ist ein Strategiespiel. Die Regeln sind einfach, sehr einfach. Jedes Kind versteht nach kurzer Zeit, wie die Figuren zu ziehen sind, und kann in diesem Sinne nach einer kurzen Einführung Schach spielen. Doch reicht die Kenntnis der Regeln nicht, um ein Spiel zu gewinnen: Man benötigt eine Lösungsstrategie, man muss planen.

Lösungsstrategie

Wie plant man bei einem Schachspiel? Erst den einen Zug, dann diesen, dann jenen und dann ... und dann ist irgendwann Schluss mit dem Vorausdenken. Das ganze Spiel zu durchdenken ist, zumindest für einen Menschen, unmöglich. Aber das Ziel lautet im Schach ja lediglich: „Setze den Gegner matt" und nicht etwa konkret: „Springer weiß auf B5 und damit Schachmatt." Das ist interessant: Wir wissen zu Beginn nicht, wie das Spiel endet – selbst wenn wir im Vorteil sind und mit Sicherheit sagen können, dass wir gewinnen: Wir kennen nicht das Wie. Es gibt eben sehr, sehr viele Wege.

Wie plant man nun bei einem Schachspiel? Sicherlich gibt es Züge, die mehr Sinn ergeben als andere. So versucht man, eine Figur in eine Position zu bringen, in der sie viele Zugmöglichkeiten hat. Ein Springer am Rand bringt meist nichts: „Springer am Rand, Gefahr gebannt!" Mit einem Bauer weiter ins gegnerische Gebiet einzudringen bringt hingegen häufig einen Stellungsvorteil.

Stellungsvorteil

Versuchen wir uns in die Situation eines Schülers zu versetzen, der Probleme damit hat, Gleichungen zu lösen. Es ist wie in einem Schachspiel schwer zu erkennen, warum der Profi diesen, aber nicht jenen Zug gewählt hat. Fast immer kann der Laie die Richtigkeit des Vorgehens nachvollziehen, da die Regeln einfach sind, aber er versteht die Strategie nicht.

Wie lehrt man Strategien? Die Antwort in diesem Kapitel lautet: Genauso wie das Schachspiel. So bringt es fast immer einen „Stellungs-

Strategien lehren

vorteil", wenn man Brüche vermeidet bzw. mit dem Hauptnenner beseitigt. Ebenfalls schafft das Sortieren von Potenzen einen Überblick. Bei komplexen Brüchen ist eher Ausklammern ratsam, damit man hinterher geeignet kürzen kann, bei Produkten von Summen ist das Ausmultiplizieren besser, da sich hier oft Terme gegenseitig zu null addieren.
Zum Trost sei gesagt: Das Lösen von Gleichungen ist, zumindest was die Schulmathematik betrifft, wesentlich einfacher zu erlernen als das Schachspiel. Es gibt viel weniger Möglichkeiten.

16.3 Terme: eine haptische Einführung

An haptischen Beispielen werden die Idee und die Bedeutung von Termen verfolgt.

Eine einfache Übung
Der Leser wird die Übung kennen: Um ein Quadrat zu legen, werden vier Streichhölzer benötigt. Für zwei Quadrate sieben Stück. Wie viele Hölzer sind für 3, 5, 7, 10, 17, 34, 67, 130 … Quadrate erforderlich, wenn sie entsprechend der Abbildung gelegt werden?

Konkrete Umsetzung
Je zwei Schüler erhalten eine Schachtel Streichhölzer und sollen folgende Tabelle ausfüllen:

Anzahl Quadrate	1	2	3	420	7	5	17	34	r	10	c	1000	23001	130
Anzahl Streichhölzer	4	7												

Dabei steht der Buchstabe c für Charlotte und r für Rina. Beide haben sich für eine Anzahl von Quadraten entschieden, aber sie keinem mitgeteilt.

Didaktische Bemerkung zu Variablen
Die Schüler werden auf die Begegnung mit der Variablen nicht explizit vorbereitet. Während der Lehrer an der Tafel die Tabelle anschreibt, bittet er lediglich Rina und Charlotte, sich eine Zahl zu denken. Eine Variable (beliebig, aber fest) wird personalisiert eingeführt: Der Schüler rechnet bereits mit Variablen, bevor er es weiß.

Personalisieren von Variablen

Man kann die Wirkungsweise noch hervorheben: „Was muss Rina tun, um die Anzahl der Hölzer zu bestimmen?“

An dieser Stelle eignet sich auch das Professorspiel (vgl. 13.13): Ein Schüler sitzt vor der Tafel mit Blickrichtung zur Klasse. Er ist der Professor, der die Anzahl der erforderlichen Streichhölzer herausfinden soll. Er kennt die Anzahl der Quadrate nicht, die Rina hinter seinem Rücken an die Tafel schreibt. Seine Aufgabe besteht darin, genau anzugeben, welche Rechenschritte Rina tun muss. Das Rollenspiel ist nichts anderes als die Angabe des allgemeinen Terms.

Noch eine Feinheit: Es ist Absicht, dass die Anzahl der Quadrate nicht geordnet dastehen, etwa so:

Anzahl Quadrate	1	2	3	5	7	10	17	34	130	420	1000	23001	*c*	*r*
Anzahl Streichhölzer	4	7												

Zwar wird in der Übung Schritt für Schritt, also rekursiv aufgebaut, aber bei der Berechnung spielt die Reihenfolge keine Rolle. Dem wird mit der „Unordnung“ in der Tabelle Rechnung getragen.

Eine zweite Übung: Quadratzahlen bei Dreiecken

Diesmal sollen gleichseitige Dreiecke aus kleinen Dreiecken gelegt werden. Wie viele kleine Dreiecke entstehen, wenn eine Seite aus einem, zwei, drei ... Hölzern besteht?

Im Bild sind Dreiecke mit den Seitenlängen 3, 4 und 5 gelegt. Entsprechend ergeben sich 9, 16 und 25 kleine Dreiecke.

Anzahl der Hölzer einer Seite	0	1	2	3	4	5	7	12	*j*	25	13	*r*	18	8	19	17
Anzahl (kleiner) Dreiecke	0	1	4	9	16											

Bemerkung zur Lösung

Anscheinend muss die Seitenlänge quadriert werden, da in der unteren Reihe der Tabelle nur Quadratzahlen stehen.

Wird die Seitenlänge um eins größer, kommt eine neue Zeile hinzu. Die Folge der Anzahl dieser neu hinzugelegten Dreiecke entspricht der Folge der ungeraden Zahlen 1, 3, 5, 7, 9, … Es muss also gezeigt werden, dass die ersten n ungeraden Zahlen aufsummiert stets n^2 ergeben.

$1 + 3 + 5 + \ldots + (2n - 1) = n^2$

Auch das lässt sich auf haptische Weise zeigen, und zwar mit Quadraten (vgl. auch 12.5). Das kleinste Quadrat besitzt eine Kantenlänge von einem Streichholz. Möchte man die Kantenlänge um ein Holz vergrößern, benötigt man drei weitere Quadrate (also insgesamt 1 + 3).

Möchte man die Kantenlänge wiederum um ein Hölzchen vergrößern, muss man fünf Quadrate anlegen. Bei jedem Schritt benötigt man zwei Quadrate mehr.

Dreiecks-, Quadrat- und Sechseckzahlen

Rechteckzahl

geometrischer Sinn

Um den Begriff „Quadratzahl" im geometrischen Sinn richtig verstehen zu können, hilft eine Abgrenzung zu anderen Zahlen. So ist jede Zahl eine Rechteckzahl, weil man sie als Rechteck legen kann. Primzahlen sind besondere Rechteckzahlen: Eine Seite ist eins. Und dann

Die ersten Dreieckszahlen

Die ersten Quadratzahlen

Die ersten Sechseckzahlen

gibt es noch Zahlen, die sich zu einem Quadrat, einem Dreieck oder einem Sechseck anordnen lassen.

Zwei didaktische Zwischenbemerkungen

bildhafte Vorstellung von Zahlen

- *Bildhafte Vorstellung von Zahlen:* Mit der bildhaften Vorstellung von Rechteckzahlen lassen sich zwei wichtige Dinge zeigen: erstens, warum 3 · 5 dasselbe ist wie 5 · 3 (Rechteck um 90° drehen), zweitens wird die Rechteckvorstellung bei der Multiplikation von Brüchen benötigt (von „von“ zu „mal“). Primzahlen können nicht als echtes Rechteck dargestellt werden. Wenn man in diesem Bild weiterdenken möchte, so kann man sich eine Zahl mit n Primfaktoren als n-dimensionalen Quader vorstellen.

Verallgemeinern durch zwei, drei konkrete Beispiele

- *Verallgemeinern durch zwei, drei konkrete Beispiele:* Wer nur Quadratzahlen kennengelernt hat, hat meist keine Vorstellung von Sechseckzahlen. Aber wer Quadrat- und Dreieckszahlen erfahren hat, kann meist sofort auf Sechseckzahlen schließen. Unser Gehirn braucht nur wenige konkrete Beispiele, um zu verallgemeinern. Meist genügen zwei oder drei unterschiedliche Perspektiven, um das Wesen einer Sache verstanden zu haben. Das gilt natürlich ganz allgemein.

Auf der folgenden Doppelseite finden Sie einige Übungen, um sich mit den Zahlen vertraut zu machen. Die Aufgaben ergeben erst dann wirklich einen Sinn, wenn ausreichend Münzen vorhanden sind. Ein Besuch einer Bank hilft.

Aufgabe	Lösungsmöglichkeit
Wie lautet die kleinste Dreieckszahl (außer der trivialen $n = 1$), die zugleich eine Quadratzahl ist?	Mit 36 Münzen lässt sich sowohl eine Quadratzahl als auch eine Dreieckszahl legen. 
Ergibt die Summe zweier aufeinanderfolgenden Dreieckszahlen immer eine Quadratzahl?	Ja. Man zerschneide ein Quadrat unterhalb der Diagonale (vgl. farbige Markierung in der Abbildung). 
Ergeben zwei Quadratzahlen zusammen wieder eine Quadratzahl?	In diesem Fall stimmt es. Aus den insgesamt 9 + 16 = 25 Centstücken lässt sich ein Quadrat legen.  Allgemein ist es die Frage nach pythagoreischen Tripeln.

Aufgabe	**Lösungsmöglichkeit**
Welches ist die 200. Dreieckszahl?	Die Vorgehensweise entspricht der Gaußschen Summenformel („Kleiner Gauß“), die hier mit der 8. Dreieckszahl veranschaulicht ist: Man „köpft“ das Dreieck auf halber Höhe und fügt die umgedrehte Spitze wieder an. Jetzt sind es 4 Zeilen, die jeweils 9 Münzen breit sind, es sind also insgesamt $4 \cdot 9 = 36$ Münzen. Für die 200. Dreieckszahl ergeben sich entsprechend $100 \cdot 201 = 20100$ Münzen. 
Aus wie vielen Münzen besteht die 9. Sechseckzahl?	Die erste Sechseckzahl ist die „1“. Um die zweite darzustellen, muss man 6 Münzen hinzulegen; bei der dritten kommen 2 mal 6 Münzen hinzu usw. (vgl. Abbildung).  Damit gilt für die 9. Sechseckzahl: $1 + 6 \cdot 1 + 6 \cdot 2 + 6 \cdot 3 + \ldots + 6 \cdot 8 = 1 + 6 \cdot (1 + 2 + 3 + \ldots + 8) = 1 + 6 \cdot (4 \cdot 9) = 217$ Das letzte Gleichheitszeichen erklärt sich mit der vorherigen Aufgabe (Kleiner Gauß). Zur Vollständigkeit noch die Berechnung der n-ten Sechseckzahl: $1 + 6 \cdot 1 + 6 \cdot 2 + 6 \cdot 3 + \ldots + 6 \cdot (n-1) = 1 + 6 \cdot (1 + 2 + 3 + \ldots + (n-1)) = 1 + 6 \cdot \left(\frac{n}{2} \cdot (n-1)\right) = 1 + 3n^2 - 3n$

16.4 Die Leonardo-Brücke: Anzahl der Querstreben als Variable

Die Leonardo-Brücke ist für sich bereits eine tolle Sache. Bei der Untersuchung von Quadraten und Dreiecken (Abschnitt 16.3) bleibt die Frage offen, was das mit mir als Schüler zu tun hat. Der Brückenbau beschreibt eine Anwendung.

Konkrete Umsetzung

Für den Bau werden lange Streichhölzer benötigt. Die auf den Fotos gezeigten Hölzer besitzen eine Länge von ca. 17 cm und einen quadratischen Querschnitt (3 mm x 3 mm).

Der Lehrer führt den Bau der Brücke vor (Anleitung siehe unten). Wie viele Hölzer benötigt eine Brücke mit x Querbalken? Die Schüler sollen die Frage mit einer Tabelle beantworten. Dabei sollen sie überlegen, für welche x-Werte ein Term Sinn ergibt.

Anzahl der Querbalken	~~0~~	1	2	3									x	
Anzahl der Hölzer	╳													

Mit null Querbalken lässt sich keine Brücke bauen, also wird diese Spalte durchgestrichen. Auch mit einem Querbalken lässt sich keine Brücke bauen. Mit hundert wird es ebenfalls schwierig.

Definitionsbereich

Der Term, welcher die Anzahl der Hölzer beschreibt ($3x$), ergibt nur in einem bestimmten Definitionsbereich einen Sinn. Viel mehr als zehn Querbalken ($x = 10$) sind mit diesen Hölzern nicht zu schaffen.

Bauanleitung für die Leonardo-Brücke

Die Enden zweier Hölzer werden senkrecht auf ein bereits liegendes gelegt. Mittig wird, parallel zum ersten, ein viertes aufgelegt:

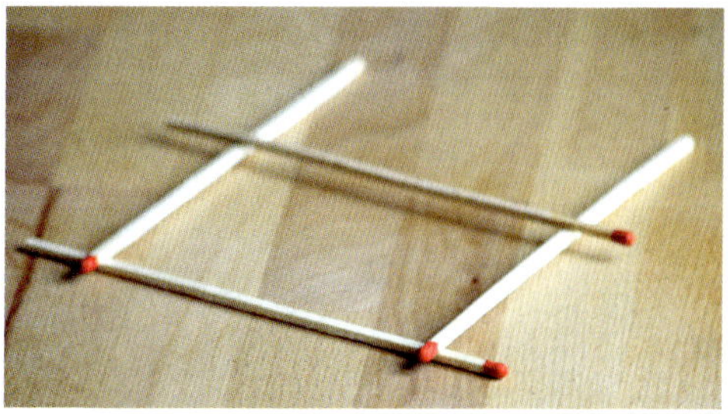

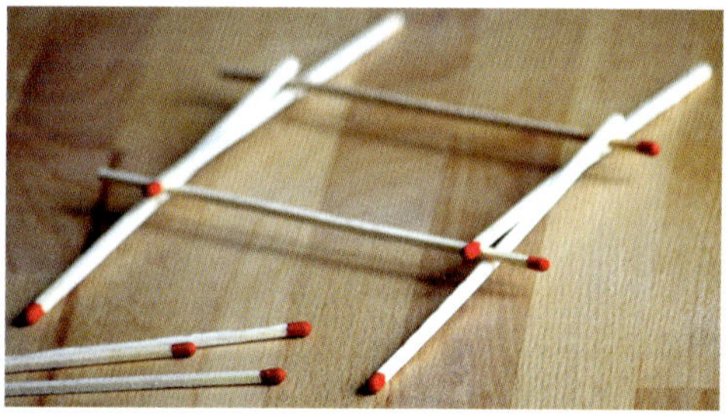

Das zuerst gelegte Holz wird etwas hochgehoben und zwei weitere entsprechend der Abbildung verkantet bzw. „eingefädelt". Die kleinste Brücke besteht aus sechs Hölzern. Mit drei weiteren Hölzern kann die Konstruktion verlängert werden; die hinzukommenden Streichhölzer sind im rechten Bild hervorgehoben:

Alternative Übungen mit der Leonardo-Brücke

Eine Ameisenbrücke

Das aufgeschlagene Mathematikheft oder ein DIN-A3-Blatt stellt einen Fluss dar. Werden kleinere Hölzer verwendet, reicht es, das zugeschlagene Mathematikheft bzw. ein DIN-A4-Blatt zu überbrücken. Für eine Ameise soll eine Brücke gebaut werden, dabei darf es keine Pfeiler geben, die mit dem Wasser in Berührung kommen. Je weniger Hölzer und je stabiler die Brücke, desto besser.

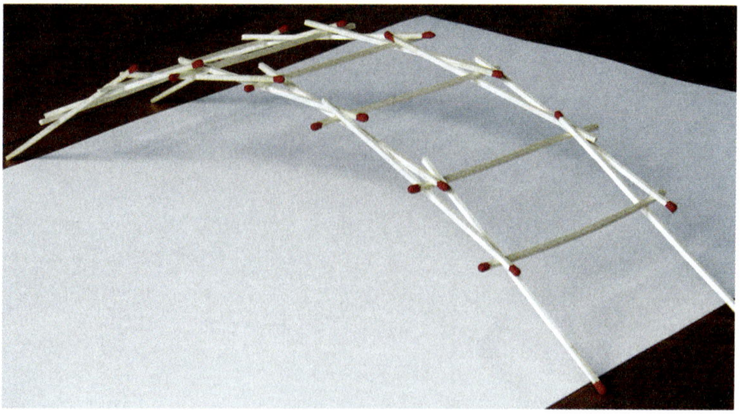

Die Brücke vor der Klassenzimmertür

Der Lehrer baut vor dem Klassenzimmer die Leonardo-Brücke auf. Die Schüler sollen an ihrem Platz die Brücke nachbauen. Dabei dürfen sie jederzeit schweigend den Raum verlassen und das Bauwerk betrachten.

Es geht um räumliches Vorstellungsvermögen und um Merkfähigkeit. Die Übung lässt sich gut mit der vorherigen kombinieren. Wenn die Schüler der Ameise nicht helfen können, dürfen sie draußen vor der Tür eine mögliche Lösung sehen.

Kompetenzorientierung

Die Brücke in Groß

Größer ist besser. Wenn jeder einen ca. 120 cm langen, möglichst geraden Stock mitbringt, kann man die Brücke gemeinschaftlich aufbauen. Jeder trägt seinen Teil dazu bei, dass eine Brücke geschlagen werden kann. Das ist ein starkes, symbolträchtiges Bild für Teamfähigkeit und Klassengemeinschaft.

Teamfähigkeit

Da jeder Stock anders ist, ist zu überlegen, an welcher Stelle welcher verwendet werden sollte. Es ist recht schwierig, mit runden Hölzern eine Brücke zu bauen, die von alleine steht. Am besten begutachtet man zuerst das Material.

Nehmen Sie Schere und Schnur mit, um gegebenenfalls der Festigkeit nachzuhelfen.

Damit eine begehbare Brücke entsteht, müssen die Stöcke entsprechend stabil sein. Die abgebildete hält ein Schülergewicht nicht aus, ist aber ein schönes Exponat. Wer Platz in seinem Schulhaus hat, kann auf diese Weise ohne viel Aufwand der Mathematik (bzw. Leonardo da Vinci) einen hübschen Platz geben. Aber der Bau muss nicht für die Ewigkeit bestehen. Es ist schon hübsch, wenn das Exponat nach der Schulstunde im Pausenhof noch eine Weile bewundert werden darf.

ohne viel Aufwand

Dachlatten als Alternative

Einfacher gelingt der Bau mit Dachlatten. Das Ergebnis sieht zwar nicht so verwunschen aus, als wenn das Holz direkt aus dem Wald kommt, aber dafür ist die Konstruktion wesentlich einfacher und kommt ohne Schnur aus. Noch einen weiteren Haken hat die Baumarktalternative: Jemand muss die Latten besorgen. Das können Sie als Lehrer natürlich gerne machen, aber auch dann arbeiten die Schüler mit fremdem Material. Wertvoller ist die Sache, wenn jeder selbst ein Stück der Brücke mitbringt.

fremdes Material vs. eigenes Material

Beim Begehen der Brücke ist Vorsicht geboten. Auch wenn zu beiden Seiten gesichert wird, können beim Einsturz Unfälle und Quetschungen entstehen.

16.5 Gleichungen – eine Waage für Streichhölzer

In der folgenden Übung wird das Auflösen von (linearen) Gleichungen auf haptischem Wege eingeführt. Zu Beginn der Übung gibt es nur Streichhölzer, Schachteln und eine Waage. Erst nach der Übersetzung in Formelsprache werden daraus Zahlen, Variablen und ein Gleichheitszeichen.

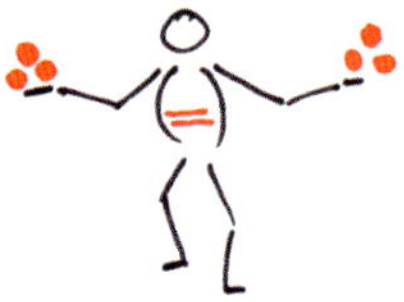

Für Gleichungen ist die Waage ein unmittelbar einsichtiges Modell: Was auch immer auf der einen Seite geschieht, soll auch auf der anderen geschehen. Das ist eine treffende Beschreibung von Äquivalenzumformungen.

Hier dient die „Waage“ als Vorbereitung auf die im folgenden Abschnitt beschriebene Methode *Gleichungen selbst konstruieren – Gleichungen lösen.* Durch die Darstellung ist unmittelbar klar: Gleichungen sind einfacher als Ungleichungen, da bei diesen die Waage nach links oder nach rechts ausschlagen kann.

Es ist ein Prinzip der Didaktik, von der konkreten, körperlichen, ganzheitlichen Erfahrung hin zum Abstrakten zu gehen. So kann der Gleichungscharakter mit Streichhölzern nachempfunden bzw. nachgestellt werden.

Konkrete Umsetzung im Klassenraum

Die Klasse steht gemeinsam um einen Tisch herum. Ein Freiwilliger wird zur Waage für Streichhölzer, indem er seine Hände ausstreckt. In eine Hand legt der Lehrer ein Streichholz, entsprechend sinkt auf dieser Seite die Waagschale nach unten und auf der anderen Seite nach oben. Zum Ausgleich wird in die andere Hand ebenfalls ein Streichholz gelegt. Nun ist die Waage wieder im Gleichgewicht.

Es handelt sich um eine besondere Waage, die nur auf Streichhölzer und nicht auf leere Schachteln reagiert. Zur Veranschaulichung leert der Lehrer eine Schachtel und legt diese dann in eine Schülerhand – nichts passiert. Man könnte jetzt auch auf jeder Seite ein paar Streichhölzer hinzufügen: Solange auf beiden Seiten das Gleiche passiert, bleibt die Waage im Gleichgewicht.

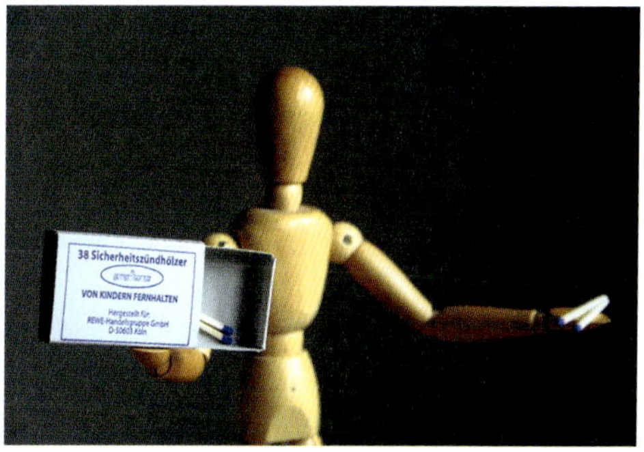

Als Beispiel bekommt ein Schüler in die linke Hand acht Hölzer, in die rechte vier Hölzer und zwei Schachteln, die jeweils eine unbekannte, jedoch dieselbe Anzahl enthalten. Die Waage ist im Gleichgewicht. „Auflösen" dieser „Gleichung" bedeutet eine Vereinfachung der Gleichgewichtssituation. Demnach müssen auf beiden Seiten erst vier Hölzer entfernt werden und danach die Mengen auf

Gleichung auflösen

beiden Seiten halbiert werden. Zum Schluss befinden sich zwei Hölzer in der linken Hand und eine Schachtel in der rechten. Eine weitere Vereinfachung ist nicht möglich.
Statt dass sich die „Waage" auf den Tisch legt, wird diese durch einen Stift des Waagendarstellers, möglichst in der Farbe seines T-Shirts, ersetzt.

Didaktische Zwischenbemerkung: Gestaltpsychologie
Die Waage wird nicht durch irgendeinen Stift dargestellt, sondern durch einen Stift der „Waage" bzw. des Darstellers.

Diesen hält der Lehrer kurz vor den Schüler, damit der Bezug nicht nur materiell (über Eigentum), sondern auch räumlich gegeben ist.

Gestaltpsychologie

Hintergrund ist ein Gesetz der Gestaltpsychologie, das

Gesetz der Nähe,

das besagt, dass Dinge mit geringem Abstand als zusammengehörig wahrgenommen werden. Gerade eben wurde das Gesetz auf die Worte „Gesetz der Nähe" angewendet: Die drei Worte oberhalb des Absatzes werden als zusammengehörig wahrgenommen, weil sie dicht beieinander stehen.

materieller, persönlicher Bezug

Mit Stift und Waagendarsteller verhält es sich analog. Zusätzlich wird noch ein materieller Bezug in den Vordergrund gestellt: Die Repräsentation gehört der „Waage" selbst.

Weiter sollte der Stift die Farbe des T-Shirts besitzen. Hier handelt es sich um das *Gesetz* der Ähnlichkeit: Dinge, die einander ähnlich sind, werden eher als zusammengehörig erlebt als einander unähnliche. Im Beispiel ähnelt *der* Stift dem Waagendarsteller durch seine Farbe. In diesem Abschnitt sind drei Worte in Bezug gesetzt worden. Die *Ähnlichkeit* wurde durch einen anderen Schrifttyp und die Farbe Blau erzeugt. Die Überschrift „Didaktische Zwischenbemerkung: Ein Stift wird zur Waage" nutzt sowohl das Gesetz der Nähe als auch das Gesetz der Ähnlichkeit. Weiter steht der gesamte Abschnitt in einem grauen Kasten, was wieder eine Zusammengehörigkeit über Ähnlichkeit bewirkt.

Gesetz der Ähnlichkeit

Ein neuer Gedanke beginnt mit einem neuen Abschnitt. Die Gesetze der Gestaltpsychologie verwenden Sie, wenn Sie zum Beispiel ein Tafelbild entwerfen oder – wie ich es gerade versuche – einen Text strukturieren. Die Verwendung der Gestaltgesetze wird weder der Schüler noch Sie als Leser bewusst wahrnehmen, aber die Verständlichkeit nimmt erstaunlich zu, wenn man die Gesetze nutzt.[69]

Verständlichkeit durch Gestaltgesetze

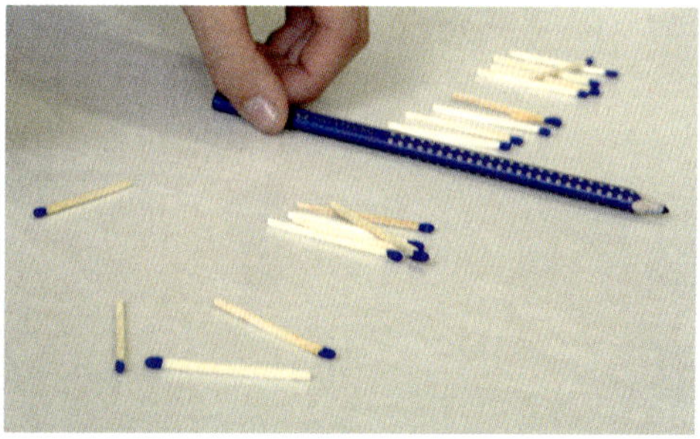

Zurück zur Übung: In meiner Klasse hatte der Schüler ein blaues Oberteil an.
Jetzt fordert der Lehrer einen weiteren Schüler auf, eine beliebige Anzahl, ca. 8 bis 12 Hölzer, auf eine Seite der Waage zu legen. Um die Waage wieder ins Gleichgewicht zu bringen, muss die entsprechende Anzahl auch auf die andere Seite gelegt werden. Im Beispiel liegen auf beiden Seiten neun Hölzer. Anschließend dürfen Streichhölzer in einer Schachtel versteckt werden. Der Lehrer gibt einem Schüler eine leere Schachtel, in der er beliebig viele Hölzer einer Waagschale verstecken darf, vielleicht in etwa ein, zwei oder drei. Ein weiterer Schüler darf nun mehrere Schachteln auf diese Art bestücken. Wichtig ist, dass er jede Schachtel mit derselben Anzahl an Hölzern belegt. Auf dem Foto hat sich der erste Schüler für drei Hölzer pro Box und der zweite für drei Schachteln entschieden.

69 Vgl. die „Verständlichmacher" bei Schulz von Thun: Miteinander reden, Band 1, Reinbek bei Hamburg, 1981, Kapitel II Abschnitt 2.2 Verständlichkeit

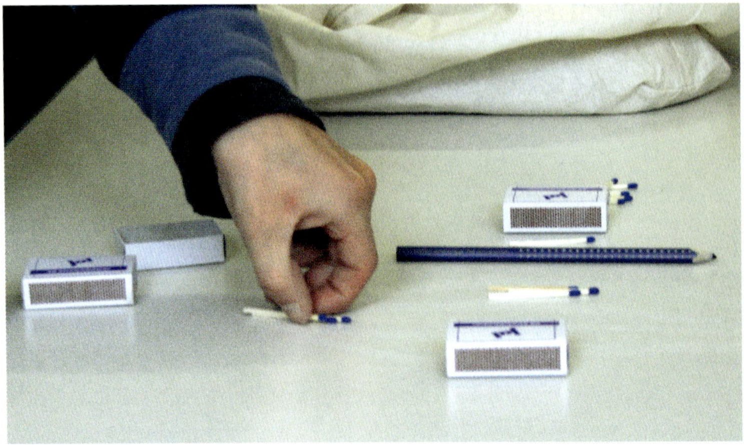

Didaktische Zwischenbemerkungen

Zufälligkeit durch Schüler – Rollen im Unterricht
Wenn zwei Menschen das Gleiche tun, ist es noch lange nicht dasselbe.
Es ist etwas völlig anderes, wenn der Lehrer neun Hölzer auf jeder Seite „auswählt". Dann besteht die Gefahr, dass der ein oder andere Schüler denkt, es hätte etwas mit der Anzahl neun auf sich. Der Lehrer weiß ja auch sonst alles, also wird es nicht als zufällige Handlung interpretiert. Wenn hingegen ein Mitschüler neun Hölzer auswählt, dann ist das zufällig. Wenn zwei Menschen das Gleiche tun und es wirklich dieselbe Bedeutung haben soll, dann müssen beide Personen auch dieselbe Rolle einnehmen. Sprich: Sie können den Schüler durch einen anderen Schüler austauschen – aber natürlich nur, wenn der andere Schüler kein bekannter Überflieger ist und damit die Rolle verändert.

Bedeutung und Rolle

„Stabilität" des Zufalls
Der Lehrer kann den Schüler in seiner Wahl sehr stark einschränken, ohne dass dabei die „Zufälligkeit" verloren geht. Laut Lehreranweisung sollte der Schüler „eine beliebige Anzahl, ca. 8 bis 12 Hölzer" auswählen. Sie sehen, man kann als Unterrichtender den Vorgang sehr stark lenken und trotzdem die Sache beliebig aussehen lassen.

Lenken von „Zufälligkeit"

Jede Handlung eine Rolle
Jeder Vorgang wird durch einen anderen Schüler durchgeführt. Damit wird das Gesetz der Nähe umgangen. Wenn nur ein und derselbe

Schüler (oder noch schlimmer der Lehrer) handelt, würde der Beobachter versuchen, einen gemeinsamen Bezug herzustellen. Eine solche Gemeinsamkeit ist an dieser Stelle jedoch unerwünscht, da die Anzahl der Boxen nichts mit ihrer Füllung zu tun hat. In unserem Fall wurden drei Schachteln mit jeweils drei Hölzern belegt. Da die Schachtelzahl und die Schachtelfüllung von zwei verschiedenen Schülern ausgesucht wurden, wird auch kein Zusammenhang unterstellt. Hätte sich *ein* Schüler bei der Schachtelzahl und bei der Schachtelfüllung jeweils für die Drei entschieden, hätte er für manch einen Beobachter schlichtweg die „Dreierrolle" eingenommen.

Hier wird sehr, sehr fein über theatrale Wirkungen von Handlungen in den jeweiligen Rollen nachgedacht. Der Leser möge sich nicht dadurch verunsichern lassen. In der Regel nehmen wir die „richtigen" Rollen ein bzw. vergeben sie. In diesen didaktischen Bemerkungen geht es nicht darum, eine „richtige" Vorgehensweise zu empfehlen, sondern darum, die Rollenbedeutung aufzuzeigen und die Rollenwahrnehmung zu schärfen. Es ist eine unglaubliche Erleichterung, wenn man im Unterricht (und auch sonst im Leben) um die eigene aktuelle Rolle und die seiner „Mitspieler" Bescheid weiß.

theatrale Wirkungen

Rollenwahrnehmung

Haptisches Lösen einer linearen Gleichung

„Wie viele Hölzer sind in einer Box?" Die Frage ist natürlich sehr leicht zu beantworten, schließlich wurde die Aufgabe ja gemeinsam konstruiert. Also erstellt der Lehrer eine neue Aufgabe, während die Schüler die Augen geschlossen halten. Wer schummelt, bringt sich selbst um die Übung.

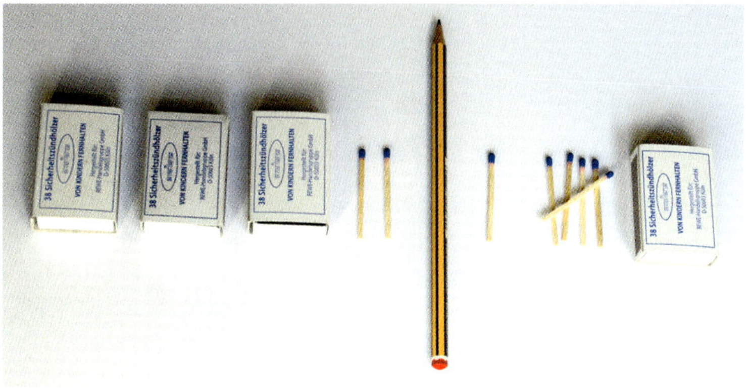

schrittweises Vorgehen

Wie viele Hölzer sind in einer Box? Wer die Antwort weiß, verschränkt die Arme. Auf ein Zeichen des Lehrers wird die Lösung mit den Fingern angezeigt. Die meisten Schüler halten zwei Finger nach oben. Die Kontrolle geschieht schrittweise: Wer kann die Aufgabe vereinfachen, indem er etwas von der Waage nimmt? Im ersten Schritt nimmt Charlotte auf jeder Seite eine Schachtel weg, dann nimmt Lukas jeweils zwei Hölzer weg und anschließend halbiert Jan die Anzahl auf jeder Seite. Schließlich liegen auf der einen Seite zwei Hölzer, auf der anderen eine gefüllte Schachtel. Jetzt ist es viel leichter, die „Lösungsmenge" zu bestimmen.

Übersetzung in eine formale Sprache

einfache Darstellung

Noch gibt es weder Zahlen, noch Variablen oder Gleichheitszeichen, sondern lediglich Hölzer, Schachteln und Waagen. Eine Gleichung wie etwa $3x + 2 = 6 + x$ existiert erst, nachdem die Aufgabe in eine mathematische Sprache übersetzt wurde. Natürlich könnte man die Situation wie auch die Schritte zum Lösen der „Gleichung" abzeichnen, aber es ist viel geschickter, für eine Schachtel ein „s" zu schreiben, für die Anzahl der Hölzer eine Zahl und für den Stift ein Gleichheitszeichen. Die einfache Darstellung der Formelsprache ist der Grund, warum wir sie einführen bzw. verwenden:

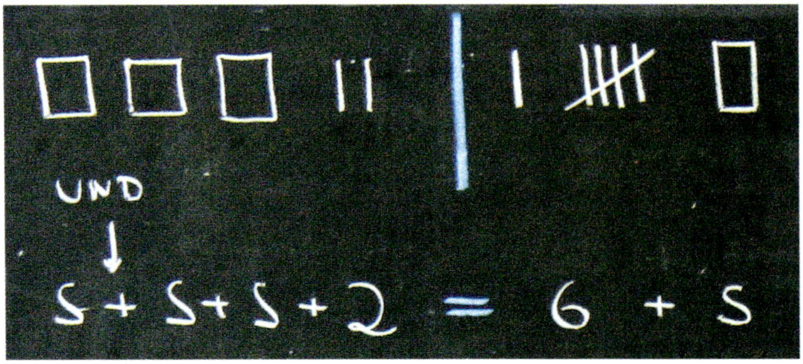

Das Wort „und" wird in der Übersetzung als ein „+" dargestellt. Wenn man es sehr genau nimmt, könnte man für jedes Streichholz eine „1" schreiben, die korrekte Übersetzung würde dann

$$s + s + s + 1 + 1 = 1 + 1 + 1 + 1 + 1 + 1 + s$$

lauten. Der nächste Schritt macht die Sache übersichtlicher:

$$3s + 2 = 6 + s$$

Material als Lehrer

Es ist klar, dass eine Schachtel und ein Streichholz nicht zusammengezählt werden können, es sind ja unterschiedliche Dinge. Ist es nicht hübsch, wie das Material hier selbst zum Lehrer wird?

Ist die Aufgabe in eine Gleichung übersetzt worden, wird die Aufgabe ein zweites Mal gelöst und zwar genau in der Reihenfolge wie zuvor. Das haptische Lösen und der zugehörige Heftaufschrieb finden jetzt gleichzeitig statt. Wieder legt der Lehrer die Aufgabe mit Schachteln und Streichhölzern in der ungelösten Form hin. Als erstes geht Charlotte an die Tafel und schreibt die Regieanweisung, also das, was sie auf beiden Seiten tun möchte, wie üblich durch einen Strich getrennt, in Worten rechts neben die Gleichung: *„Charlotte: Auf beiden Seiten eine Schachtel weg."* Dann schreitet sie zur Tat, indem sie auf jeder Seite eine Schachtel wegnimmt.

Gleichzeitigkeit

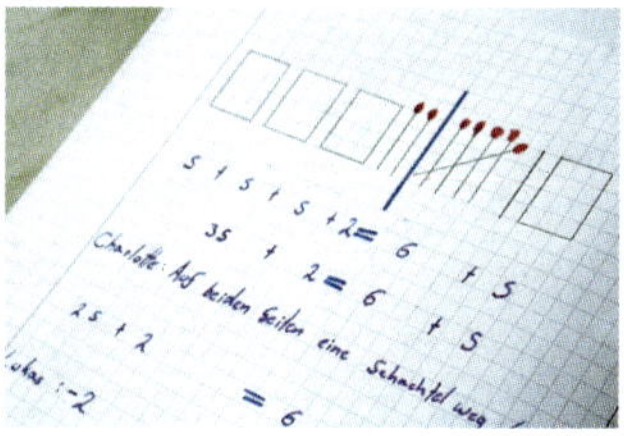

Die Regieanweisung *„Auf beiden Seiten eine Schachtel weg."* kann zu „–s" verkürzt werden. Entsprechend macht Lukas weiter, dann Jan:

Schließlich wird die Lösungsmenge kontrolliert. Während z. B. Rebekka die Schachtel öffnet, schreibt der Lehrer das Geschehen in der Formelsprache an die Tafel:

$$L = \{2\}.$$

Didaktische Bemerkungen

Gesetz der Gleichzeitigkeit

Gestaltpsychologie

vielkanaliges Lernen

Lernen einer Sprache

In dieser Unterrichtssequenz wurde ein weiteres Gesetz der Gestaltpsychologie ausgenutzt, das Gesetz der Gleichzeitigkeit: Elemente, die sich gleichzeitig verändern, werden als zusammengehörig empfunden. Das ist die Idee von vielkanaligem Lernen: Derselbe stoffliche Gegenstand wird hier auf zwei verschiedenen Ebenen dargeboten. Mathematische Formelsprache wird hier ähnlich gelernt, wie ein kleines Kind seine Muttersprache lernt. Der Papa oder die Mama zeigt vor dem Kind auf einen Ball und sagt „Ball".

Die Anwendung des Gesetzes der Gleichzeitigkeit lässt sich in sehr vielen unterrichtlichen Situationen anwenden. Man denke etwa an die Interpretation von Schaubildern: Während ein Freiwilliger sich in Bewegung setzt, zeichnet der Lehrer das zugehörige Schaubild an die Tafel[70]. Damit die Zuschauer mit ihrer Aufmerksamkeit hin- und herspringen können, muss der Vorgang langsam genug erfolgen. Im obigen Beispiel mit der Lösungsmenge kann der „Film" sogar angehalten werden: Während der Schüler „eingefroren" ist, schreibt der Lehrer $L = \{2\}$ an die Tafel.

Personalisieren von Vorgängen

nonverbale Strukturierung

Wieder wird jeder Schritt, jede Handlung von einer bestimmten Person (einer Rolle) übernommen. Das Personalisieren von Rechenschritten enthält einen Vorteil, der vielleicht auf den ersten Blick nicht wahrgenommen wird: Jeder Zuschauer weiß unmittelbar, wann ein neuer Gedankengang bzw. Rechenschritt beginnt und wann dieser endet, der Aufschrieb erfährt eine nonverbale (!) Strukturierung. Ein weiterer Effekt des Personalisierens ist, dass das Gehirn am konkreten Beispiel lernt. Es ist leichter zu lernen, dass *Charlotte* eine Schachtel auf jeder Seite wegnimmt, als dass *man* eine Schachtel auf jeder Seite wegnehmen kann.

70 Vgl. in Band III den Abschnitt 20.6 Eine Liebesgeschichte und ein Überholvorgang.

Und es gibt noch einen dritten Aspekt: Charlotte hat auf ihre Art und Weise einen erforderlichen Rechenschritt gewählt. Ein anderer könnte die Sache anders lösen. So fordert das konkrete Handeln von Charlotte zur Suche nach weiteren Möglichkeiten auf: Was würde ich an dieser Stelle tun? Oder auch: Was könnte man überhaupt an dieser Stelle tun?

weitere Möglichkeiten

16.6 Gleichungen konstruieren, Gleichungen lösen

Für die nächste Übung werden ca. 50 Streichholzschachteln benötigt. Die Schüler konstruieren zuerst selbst eine Aufgabe, um im Anschluss die Gleichungen der anderen Gruppen zunächst haptisch und dann schriftlich (formal) zu lösen.

Phase 1: Konstruktion der Aufgaben

Es werden kleine Gruppen gebildet, jede baut entsprechend Abschnitt 16.5 eine „Gleichung" auf. Folgendes Vorgehen hat sich in der Praxis bewährt:

1. Links und rechts des Stiftes[71] wird dieselbe Anzahl an Streichhölzern gelegt. Der Stift ist Eigentum der Konstrukteure. Damit werden Rückfragen an die jeweilige Gruppe möglich. Es dürfen auch halbe Hölzer verwendet werden. Auf weitere Teilungen (ein Drittel, ein Viertel eines Streichholzes etc.) sollte wegen der schweren Unterscheidbarkeit verzichtet werden.
2. Im zweiten Schritt werden beliebig viele Schachteln geleert. In jeder dieser Schachteln müssen jeweils gleich viele Hölzer von denen, die schon gelegt sind, versteckt werden. Es kommen also keine neuen Hölzer hinzu oder wandern auf die andere Seite des Stiftes.
3. Alles andere verschwindet vom Tisch. Bücher und Mäppchen in die Schultasche, unbenötigte Hölzer werden aufgeräumt, so dass auf dem Tisch (der Bühne) nur noch die Gleichung zu sehen ist. Ein versehentlich liegen gebliebenes Streichholz wird vielleicht vom Aufgabenlöser mit der eigentlichen Aufgabe verwechselt. Ein Materialtisch (z. B. das Pult) zur Ablage ungebrauchter Hölzer ist hilfreich.

Tisch als Bühne

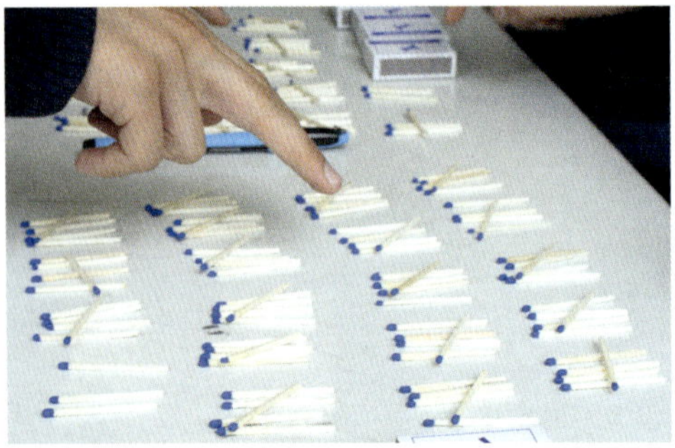

Phase 2: Haptisches Lösen fremder Aufgaben

Klassenzimmer als Museum

Das Klassenzimmer gleicht nun einem Museum, in dem verschiedene Gleichungen als Exponate ausgestellt sind. Diese sollen nun haptisch und schrittweise gelöst werden. Zur Lösung werden Schachteln und Hölzer nicht entfernt, sondern nur verschoben. Ist die Aufgabe gelöst, wird die Lösungsmenge kontrolliert und danach die Aufgabe in den Urzustand zurück gesetzt. Bevor also Hand an die Gleichung gelegt wird, gilt es, sich die Gleichung gut einzuprägen. Alternativ kann die Gleichung von den Konstrukteuren auf einem Klebezettel formal notiert werden (vgl. 17.4).

71 Bestehen Farbgruppen (vgl. M. Kramer: Didaktik für Abenteurer; erscheint 2018), erhalten die Stifte die entsprechende Gruppenfarbe.

In dieser Phase wird jedoch diskutiert und nicht geschrieben. Aufgabe ist es herauszufinden, welche Aufgabe am schwersten ist. Nach ein paar Minuten geht auf ein Zeichen des Lehrers jeder zu der Gleichung, die er für die schwerste hält. Die Übung fordert demnach auf zwei Ebenen: Einerseits sollen Gleichungen gelöst werden, auf der anderen Seite sollen diese bewertet werden. Die Schüler haben sich nach ihrem Bauchgefühl orientiert, jetzt sollen Argumente gefunden werden, *warum* sie diese Aufgabe für schwer halten. Wer für sich eine Antwort gefunden hat, verschränkt die Arme. Es ist nicht immer leicht zu formulieren, was die Aufgabe schwer macht. In der Tat ist die Bewertung des Schwierigkeitsgrades die abstraktere und schwierigere Übung. Wenn alle Arme verschränkt sind, geht es weiter: Wer möchte, darf sich „öffnen". Hierzu löst ein Freiwilliger seine Verschränkung und erklärt, warum er genau diese Aufgabe für schwer hält.

Phase 3: Übersetzung der Aufgaben, formales Lösen

Sind die Schwierigkeiten geklärt, soll jeder Schüler eine vom Lehrer festgelegte Anzahl von Aufgaben (in dieser Klasse waren es sechs) skizzieren. Wohlgemerkt: Die Aufgabenstellung lautet *skizzieren,* gemeint ist also die Notation der Aufgaben ohne Zahlen oder Buchstaben.

Als Hausaufgabe sollen die Aufgaben gelöst werden. Wer möchte, darf die Gleichung zuerst übersetzen und dann mit Zahlen und „dem *s*" (der Variablen *s*) rechnen. Das geht schneller und ist übersichtlicher als Kästchen und Striche.

Didaktische Bemerkungen

Variablen als Geschenk

Man beachte die Formulierung: „Wer möchte, darf die Gleichung zuerst übersetzen ..." Der Schüler könnte auch mit Kästchen und Strichen rechnen, aber fast keiner macht das. Es ist schlichtweg zu um-

Variable als Erleichterung

ständlich. Die Schreibweise mit der Variable *s* wird als ein Geschenk empfunden. Das Rechnen mit Variablen bedeutet keine zusätzliche Erschwernis, sondern Erleichterung! Das ist das Gegenteil dessen, was leider zu häufig in deutschen Schulen passiert: „Jetzt könnt ihr mit Zahlen rechnen, jetzt schauen wir einmal, ob ihr es auch mit Buchstaben könnt." Mit solch einer Ankündigung werden Variablen in einer Form von Daumenschrauben eingeführt.

Konstruktivistisches Vorgehen

Das Vorgehen in dieser Übung unterscheidet sich radikal von der üblich praktizierten Methode, bei der der Lehrer zuerst eine einfache Aufgabe an die Tafel schreibt und diese von den Schülern gelöst werden soll. Danach gibt es eine etwas schwerere. Mit jeder Runde wird es schwieriger.

eine eigene Aufgabe konstruieren

Hier *konstruiert* der Schüler zuerst eine eigene Aufgabe, bevor er sich ans Üben mit fremden Aufgaben macht. Hintergrund ist die Idee, dass sich jeder Mensch seine eigene (mathematische) Welt selbst konstruieren muss. Ein direktes Beschulen hilft hierbei nur wenig.

16.7 Mit negativen Zahlen haptisch rechnen: Bedeutung der Ortskodierung

Bisher konnte nur mit positiven Zahlen gerechnet werden. Der Wunsch liegt nahe, auch Gleichungen wie z. B. $2x - 5 = -x + 4$ auf haptischem Wege lösen zu können. Aber wie führt man handelnd negative Zahlen ein? Die naheliegende Idee, mit abgebrannten Hölzern als Symbol für negative Zahlen zu arbeiten, erweist sich als schwierig. Auch eine Farbkodierung derart, dass Hölzchen mit blauen Köpfchen negativ gezählt werden und entsprechend die mit den roten positiv, führt auf keinen grünen Zweig.

Das hat einen Grund: Es ist für unser Gehirn nicht möglich, etwas zu sehen und es als negativ zu interpretieren. Auch ein abgebranntes Streichholz ist vorhanden, ist somit „positiv". Es ist ein einfaches Prinzip unserer Wahrnehmung: Was da ist, ist auch da. Im linken Bild nehmen Sie beispielsweise drei Streichhölzer wahr und nicht etwa ein positives und zwei negative Hölzchen.

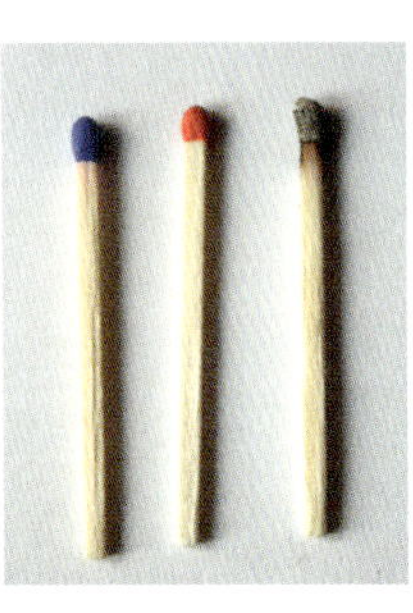

Bevor wir mit negativen Zahlen zu rechnen beginnen, darf gerne zu den Gedanken am Anfang des Buches in Abschnitt 11.1 zurückgegangen werden, den Vorläufern unser heutigen Zahlen. Es ist eine gute Hinführung auf das Folgende.

Statt mit abgebrannten oder unterschiedlich farbigen Hölzern und Schachteln negative Zahlen oder Variablen einzuführen, wird hier dem Beispiel der Ortskodierung gefolgt. Wie im Aufbau des Zahlensystems zuerst nur positiv gezählt wurde und dann mittels einer Ortskodierung das Minus möglich wurde, ist es gut, wenn die Schüler zuerst nur mit Hölzern und dann in einem zweiten Schritt mit ortskodierten Hölzern rechnen.

negative Zahlen

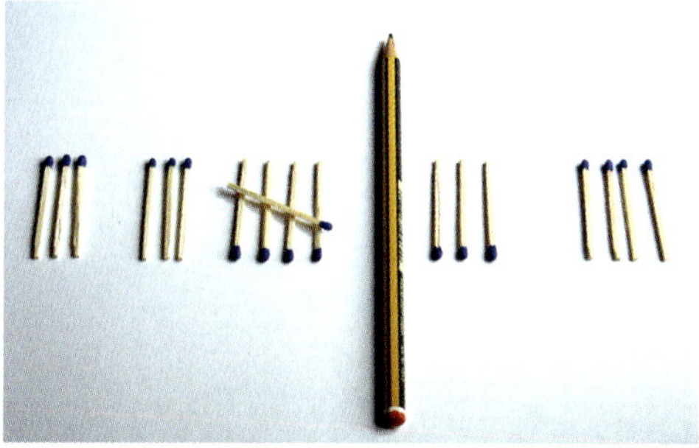

Wir vereinbaren folgende Ortskodierung: Hölzchen, deren Köpfe nach unten zeigen, werden negativ gezählt, die anderen positiv. Dabei wird die Richtung „oben" durch die Richtung des Stiftes angezeigt. Das Beispiel zeigt die Gleichung $3 + 3 - 5 = -3 + 4$.

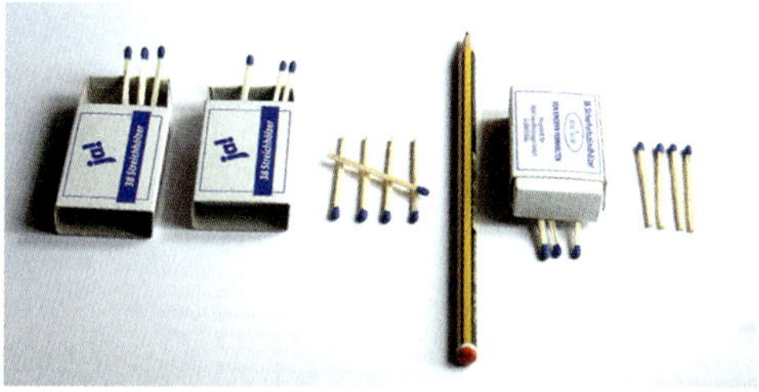

Wieder können wir Hölzer verstecken. Jede Variable (Schachtel) wird mit der gleichen Anzahl von Hölzern belegt. Die drei Hölzer auf der rechten Seite der Gleichung werden entsprechend in eine umgekehrt liegende Schachtel verpackt:
Jetzt lautet die Gleichung $2x - 5 = -x + 4$.

Ortskodiertes Lösen einer Gleichung
Als Beispiel soll die gerade konstruierte Gleichung haptisch gelöst werden.

Haptische Interpretation	Gleichung	Regieanweisung
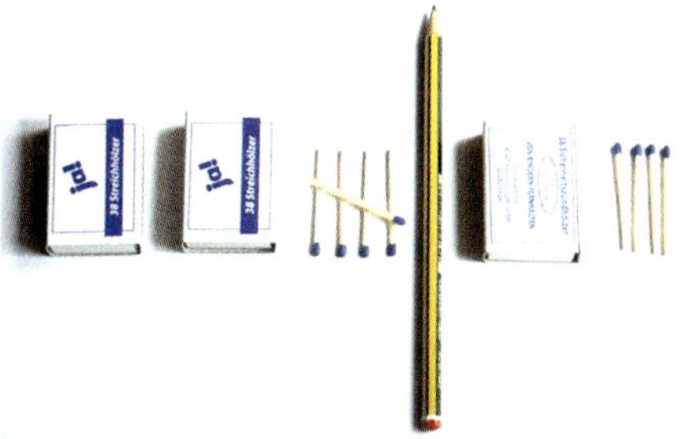	$2x - 5 = -x + 4$	Auf beiden Seiten wird eine Schachtel hinzugefügt, in Zeichen: $+x$ Auf der rechten Seite heben sich die umgedrehte Schachtel und die neu hinzukommende Schachtel gegenseitig auf. Umgangssprachlich „bringt man das x auf die andere Seite".

Haptische Interpretation	Gleichung	Regieanweisung
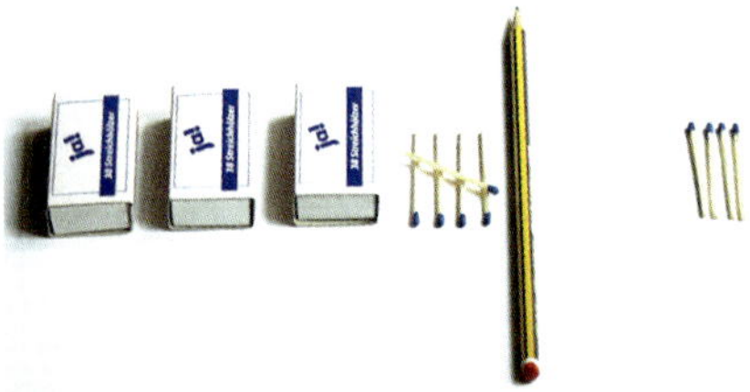	$3x - 5 = 4$	Dann werden auf beiden Seiten fünf positive Hölzer hinzugefügt: $+5$ Umgangssprachlich bringt man die „5“ auf die rechte Seite.
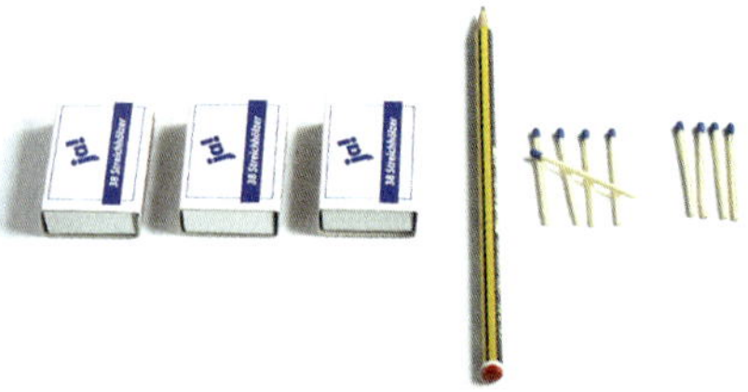	$3x = 9$	Schließlich wird auf beiden Seiten durch drei geteilt: $:3$
	$x = 3$	Und im letzten Schritt wird die Lösungsmenge abgelesen.
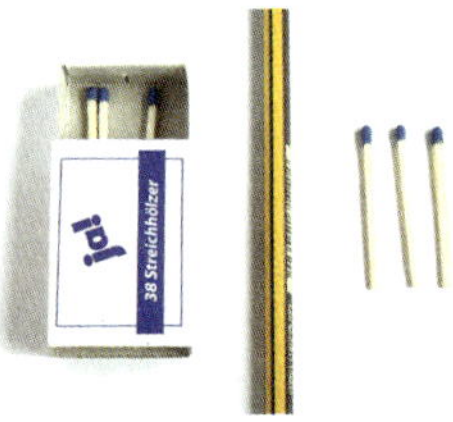	$L = \{3\}$	

Man beachte beim Umdrehen der Schachtel, dass dabei auch die Hölzer mit umgedreht werden. Die Box wird also über die kurze Kante gedreht:

Auch wenn einige Hölzer in Schachteln versteckt sind und man so bei den Rechenoperationen ihre Lage nicht direkt sieht, lässt sich die Stimmigkeit der Rechnung jederzeit durch Öffnen der Schachteln kontrollieren.

Bemerkung zum Ablesen der Lösungsmenge

Betrachten wir den Fall, dass eine Gleichung zu $-x = 3$ vereinfacht wurde. Hier lässt sich offensichtlich die Lösungsmenge nicht direkt ablesen.

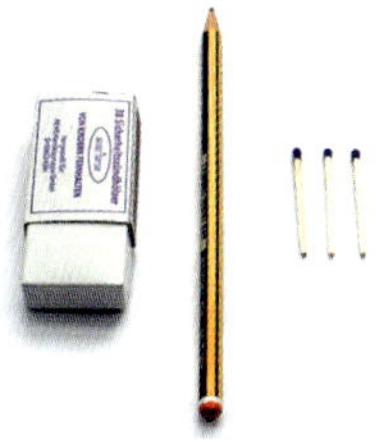

Zuerst muss die Schachtel umgedreht werden, indem man zum Beispiel auf beiden Seiten alles umdreht, also die Gleichung mit -1 multipliziert, so dass sich $-x = 3$ in $x = -3$ verwandelt.

Bemerkung zur Minusklammer

Beachten Sie, dass mit der Anweisung „auf beiden Seiten alles umdrehen" auch implizit eine Klammer gesetzt wird, was in folgendem Beispiel offensichtlich ist:

$$-x + 2 = 3 + 2x$$

Multiplikation beider Seiten mit -1 ergibt

$$-(-x + 2) = -(3 + 2x)$$

$$x - 2 = -3 - 2x$$

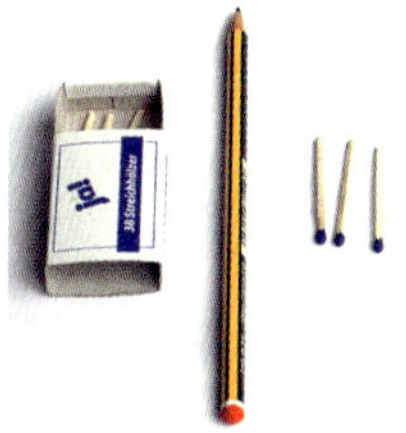

Eine Minusklammer wird haptisch fast zwangsläufig richtig aufgelöst. Es ist ein hübsches Beispiel für die Stärke und Unmittelbarkeit der Haptik. Gibt es eine einfachere Möglichkeit, die Wirkung einer Minusklammer zu zeigen?

Konkrete Umsetzung im Klassenzimmer

Die Umsetzung geschieht in fünf Phasen:

Phase 1: Vorbereitung

Beliebigkeit des Beispiels

Zuerst wird wie in Abschnitt 16.6 mit den Schülern gemeinsam eine Aufgabe mit negativen Zahlen und negativen Variablen erstellt. Es ist gut, wenn die Schüler zuerst selbst eine Aufgabe konstruieren, dadurch wird das Beispiel beliebig.

Danach schließen die Schüler die Augen und der Lehrer legt eine Gleichung, vielleicht das obige Beispiel $2x - 5 = -x + 4$. Anschließend wird es Rechenschritt für Rechenschritt gelöst.

Phase 2: Schüler konstruieren eine Aufgabe

Die Schüler konstruieren in Zweier- oder Dreiergruppen je eine Aufgabe, die möglichst negative Zahlen und Variablen enthält. Damit keine exotischen Brüche herauskommen, sollen zuerst auf beiden Seiten gleich viele Hölzer gelegt werden. Da sich beim Umdrehen der Schachtel (der Variablen) nur ganze Hölzer sicher mit umdrehen, sollte zumindest ein ganzes Hölzchen zur Markierung der Richtung bzw. des Vorzeichens (positiv oder negativ) in jeder Schachtel liegen. Einfacher ist es, in dieser Übung auf Brüche zu verzichten.

Phase 3: Kontrolle und Probe der Gleichung

Ist die Gleichung gelegt, wird diese übersetzt und auf einen Klebezettel (post-it) aufgeschrieben. Das ist wichtig, da beim haptischen Lösen die Gleichung verändert wird. Damit die Aufgabe hinterher wieder aufgebaut werden kann, braucht es diese schriftliche Fixierung. schriftliche Fixierung

Anschließend wird die konstruierte Aufgabe kontrolliert: Einer zählt die Hölzer auf der linken Seite des Stiftes, der andere auf der rechten. Dabei wird die Lage der Hölzchen (das Vorzeichen) beachtet. Die Schüler machen an dieser Stelle nichts anderes als die Probe mit der bekannten Lösung. Jetzt wird noch die Übersetzung überprüft: Einer nimmt den Klebezettel in die Hand und der andere übersetzt die gelegte Aufgabe.

Zum Schluss wird die eigene Aufgabe gelöst und hinterher wieder rekonstruiert.

Ist die Gruppe von der Richtigkeit ihrer Aufgabe überzeugt, dann schreibt sie ihre Namen für eventuelle Rückfragen unter die Gleichung.

Es hilft, wenn der Lehrer bei der Überprüfung der Aufgaben sehr klare Anweisungen gibt. Je mehr Gleichungen falsch gelegt oder übersetzt werden, desto unruhiger wird die anschließende Übung.

Phase 4: Haptisches Lösen fremder Aufgaben

Wie in einem interaktiven Museum gehen die Schüler durch den Raum und versuchen, fremde Aufgaben zu lösen.

Die Schüler erhalten zum Lösen der Aufgaben ca. eine Viertelstunde Zeit. Es müssen nicht alle Übungen bewältigt werden, viel wichtiger ist es, dass sich keine Gruppe langweilt, weil sie bereits mit allen Aufgaben durch ist.

didaktisch-pädagogische Ortskodierung

Es ist recht hübsch, dass bei dieser Übung auch entstehende Schwierigkeiten ortskodiert werden. Gibt es nach Durchlaufen dieser Phase Verständnisprobleme, hilft eine Ortsbegehung: Schüler und Lehrer gehen zu der entsprechenden Aufgabe und lösen diese gemeinsam.

Eine typische Frage ist: Warum darf man ein Streichholz auf die andere Seite legen, wenn man es dabei umdreht? Man muss doch auf beiden Seiten immer dasselbe tun!
Auch diese Frage lässt sich haptisch beantworten: Neben das Holz, welches auf die andere Seite der Gleichung soll, wird ein umgekehrtes hinzugelegt. Natürlich muss jetzt auch auf der anderen Seite ein Holz in entsprechender Ausrichtung hinzugefügt werden. Die ersten beiden löschen sich aus. Analog kann man Variablen „auf die andere Seite bringen“ wenn man sie dabei umdreht. Die Sache mit dem „auf die andere Seite bringen“ wird also auf eine Äquivalenzumformung zurückgeführt.

„auf die andere Seite bringen“

Phase 5: Übersetzung in die Sprache der Algebra
Wenn alle Schwierigkeiten beseitigt sind, holen die Schüler ihre Mathematikhefte heraus und gehen zu einer (vielleicht schon gelösten) Aufgabe. Jetzt soll Schritt für Schritt die Aufgabe abwechselnd haptisch gelöst und aufgeschrieben werden. Der stetige Wechsel zwischen Anfassen und Aufschreiben entspricht dem Hemisphärenmodell des Gehirns: links die formale Abstraktion, rechts die bildliche, räumliche Entsprechung.

gehirngerechtes Lernen

Das Aufschreiben beinhaltet gleichzeitig eine Übersetzung. So fragen die Schüler häufig, wie man das denn aufschreibt, wenn man eine Schachtel auf die andere Seite bringt ($- x$) und dabei umdreht. Es reicht, wenn die Schüler zwei oder drei Aufgaben auf diese Weise exemplarisch durchgehen.

Mathematik ist eine Sprache

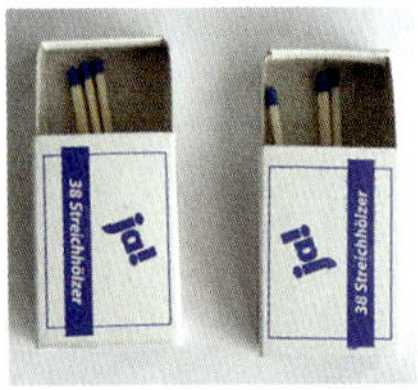

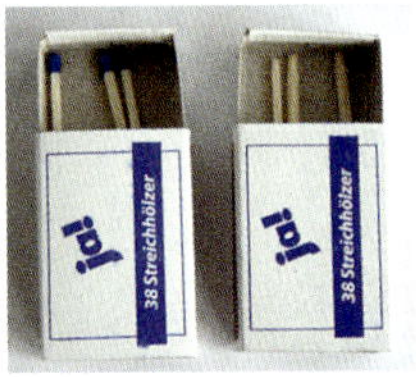

Erweiterung der Ortskodierung

Man kann auch negative Lösungen zulassen. Die Hölzer werden dabei umgekehrt in die Schachtel gelegt, die Köpfchen zeigen in diesem Fall nach unten. Jetzt muss allerdings darauf geachtet werden, dass die Schachtel bei der Bestimmung der Lösungsmenge richtig herum liegt. Im oberen Bild handelt es sich um unterschiedliche Lösungsmengen.

Wenn beide Schachteln mit dem Schriftzug von unten nach oben liegen, sieht man sofort den Unterschied.

Ergänzung: schlampige Ortskodierung der Schachtel

Falls man es nicht so genau nehmen möchte und nur zwischen Vorder- und Rückseite der Schachtel unterscheiden möchte, bleibt alles richtig, solange man die Richtung der Hölzer in der Schachtel nicht berücksichtigt, sprich solange diese nicht ortskodiert sind. Dann gibt es allerdings auch nur positive Lösungen. Der Vorteil in der Unterschlagung des Vorzeichens innerhalb der Variablen liegt in der Handhabung: Man dreht eine Schachtel für gewöhnlich über die lange Seite. Möchte man die Drehrichtung nicht thematisieren, lässt man es bei der einfachen Ortskodierung der Schachtel von „oben" und „unten". Mathematisch eleganter ist sicherlich die erste Version.

16.8 Haptische Interpretationen in der Algebra

Viele Missverständnisse in der Algebra lassen sich anschaulich erklären. So wirkt mitunter diese Umformung auf einen Schüler widersprüchlich:

$$8 = s + s$$
$$8 = 2s$$

„Ich dachte, man muss auf beiden Seiten genau das Gleiche tun!"

Termumformung

Die Termumformung ist keine echte Äquivalenzrelation. Anschaulich findet nur eine Umschichtung der Schachteln statt. So kann „$s + s$" als zwei nebeneinanderliegende Schachteln interpretiert werden, während „$2s$" einen Stapel aus zwei Schachteln darstellt (siehe die Fotos auf nächster Seite).

$$8 = s + s$$

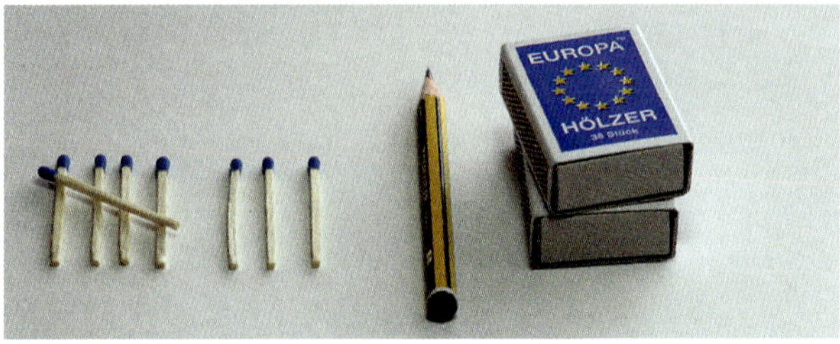

$$8 = 2 \cdot s$$

Ein weiteres Beispiel: Eine Schachtel und ein Streichholz können nicht zusammengezählt werden. Also lässt sich $s + 1$ nicht weiter vereinfachen.

Haptische Interpretation von Fehlern

Beim haptischen Lösen geschieht es mitunter, dass ein Streichholz die Seite wechselt, also über den Stift hinweg wandert. Es ist keineswegs so, dass diese „Fehler" schlecht wären. Im Gegenteil. Das Konzept „trial and error" hat uns auf einen sehr hohen Entwicklungsstand gebracht. Fehler beinhalten stets ein großes Lernpotential und mit Hilfe der Hölzer können sie und ihre Folgen veranschaulicht werden. Beispielsweise werden Gleichungen dieser Art häufig auf folgende Weise falsch umgeformt:

Fehler als Lernpotentiale

$$2s - 1 = s + 3$$
$$2s = s + 2$$

Bei dieser Umwandlung wurde nur an den Betrag „1" gedacht, nicht an das Vorzeichen. Dieser Fehler lässt sich mit dem gewanderten Streichholz vergleichen.

Nachforschungen darüber, wie sich ein Fehler auf die Lösungsmenge auswirkt, ist eine eigene Herausforderung.

Ausmultiplizieren: eine erweiterte Übung

Das Distributivgesetz erhält seine Bedeutung erst durch die Einführung von Variablen. Ausmultiplizieren oder Ausklammern kann in bestimmten Fällen als ein Rechenvorteil gesehen werden, aber erst beim Lösen einer Gleichung wie z. B. $3(x + 1) = 8$ wird es tatsächlich benötigt.

Eine mögliche Übung, die unmittelbar nach dem Verständnis fragt, könnte so lauten: *Wie lassen sich folgende Gleichungen btw. Aussagen anschaulich interpretieren?*

- $x + x = 2x$
- $3(x + 1) = 3x + 3$
- $x + 1$ kann man nicht zusammenrechnen.
- $x + 4 = 4 + x$

16.9 Aus-x-en und Rechnen mit Klammern

Wie löst man eine Gleichung, beispielsweise diese?

$4 + 2\sqrt{-x + 1} = 9$

Betrachten wir die Gleichung einmal vom Standpunkt des „x“: Wo befindet es sich überhaupt? Wie wurde es „verpackt“?

Erst wurde es mit einem Minuszeichen versehen und dann wurde 1 dazugezählt. Das Ganze wurde unter eine Wurzel gepackt, um es anschließend mit 2 zu multiplizieren und 4 dazuzuzählen. Der Operatorcharakter wird verstärkt, wenn das „x“ mit den Schülern zusammen verpackt wird.

Konkrete Umsetzung

Schüler als Variable

Eine theatrale Umsetzung kommt ohne Kartons und Schachteln aus: Der Lehrer flüstert einem Schüler eine Zahl ins Ohr, beispielsweise „3“. Damit wird dieser Schüler zu einer Variablen, nennen wir sie „x“ für „Xaver“.

Personalisieren von Operatoren

Nun wird bestimmt, was dem „*x*“ angetan wird bzw. wer es in welcher Reihenfolge verpackt bzw. umarmt. Mit anderen Worten: Es werden *Operatoren* bestimmt:

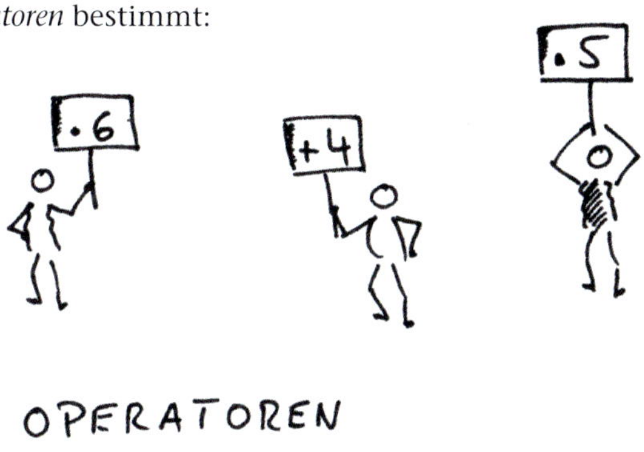

Zuerst geht der Operator „· 6“ zum „*x*“ und hält es mit seinen Armen fest. Mit diesem Fest*klammern* kann man *Klammern* einführen.[72]

Es folgen entsprechend den Skizzen weitere Operatoren.

das „*x*“ auspacken

Anschließend soll das gefangene „*x*“ wieder ausgepackt werden. Das bewerkstelligen Gegenoperationen, welche die Schüler problemlos

72 An dieser Stelle wird natürlich keine Klammer benötigt, da das „*x*“ alleine ist. Anders verhält es sich beim Operator „· 5“, wo wirklich *geklammert* werden muss.

Gegenoperatoren als „Lösungsstoffe“

selber finden. Bezeichnet man die Operatoren als Klebstoffe, so sind die Gegenoperatoren entsprechend die Lösungsstoffe:

Das Tafelbild könnte am Ende etwa so aussehen:

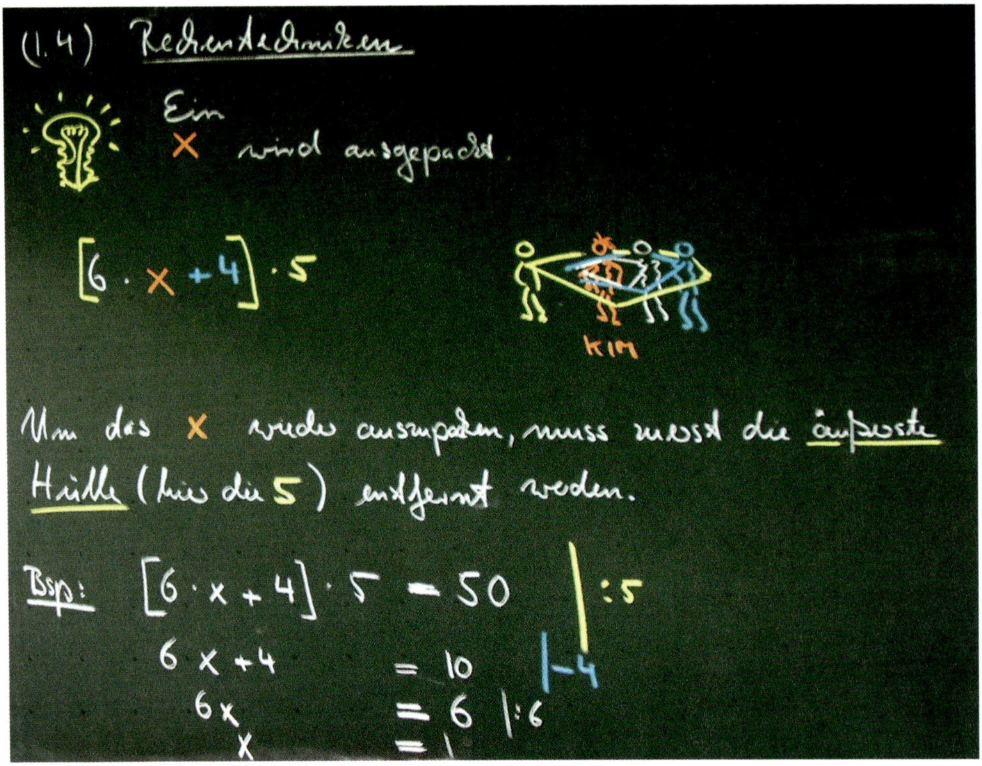

Schritt für Schritt

Die Stärke dieser Technik liegt vor allem in ihrer Anschaulichkeit: „Schritt für Schritt“, „Rechenschritt für Rechenschritt“. Es ist auch unmittelbar einsichtig, dass es auf die Reihenfolge der Operatoren ankommt. $[(6 \cdot x) + 4]$ ist eine andere Verpackung als beispielsweise $[(x + 4) \cdot 6]$. Auch die Wirkungsweise einer Klammer ist leicht zu verstehen.

Die Vereinbarung, dass man bestimmte Klammern weglassen kann, wird häufig als sogenannte „Vorfahrtsregel“ unterrichtet („Punkt vor Strich“). Vielleicht ist es anschaulicher, wenn man unterschiedliche „Klebstoffe“ einführt. Zumindest haben die Schüler noch keinen Führerschein. Dementsprechend steht die Addition für einen sehr schwachen, die Multiplikation für einen stärkeren und das Potenzieren für einen noch stärkeren Kleber, der nur noch von der Klammer übertroffen wird.

schwache und starke Klebstoffe

16.10 Schritt für Schritt – Lösungen abschreiten

Mit dieser Methode können komplexere und auch nichtlineare Aufgaben wie Potenz- oder Wurzelgleichungen gelöst werden. Die Idee ist naheliegend: Um eine Gleichung zu lösen, muss man Schritt für Schritt vorgehen, und genau das lässt sich draußen auf der Straße im Großen umsetzen.

Unterricht draußen

Erstellen von Gleichungszebrastreifen

Zur Umsetzung im Unterricht wird trockenes Wetter und genügend Kreide benötigt. Die Klasse wird in Vierergruppen aufgeteilt, jede erfindet eine Aufgabe und schreibt diese groß auf den Boden. Zum Beispiel: $3x + 7(x + 1) = 4x - 3$. Im nächsten Rechenschritt wird die Klammer aufgelöst: $3x + 7x + 7 = 4x - 3$, was einen Schritt weit von der ursprünglichen Gleichung aufgeschrieben wird. Auf diese Weise entsteht ein Gleichungszebrastreifen, der hier von unten nach oben abgeschritten wird.

Zebrastreifen

$$
\begin{aligned}
x &= -\frac{10}{6} = -\frac{5}{3} \\
6x &= -10 \\
6x + 7 &= -3 \\
10x + 7 &= 4x - 3 \\
3x + 7x + 7 &= 4x - 3 \\
3x + 7(x + 1) &= 4x - 3
\end{aligned}
$$

Abschreiten in zwei Rollen: Prüfer und Prüfling

Nach Fertigstellung schreitet jede Gruppe die Zebrastreifen der anderen ab. Einer in der Gruppe, der Prüfling, stellt sich vor den ersten Streifen und erklärt den anderen, was gerechnet wurde. Diese fragen vor jedem (Rechen-)Schritt nach, welchen Sinn der konkrete Rechenschritt ergibt. Die Unterhaltung beim ersten Schritt des obigen Rechenzebrastreifens könnte in etwa so lauten:

Prüfer: „Was passiert in diesem Rechenschritt?“
Prüfling: „Es wird die Klammer ausmultipliziert.
Prüfer: „Warum?“
Prüfling: „Weil man dann später die „x“ zusammenfassen kann.“
Prüfer: „Könnte man nicht zuvor etwas anderes machen, z.B. zuerst 3x abziehen?“
Prüfling: „Mh..., könnte man schon, falsch wäre es nicht ... Aber es bringt nichts. Hinterher muss man ja doch die Klammer auflösen.“
...

Abzweigungen

Es kann auch sein, dass der Prüfer einen alternativen Rechenweg findet, der von einer bestimmten Stelle abzweigt. Dieser kann hinzugezeichnet werden. Mitunter gibt es mehrere Abzweigungen, die letztendlich jedoch alle wieder zusammenführen, spätestens beim Ergebnisstreifen. Nachdem die erste Rechnung erlaufen wurde, nimmt ein anderer die Rolle des Prüflings ein.

Alternative
Die Gruppen können sich paarweise aufteilen, so dass es stets einen Prüfer und einen Prüfling gibt. Nach dem ersten Lösungszebrastreifen werden die Rollen getauscht. Danach sucht sich jeder einen neuen Partner. Es ergibt durchaus auch Sinn, einen bekannten Zebrastreifen mit einem neuen Prüfer abzuschreiten.

Erweiterungen
Nachdem jeder mindestens fünf Rechenwege abgeschritten hat, soll jeder zu der Stelle gehen, die er persönlich am schwierigsten emp-

funden hat. Jetzt treffen sich Schüler mit gleichen Schwierigkeiten an derselben Stelle und tauschen sich aus.

ortskodierte Schwierigkeiten

Alternativ oder ergänzend treffen sich zum Schluss die Vierergruppen erneut und schätzen den Schwierigkeitsgrad der eigenen Aufgabe ein. 100 % bezeichnet hierbei eine extrem schwere Aufgabe, 0 % eine sehr leichte. Die Schüler müssen sich in der Kleingruppe auf einen Prozentsatz einigen. Automatisch wird über die Qualität der Aufgabe gesprochen bzw. diskutiert.

Didaktische Hintergründe

Gleich und Gleich gesellt sich gern.

In der ersten Erweiterung treffen sich die Schüler mit denselben Problemen. Das ist eine besondere Art der Ortskodierung, die von selbst entsteht. Ein Zusammentreffen geschieht auch schon während des Abschreitens bei längeren Aufgaben. Einfach deswegen, weil man sprichwörtlich bei den schwierigen Schritten „hängenbleibt".

haptisches „Hängenbleiben"

Umgang mit Fehlern

Wer auch immer den Tintenkiller erfunden hat, ein Segen ist das Vertuschen und Ausbessern von Fehlern nicht. Im Gegenteil: Wer sich seiner Fehler nicht erinnert, wird zum Wiederholungstäter. Werden bei der Übung welche gefunden, sollen diese vorerst nicht verbessert werden. Erst am Ende werden sie in einem „Fehlerrundgang" besprochen. Es gilt, die Qualität von Fehlern zu verstehen: So gibt es harmlose Rechenfehler oder Zahlenverdreher. Von anderer Natur sind Vorzeichenfehler:

Qualität von Fehlern verstehen

$$6x - 7 = -3$$
$$6x = -10$$

Und dann gibt es noch typische Denkfehler:

$$0x = 3$$
$$x = 0$$

Zweifelsohne ist das Erkennen und Verstehen dieser Fehler grundlegend für das Verständnis von algebraischen Umformungen.

16.11 Rubik's Cube und Algorithmen

Es gibt ein Ding, welches Rätsel aufgibt, das viele Menschen fasziniert und dabei Zeit, Energie und Aufmerksamkeit erfordert: das Lösen des Zauberwürfels. Der Name passt: Es geht ein Zauber von diesem Würfel aus. Ich weiß nicht, wie viele Stunden ich inzwischen mit dem Würfel verbracht habe, wieder und wieder landet er in meinen Händen.

Von einem fachdidaktischen Standpunkt aus schult der Würfel räumliches Vorstellungsvermögen, zeigt, dass Drehbewegungen nicht kommutieren (also dass die Reihenfolge zweier Drehungen im Allgemeinen nicht vertauschbar ist) und führt in die Denkweise von Algorithmen ein. In diesem Sinne ist er ein gutes „Spielzeug".

Umsetzung im Unterricht
In der Schule meines Sohnes versprach ein Lehrer jedem Kind eine Tüte Gummibärchen, wenn es den Würfel ohne Hilfsmittel lösen kann. Inzwischen kommen so viele Schüler bei ihm an, dass er sich die Namen aufschreiben muss, damit er weiß, wer schon seine Gummibärchen abgeholt hat.

Im folgenden Abschnitt ist eine Lösungsmöglichkeit für Anfänger angegeben.[73] Die Methode beschränkt sich im Vergleich zu den Profimethoden auf wenige Algorithmen. Allerdings benötigt man zum Lösen des Würfels sehr viele Drehungen. Daher kommt man mit dieser Methode sehr schwer auf Zeiten unter eine Minute. Profimethoden benötigen weniger Drehungen, allerdings muss man hier wesentlich mehr Algorithmen kennen. Es drängt sich ein hübscher Vergleich auf: Wer mehr weiß, muss weniger tun. Wer sich in seinem Fach auskennt, weiß um Abkürzungen.

Algorithmen

wer mehr weiß, muss weniger tun

Eine Lösung des Würfels

Für die Lösung des Zauberwürfels benötigt man genauso viele Schritte, wie der Würfel Flächen hat. Der erste Schritt, das erste Stockwerk, lässt sich intuitiv alleine lösen. Bis hierher kommen Sie ohne Hilfe:

Schritt 2: Zweites Stockwerk

Algorithmus: Unterer sichtbarer Stein nach links oben

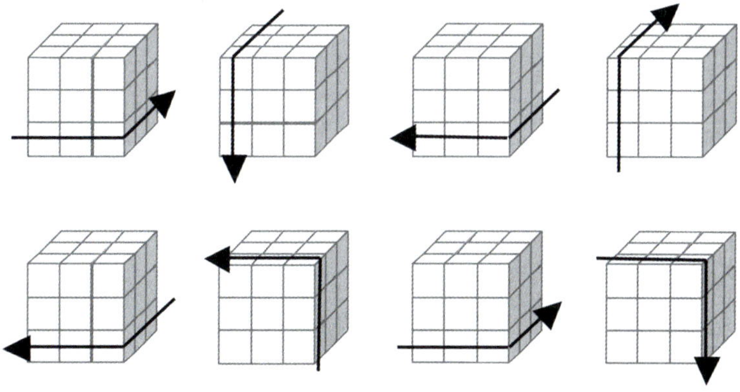

73 Die Lösung gibt es auf einem DIN-A4-Blatt (Vorder- und Rückseite) als kostenfreien Download unter: www.unterricht-als-abenteuer.de

Algorithmus: Stein nach rechts oben

Um einen Stein nach rechts oben zu bekommen, wird der obige Algorithmus spiegelbildlich ausgeführt.

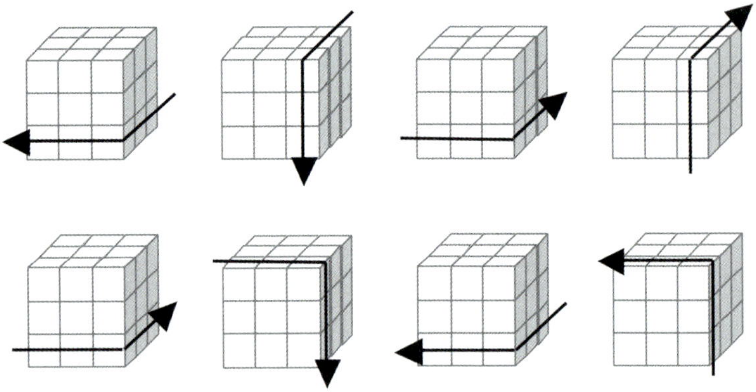

Ist das zweite Stockwerk fertig, wird der Würfel umgedreht.

Schritt 3: Drittes Stockwerk – Kantensteine über ein Eck tauschen

Es geht hier nur um den Ort, nicht um die Lage der Kantensteine.

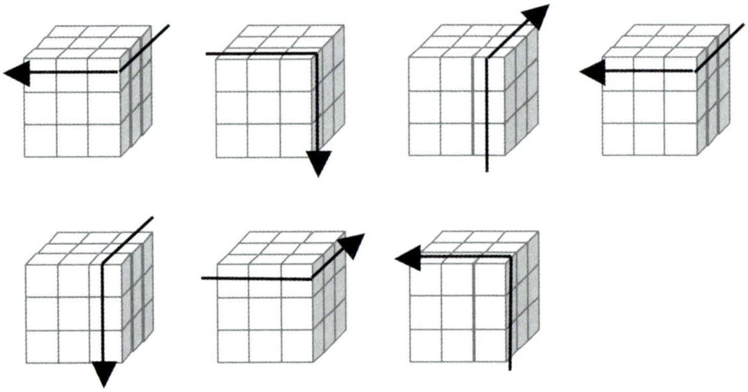

Schritt 4: Drittes Stockwerk – Kantensteine orientieren

Um einen Kantenstein zu „kippen" (genauer, die Farben zu vertauschen), müssen die beiden folgenden Drehungen viermal hintereinander ausgeführt werden. Eine Kippung benötigt also insgesamt acht Drehungen:

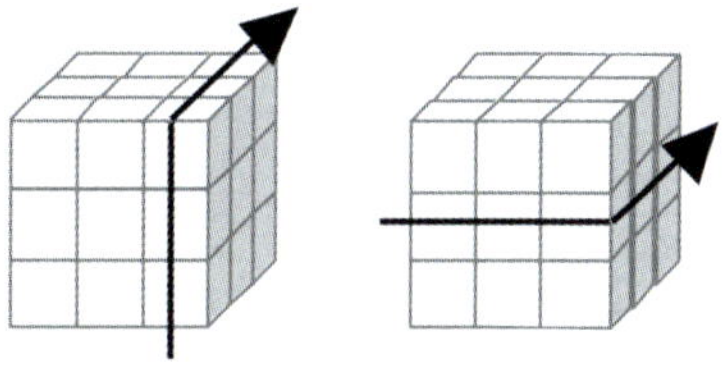

(4x)

Der erste Stein ist jetzt gekippt. Bitte nicht erschrecken: Der Würfel scheint jetzt wieder durcheinander. Um den nächsten falsch sitzenden Kantenstein zu kippen, wird *nur* die oberste Schicht des Würfels so gedreht, dass der zu behandelnde Stein wie in der Abbildung wieder auf der rechten Seite ist. Danach die acht Drehungen erneut ausführen. Analog verfahre man mit weiteren Kantensteinen.

Schritt 5: Drittes Stockwerk – Ecken tauschen

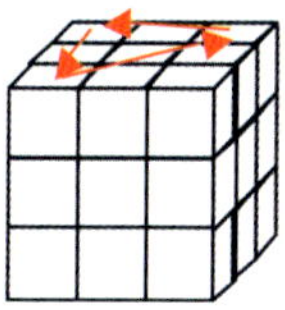

Drei Ecken lassen sich durch folgenden Algorithmus **zyklisch** (gegen den Uhrzeigersinn) vertauschen. Ist ein Eckstein (unabhängig von der Kipprichtung) an der richtigen Position, dann wird dieser rechts vorne positioniert. Er wird bei den folgenden Drehungen nicht mitvertauscht.

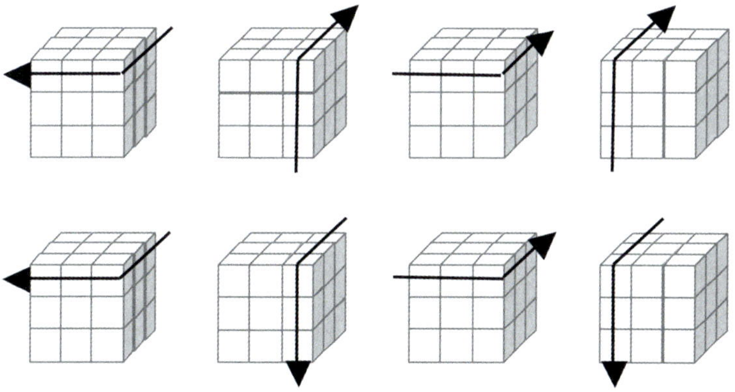

Da das Eckentauschen zyklisch erfolgt, muss man diesen Algorithmus gegebenenfalls mehrmals ausführen.

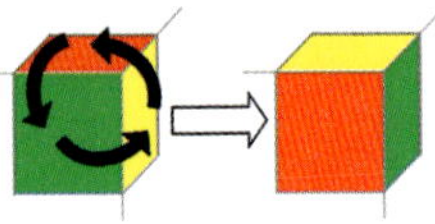

Schritt 6: Drittes Stockwerk – Ecken kippen
Gekippt wird der vordere rechte Eckstein, genauer drehen die sichtbaren Seiten gegen den Uhrzeigersinn.

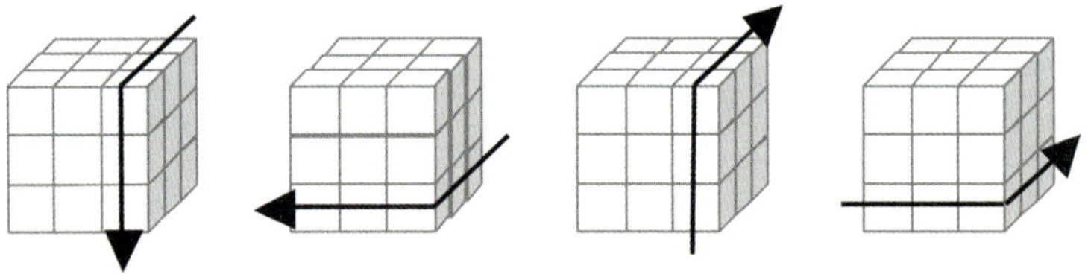

(2x)

Danach ist der Eckstein einmal gekippt. Da es insgesamt drei mögliche Orientierungen gibt, müssen die acht Drehungen gegebenenfalls nochmal ausgeführt werden.
Sitzt der Eckstein richtig, wird *nur* die obere Schicht zu dem nächsten zu kippenden Eckstein gedreht. Nicht erschrecken: Es wirkt im ersten Moment, als ob die gesamte Ordnung wieder zerstört wird. Erst wenn der letzte Eckstein ausgerichtet ist, fügt sich der ganze Würfel.

Der Würfel in didaktischer Sicht
Woher nimmt der Würfel seine Faszination? Warum kann man sich stundenlang mit ihm beschäftigen? In diesem Abschnitt wird den Fragen mathematisch und didaktisch nachgegangen. Man kann nach der Grundlage für das Spiel mit den Umdrehungen fragen und wird auf die Nicht-Vertauschbarkeit von Drehbewegungen geführt. Auf der anderen Seite kann man die Frage stellen, warum der Würfel so großen Anklang findet, warum er verkaufstechnisch „funktioniert“. Aus didaktisch-pädagogischer Richtung ergeben sich hübsche Betrachtungen: Das Material selbst übernimmt die Rolle des Motivators und Lehrers.

Material als Lehrer

Die Nicht-Vertauschbarkeit von Drehbewegungen – mathematische Ideen, Spielzeug und Außerirdische

In Band I wurde der Würfel als der Zufallsgenerater gefunden, welcher ohne Verschnitt herstellbar ist.[74] Deswegen ist es wahrscheinlich, dass auch Wesen in anderen Galaxien „würfeln". Es gibt schlichtweg keine geschicktere Möglichkeit, einen Zufall auf haptischem Wege zu generieren.

Drehungen sind i. A. nicht vertauschbar

Hier wird ein anderes Phänomen zur Grundlage eines Spiels: Drehungen sind im Allgemeinen nicht vertauschbar. Diese Tatsache lässt sich einfach zeigen. Jeder legt einen beliebigen Gegenstand vor sich auf den Tisch. Dann werden von Schülern zwei Drehungen vorgegeben, die hintereinander ausgeführt werden sollen, z. B. zuerst um 90° nach vorne kippen und anschließend eine Drehung um 90° gegen den Uhrzeigersinn um die senkrechte Achse.

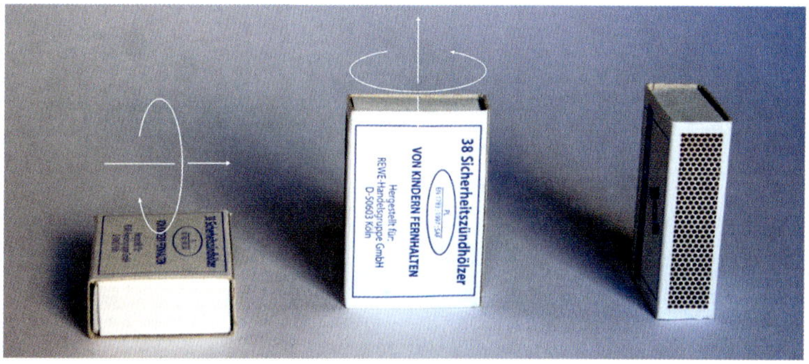

Jetzt werden die Drehbewegungen vertauscht. Als Folge erhält man ein anderes Ergebnis:

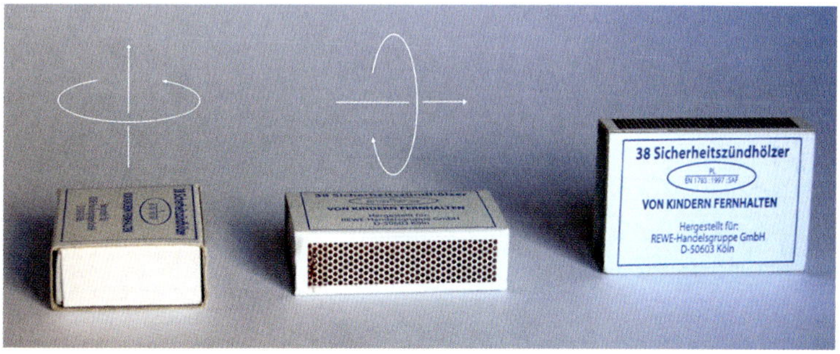

74 Stellt man die Forderung, dass ein haptischer Zufallsgenerator keine Seite und keine Kante auszeichnet, dass er „kein Oben und kein Unten kennt", dann bleiben zur Auswahl die fünf platonischen Körper. Verlangt man zusätzlich die Eigenschaft, dass sich der Raum mit dem Zufallsgenerator parkettieren lässt, dass er also ohne Abfall herstellbar ist bzw. sich lückenlos packen lässt, bleibt nur noch der Würfel übrig.

In Abschnitt 14.13 „Algebra der Übersetzungen – Bruchrechnen mit Getrieben" hatten wir das Glück, nur um eine Achse drehen zu müssen. Die Operatoren (Übersetzungen) sind vertauschbar, weil die Drehung – bis auf das Vorzeichen – immer in dieselbe Richtung erfolgt. Im Allgemeinen können Drehungen nicht vertauscht werden. Wären sie vertauschbar, dann gäbe es den Zauberwürfel nicht. Aber da sie nicht vertauschbar sind, glaube ich, dass irgendwo im Andromedanebel, in der Magellanschen Wolke oder einer anderen Galaxie intelligente Außerirdische ein Spiel entworfen haben, das auf der Nichtvertauschbarkeit von Drehungen basiert. Und da sie den Würfel als „platonischen" Zufallsgenerator gefunden haben, würde es mich nicht wundern, wenn dieses Spielzeug unserem Zauberwürfel entspräche.

außerirdisches Spielzeug

Algebra und Algorithmen

Wenn wir eine Gleichung für ein bestimmtes Problem aufstellen, so haben wir während der schrittweisen Lösung keine konkrete Vorstellung, was die einzelnen Zwischenschritte bedeuten. Wir verlassen uns „blind" auf die Arithmetik. Auch beim Würfel ist es so: Die einzelnen Schritte zur Lösung sind sehr, sehr einfach – es handelt sich schlichtweg um simple Drehungen, aber zu wissen, wann man welche Drehung vornimmt, um der Lösung näherzukommen, ist sehr schwer.

„blindes" Rechnen

Um den Würfel zu lösen, brauchen wir Algorithmen. Wir brauchen Formeln, die wir „blind" anwenden können, um ein (Teil-)Problem zu lösen. Dieses Vorgehen ist typisch für das mathematische Bearbeiten eines realen Problems: Wir modellieren bzw. beschreiben mit Gleichungen etwas Reales, dann rechnen wir „blind" etwas aus und hoffen, dass wir uns unter der Lösung wieder etwas vorstellen können.

Ein Beispiel: Wir möchten den Schnitt zweier Ebenen berechnen. Zuerst modellieren wir zwei Ebenengleichungen, sagen wir

$$4x + 5y + 6z = 60 \text{ und } -5x - 4y + 20z = 100.$$

Dann lösen wir das LGS unter Verwendung bestimmter Algorithmen, z. B. dem Vertauschen von Zeilen oder dem Addieren eines Vielfachen einer Zeile zu einer anderen.

$$\begin{aligned} 4x + 5y + 6z &= 60 \\ -5x - 4y + 20z &= 100 \end{aligned}$$

Schließlich erhalten wir als Ergebnis eine Gleichung, die wir als Gerade interpretieren können. Doch während des schrittweisen Lösens wenden wir „blind" Algorithmen an, von denen wir „wissen", dass sie richtig sind, jedoch werden wir in der Regel die einzelnen

Schritte nicht geometrisch interpretieren können. Das kann daran liegen, weil der Aufwand zu groß wäre oder weil es schlichtweg keine Anschauung gibt.
So stellt der Würfel gut die Wirkungsweise von Algorithmen dar: Wir brauchen Formeln, um in bestimmten Situationen bestimmte Resultate zu erzielen.

Der Würfel als gehirngerechtes Spielzeug, Belohnung und Binnendifferenzierung

Man hält etwas in der Hand. Daher gibt der Würfel ein haptisches Rätsel auf, während beispielsweise in Zeitschriften fast nur auf formaler, sprachlicher Ebene knifflige Aufgaben gestellt und gelöst werden. Die Haptik ist direkter und unmittelbarer als das Abstrakte. Ihre Wirkung kann nicht überschätzt werden.

haptisches Rätsel

Es ist einfach, eine Seite des Würfels hinzubekommen. Etwas schwieriger ist es, das erste Stockwerk zu lösen, aber auch das geht noch intuitiv. Erste Erfolge gibt es sehr schnell. Wäre dem nicht so, wäre der Würfel nicht populär, er wäre für die meisten Menschen langweilig, da es keine „Belohnung" gibt. Und wenn man schon etwas geschafft hat, zum Beispiel eine Seite, dann möchte man weitermachen.[75] In einem Mathecamp einer neunten Klasse wurde der Würfel bzw. die

schnelle erste Erfolge

75 Vgl. die „Foot-in-the-door-Technik", die bei Haustürgeschäften eine große Rolle spielt. Wenn man einmal den „Fuß in der Tür hat", geht es weiter, weil Menschen konsistent erscheinen möchten. Sie kennen das Phänomen: „Gibt man dir den kleinen Finger, willst du gleich die ganze Hand!" Kinder lernen sehr schnell, wie sie sich verhalten müssen, um weiterzukommen. Interessanterweise funktioniert „Foot in-the-door" auch bei materiellen Dingen, bei denen nicht mehr der Mensch, sondern eine Sache den Fuß in die Tür schiebt. Beispiele sind Computerspiele oder, sehr anschaulich, der Zauberwürfel. Wenn Sie wollen, dann können Sie hiermit den „Zauber" des Würfels kommunikationspsychologisch deuten.

Mathematik von vielen Schülern nicht einmal am Esstisch losgelassen.

Auf der anderen Seite werden die Schwierigkeiten größer, je länger man sich mit dem Würfel beschäftigt. Kurz: Der Würfel als Material ist binnendifferenzierend.

Material ist binnendifferenzierend

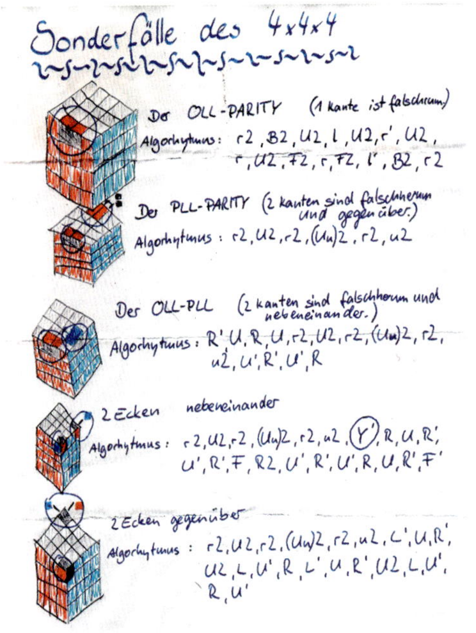

Höhere Würfel

Wenn man den 3x3x3-Würfel verstanden hat, kann man sich an höhere heranwagen. Hier zeigt sich eine typische Eigenart der Mathematik: Wer den einen Würfel verstanden bzw. begriffen hat, kann zwar nicht alles, aber vieles auf den größeren Würfel übertragen. So ist der 4x4x4-Würfel im Grunde nichts anderes als sein größerer Bruder. Der Unterschied besteht darin, dass die „Mitte" jetzt aus vier und eine Kante aus zwei Steinchen besteht. Ansonsten lässt sich der Würfel wie zuvor lösen. Nur für das Neue werden zusätzliche, neue Algorithmen benötigt (siehe Abbildung).

Entsprechend gibt es beim 5x5x5-Würfel wiederum neue Algorithmen. Und so weiter. Wenn man genügend konkrete Beispiele gelöst hat, versteht man auch den *nxnxn*-Würfel zu lösen.

Teil V

Terme, Gleichungen und Vektorrechnung

Kapitel 17

Lineare Gleichungssysteme und Vektoren

17.1 Einführung: Algebraische und grafische Welten

Jede lineare Gleichung mit zwei Variablen lässt sich durch eine Gerade in der Ebene darstellen. Die Lösung eines linearen Gleichungssystems kann rechnerisch wie auch grafisch bestimmt werden. In diesem Lehrgang wird versucht, gleich zu Beginn für jede Gleichung die zugehörige grafische Entsprechung zu zeigen. Die gleichzeitige Vermittlung auf formaler und bildhafter Repräsentationsebene verknüpft die algebraische und grafische Welt und entspricht so einem gehirngerechten Lernen.

gleichzeitige Vermittlung

Umsetzung im Unterricht

Einführung: Eine Gleichung – mehrere Lösungen

Der Lehrer baut ähnlich wie in Abschnitt 16.5 eine Gleichung auf, wobei er zwei Typen von Streichholzschachteln verwendet.[76] Gleiche Schachteln haben gleichen Inhalt. Wie viele Hölzer sind in einer roten, wie viele in einer blauen Box?

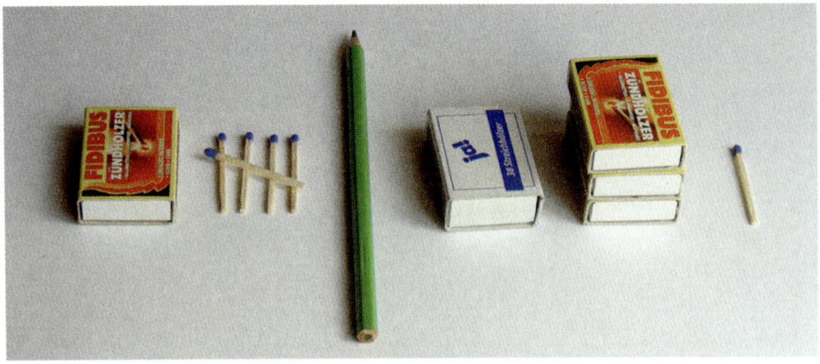

Wer für sich die Antwort gefunden hat, verschränkt die Arme. Wenn alle so weit sind, werden die Lösungen angezeigt: Die Finger der linken Hand zeigen den Inhalt der blauen Box an, die der rechten den der roten.

Jeder findet eine Lösung

Meist finden die Schüler unterschiedliche Lösungen. Ich hatte zwei Hölzchen in der blauen und jeweils eines in den roten Schachteln. Neben dieser Lösung wird häufig auch $x = 0$ und $y = 2$ vorgeschlagen. Nach und nach wird klar, dass man den Wert einer Variablen kennen muss, um beide berechnen zu können. Die Belegung der Schachteln wird vorerst nicht aufgelöst. Stattdessen übersetzen die Schüler die Gleichung: $y + 5 = x + 3y + 1$.

jeder Schüler bekommt einen anderen x-Wert

Jetzt werden durch Abzählen x-Werte vorgegeben. Der Erste beginnt mit –5 und die Nachkommenden erhöhen dann schrittweise um 0,5, also –5; –4,5; –4; –3,5 usw. Nun werden Klebezettel ausgeteilt, auf denen jeder Schüler für sich den zugehörigen y-Wert ausrechnet.

76 Im Schweizer Mathematikbuch *mathbu.ch 7, Lernumgebungen* (Klett Schweiz u. Balmer Verlag, Zug) finden sich unter dem Namen „Knack die Box" ähnliche Übungen. Das *mathbu.ch* bzw. die deutsche Entsprechung *Das Mathematikbuch* sei dem Leser oder der Schule empfohlen, die das Konzept der Lernumgebung verfolgt und dazu ein passendes Schulbuch sucht.

Während die Schüler rechnen, zeichnet der Lehrer ein Achsenkreuz an die Tafel, in das die Schüler anschließend entsprechend x- und y-Wert ihrer Lösung platzieren. Ein Klebezettel ist natürlich nicht punktförmig, also wird vereinbart, dass dessen Mittelpunkt die exakten Koordinaten beschreibt.

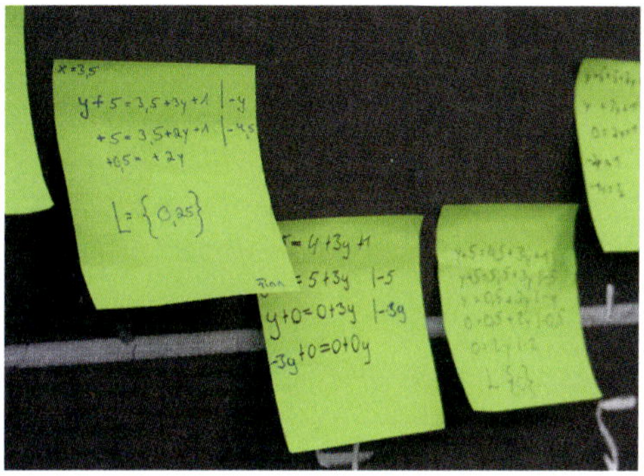

Ein Beispiel: Der Schüler mit $x = 3{,}5$ vollzieht die rechts abgebildete Rechnung.

Jeder Zettel stellt eine Lösung dar. Vermutlich werden nicht alle auf einer Geraden liegen, überhaupt ist an dieser Stelle noch keinesfalls klar, dass alle Lösungen auf einer Geraden liegen. Kann es sein, dass alle Lösungen, die von der Geraden abweichen, Rechenfehler sind? Weiter soll überlegt werden, ob jede Gleichung dieser Art eine Darstellung als Gerade besitzt, oder genauer formuliert, ob alle Lösungen von dieser Art von Gleichungen (linearen Gleichungen) auf einer Geraden liegen.

Ist die Klasse bereits in (Farb-)Gruppen eingeteilt, so kann der Lehrer ein paar Minuten diskutieren lassen und danach jede Gruppe nach ihrer begründeten oder unbegründeten Meinung fragen.

Didaktische Bemerkungen

Gleichung und grafische Interpretation

Schon in der ersten Stunde eine Gleichung und ihre grafische Interpretation nebeneinander zu stellen ist wegweisend für alles Kommende.

Schüler werden zu Punkten, die Klasse zu einer Geraden

Jeder trägt eine individuelle Lösung zum Gesamtbild bei. Jeder Zettel, jeder Punkt auf der Gerade ist damit persönlich gekennzeichnet.

persönliche Kennzeichnung

Jeder einzelne Schüler übernimmt die Rolle eines Punktes bzw. einer speziellen Lösung der Gleichung, die Klasse als Ganzes repräsentiert die gesamte Gerade bzw. die Lösungsmenge der Gleichung. Es erweist sich als selbstverständlich, dass es unendlich viele Lösungen gibt.

Zwei Welten – zwei Hemisphären

gehirngerechtes Lernen

Gehirngerechtes Lernen zeigt sich auch darin, die linke und die rechte Hemisphäre zu verknüpfen. In diesem Sinne ist es nur natürlich, auf algebraische und grafische Weise das Thema „lineare Gleichungssysteme“ anzugehen. Die formal-sprachliche Seite lässt sich der linken, sagen wir, algebraischen Hirnhälfte zuordnen. Der rechten wird die geometrische Interpretation zugeordnet. Diese kann sowohl grafisch als auch handelnd geschehen, was zu drei Ebenen der Vermittlung führt:

Drei Ebenen der Vermittlung

EIS-Prinzip

In dieser Stunde kommen alle drei Repräsentationsebenen nach Bruner[77] gleichzeitig zum Einsatz. Es handelt sich um das **EIS**-Prinzip:

- **S**ymbolisch bzw. sprachlich-formal: Jeder Schüler rechnet auf seinem Zettel.
- **I**konisch bzw. bildhaft: Der Graph entsteht an der Tafel.
- **E**naktiv bzw. handelnd: Haptische Darstellung der Gleichung mit Streichhölzern und Schachteln; Schüler werden zu Punkten, die Klasse zur Geraden.

keine Hierarchie

Ich habe die drei Repräsentationsebenen absichtlich nicht durchnummeriert. Es soll kein Gedanke an eine etwaige Hierarchie aufkommen. Eine Ebene ist nicht besser oder wertvoller als eine andere. Viel hilfreicher ist die Vorstellung, dass die drei Repräsentationsebenen[78] in drei unterschiedlichen Dimensionen wirken und damit ein „dreidimensionales Lernen“ ermöglicht wird. Fehlt eine Dimension, wird Lernen oberflächlich. Eine handlungs- und erlebnisorientierte Didaktik ist somit in doppeltem Sinne dreidimensional. Erstens in

dreidimensionale Didaktik

77 Jérôme Seymour Bruner leistete wichtige Beiträge zur kognitiven Lerntheorie. Der Leser kennt den Vorschlag Bruners, den Lernstoff in Form eines Spiralcurriculums anzuordnen.

78 Der zweidimensionale Begriff „Ebene“ im Wort „Repräsentationsebene“ ist im umgangssprachlichen Sinne einer „Kommunikationsebene“ richtig gewählt. Jedoch passt er mathematisch nicht direkt zum Dimensionsbegriff. Besser wäre hier ein eindimensionaler Begriff wie „Kommunikationskanal“, aber einerseits erscheint mir der Begriff zu technisch und andererseits soll der Begriff „Repräsentationsebene“ an Jérôme Seymour Bruner und seine Beiträge zur kognitiven Lerntheorie erinnern.

natürlicher Weise, denn wer handelt und erlebt, tut das materiell in drei Dimensionen, und zweitens in einem abstrakteren Sinne, weil mit der handelnden Dimension nicht nur die flächenhafte Schulbuchwirklichkeit (ikonisch und symbolisch), sondern der ganze dreidimensionale „Bruner-Raum" (enaktiv, ikonisch und symbolisch) zur Vermittlung genutzt wird.
Der Stoff wird einerseits auf drei Ebenen gesendet, andererseits geht es um die Verknüpfung der verschiedenen Ebenen. Eine Gleichung wie $y + 5 = x + 3y + 1$ hat eine ganz konkrete Interpretation.

Erweiterung
Der Lehrer kann mit einer weiteren Farbe eine zweite Gleichung an die Tafel schreiben. Entsprechend werden wieder Klebezettel verteilt. Man kann beide Gleichungen so wählen, dass ein Schüler im Schnittpunkt ist. Seine Zettel erfüllen beide Gleichungen simultan.

Schnittpunkt

17.2 Die Lösungsmenge einer Gleichung mit zwei Variablen

Nach der Einführung vom letzten Abschnitt werden Gleichungen mit zwei Variablen nun in einer Schülerübung untersucht. Man benötigt zwei verschiedene Typen von Streichholzschachteln.

Umsetzung im Unterricht

Konstruktion einer eigenen Gleichung
Die Klasse wird in farblich kodierte Vierergruppen[79] eingeteilt, von denen jede eine Gleichung konstruiert. Grüne Schachteln stehen für die Variable „x" und werden jeweils mit einer bestimmten Anzahl

79 Beschreibung von Farbgruppen in: M. Kramer: Didaktik für Abenteurer (2018)

von Hölzern belegt. Entsprechend wird mit den roten Schachteln bzw. der Variablen „y“ verfahren. Zum Schluss wird mit Streichhölzern außerhalb der Schachteln dafür gesorgt, dass auf beiden Seiten gleich viele Hölzer liegen. Gibt es Farbgruppen, soll der Stift (das Gleichheitszeichen) die entsprechende Farbe besitzen. Das ermöglicht Rückfragen an die Konstrukteure. Nach der Konstruktion der Aufgabe sollen alle nicht benötigten Schachteln oder Hölzer entfernt werden. Ein einziges falsch gelegtes Holz verändert bzw. verfälscht die Aufgabe!

Rückfragen

Lösen fremder Aufgaben

Im Klassenzimmer sind nun mehrere Aufgaben (Stationen) aufgebaut. Die Gruppen wandern von Station zu Station und lösen die Aufgaben schrittweise haptisch und formal im Heftaufschrieb. Zuerst wird also die jeweilige „Schachtelgleichung“ in eine algebraische übersetzt, vgl. erste Zeile in der Tabelle. Dies ist allein deswegen schon wichtig, dass hinterher die Gruppe die Aufgabe wieder rekonstruieren kann.

Im zweiten Schritt wird die Gleichung gleichzeitig formal und haptisch nach y aufgelöst:

Haptische Lösung	**Formale Lösung**
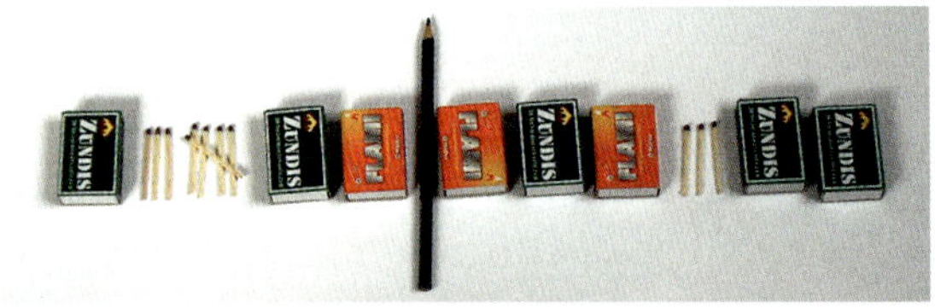	$x + 8 + x + y = y + x + y + 3 + x + x$
	$8 + 2x + y = 3x + 2y + 3$
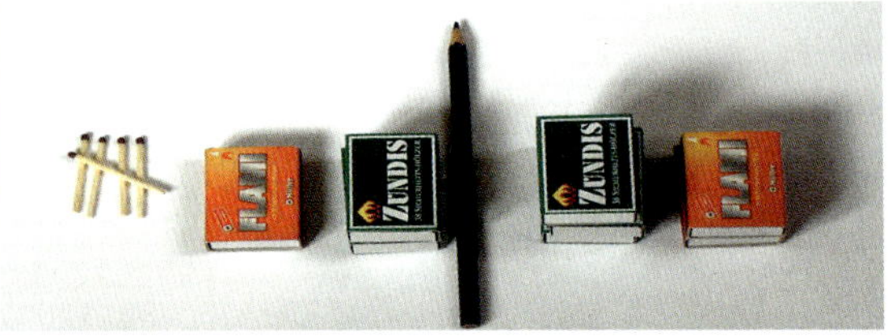	$5 + 2x + y = 3x + 2y$

Haptische Lösung	**Formale Lösung**
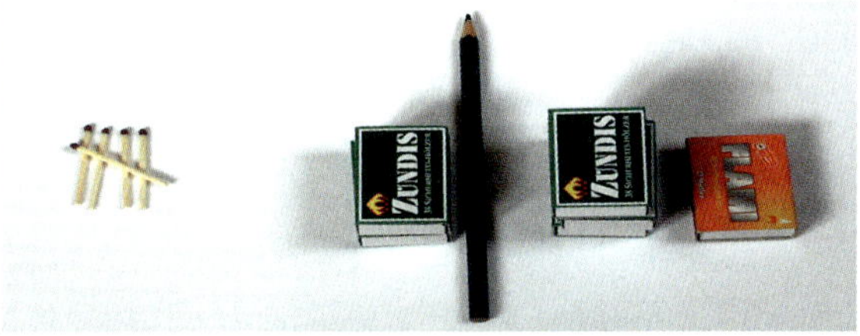	$5 + 2x = 3x + y$
	$5 = x + y$
Um den letzten Schritt haptisch zu vollziehen, müssen negative Zahlen bzw. Variablen mittels Ortskodierung eingeführt werden (vgl. 16.7).	$5 - x = y$

Anschließend wird die zugehörige Lösungsmenge durch eine Gerade grafisch dargestellt. x- und y-Achse können entsprechend der Variablen bzw. den Schachtelfarben grün und rot gestaltet werden.

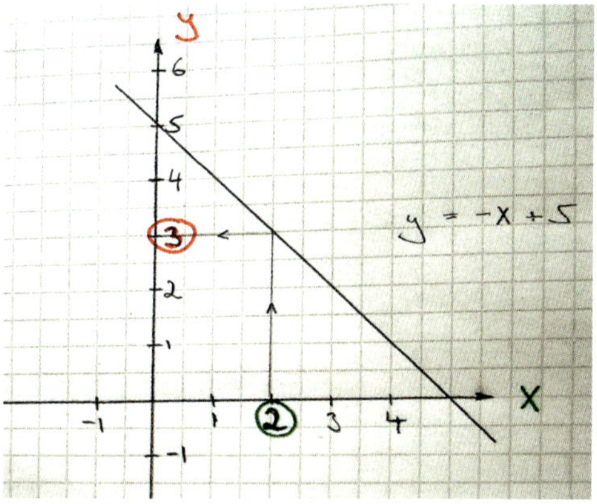

Letzter Schritt: Mit Kenntnis des x-Wertes und der Geraden lässt sich bei fast allen Geraden der y-Wert bestimmen. In unserem Beispiel wird die Schachtel x geöffnet und $x = 2$ gefunden. Wenn die Konstruktion der Geraden stimmt, befinden sich in der roten Schachtel drei Hölzer.

Bemerkungen

In der Übung können alle Typen von Geraden vorkommen, also auch die Parallelen zur x- und y-Achse.

Auftauchende Fehler sollten nicht kritisiert, sondern verstanden werden. Wandert beispielsweise ein Streichholz unglücklicherweise auf die andere Seite der Gleichung, so entspricht das einem Vorzeichenfehler.

17.3 Gleichungen mit drei Variablen – eine Ebene entsteht

Für einen Schüler ist zu Beginn keineswegs klar, dass sich die Gleichung

$$4x + 3y + 6z = 12$$

durch eine Ebene in einem dreidimensionalen Koordinatensystem darstellen lässt. Es könnte wieder eine Gerade geben oder eine Kugel oder irgendetwas Geschwungenes.

Wie in Abschnitt 17.1 geht es darum, die algebraische Welt der Gleichungen mit der grafischen Welt der Ebenen zu verknüpfen. Das Knifflige liegt nicht in der Anzahl der Variablen, sondern in der Erkenntnis, dass eine spezielle Lösung durch einen Punkt dargestellt werden kann. Interessant ist, dass das Thema bereits in einer 7. Klasse behandelt werden kann. In Abschnitt 18.1 wird das Thema ausführlich für höhere Klassen behandelt.

bereits in einer 7. Klasse

Umsetzung im Unterricht

Man benötigt Knete und Strohhalme. Entsprechend einem rechtshändigen Koordinatensystem werden zwei Kanten eines Tisches zur x- und zur y-Achse. Kreppband hilft, ist aber nicht unbedingt nötig. Eine Einheit ist zehn Zentimeter lang.

Für x und y werden Werte gewählt (z. B. $x = 1$ und $y = 2$) und mit der vorgegebenen Gleichung $4x + 3y + 6z = 12$ wird die z-Koordinate berechnet (im Beispiel $z = \frac{1}{3}$). Das entspricht dem Vorgehen in 17.1.
Die z-Koordinate wird durch die Röhrchenhöhe dargestellt. Auf dem Tisch wird hierzu bei $x = 1$ und $y = 2$ ein Stäbchen mit der Länge $z = \frac{1}{3}$ mit Knete befestigt. In unserem Maßstab (1 LE entspricht 10 cm) besitzt der Strohhalm eine Länge von etwa 3,3 cm.
Anschließend werden viele, viele weitere Strohhalme auf diese Weise berechnet und gesteckt – so lange, bis die geometrische Figur erkannt wird, die der Gleichung entspricht. Die Schüler haben keine Schwierigkeiten, negative z-Werte zu interpretieren und sinngemäß unter der Tischplatte zu befestigen. Auf dem Bild wurde die y-Achse sogar in den negativen Bereich (vorderer Tisch) hinein erweitert. In der nebenstehenden Lösung ist nur der Teil mit positiven Koordinaten dargestellt.

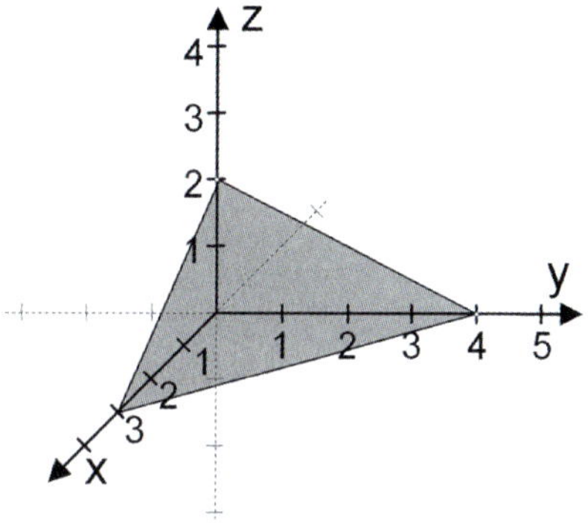

Didaktische Bemerkungen

Spurgeraden entstehen – entdeckendes Lernen
Nebenstehendes Bild zeigt eine Schülerlösung (Klasse 7!). Man beachte, dass die Schüler von sich aus alle Spurgeraden dargestellt haben. In der Aufgabenstellung war davon nicht die Rede.
Die Geraden werden nicht durch eine etwaige Lehrereinführung erzwungen, sondern entwickeln sich, weil man eine Ebene besser bzw. auffälliger zeigen will. Das entspricht genau der Idee von Spurgeraden. Die Frage: „Wofür braucht man denn Spurgera-

den?" liegt unmittelbar auf bzw. in der Hand. Wenn eine Gruppe von selbst darauf gekommen ist, dann können Sie vor der ganzen Klasse die Sache hervorheben. Es ist etwas völlig anderes, ob Sie die Spurgeraden erzwungen bzw. befohlen haben oder ob Sie den Schülern sagen, dass sie auf einen guten Gedanken gekommen sind, der sogar im Schulbuch Verwendung findet. Ersteres fühlt sich nach einer fremdbestimmten Beschulung an, letzteres nach Wertschätzung. Es ist ein guter Ansatz, die Schüler machen zu lassen und dabei zu beobachten, was sie alles richtig machen, was es bereits schon gibt. Natürlich kann es sein, dass keine Gruppe die Spurgeraden einbaut, und natürlich kann man den Stoff dann einfach mitteilen. Aber es ist viel nachhaltiger und auch netter, wenn die Schüler selbst erleben, dass im Grunde schon alles in ihnen steckt. Mitunter habe ich das Gefühl, unterrichten heißt vor allem, den Schülern vor Augen zu führen, sie *wissen* zu lassen, was sie bereits schon alles *können*. Im neurodidaktischen Kontext könnte man das so formulieren: aus Können Wissen entstehen zu lassen.

Wertschätzung eigener Gedanken

selbst erleben, was in ihnen steckt

Können und Wissen

Variante: Die Ebene in der Großgruppe

Im Abschnitt 17.1 berechnet jeder Schüler eine mögliche Lösung und wird damit Teil einer „Klassengerade". Ebenso lässt sich eine „Klassenebene" erstellen. Statt die Klasse in Kleingruppen forschen zu lassen, fügen die Schüler ihre Lösung bzw. ihren Strohhalm in das „Tischkoordinatensystem" ein.

Ein mögliches Vorgehen: Der Lehrer schreibt die Gleichung

$$4x + 3y + 6z = 12$$

an die Tafel. Mit Kreppband werden die Achsen bzw. die Tischkanten des Lehrerpults beschriftet und die Einheit (1 LE = 1 dm) festgelegt. Statt abzuzählen, sucht sich jeder Schüler eine Stelle auf der Tischebene aus und platziert dort einen Knetsockel für seinen Strohhalm. Damit stehen jeweils die x- und y-Werte fest und jeder kann seine Strohhalmlänge berechnen.

Natürlich werden zuerst die ganzzahligen Punkte gewählt, die Stelle (0|0) wird recht schnell besetzt sein. Aber genau das möchte man aus methodischer Sicht auch: Die einfachsten Dinge sollen zuerst eingezeichnet werden.

Weitere Ebenen

Statt $4x + 3y + 6z = 12$ kann natürlich ebenso gut eine andere Ebenengleichung gewählt werden. Ich habe diese vorgeschlagen, weil die Röhrchen dann nicht länger als 20 cm sein müssen. Wenn man möchte, kann man einen Schritt weitergehen und mit andersfarbigen Strohhalmen eine zweite Ebene einbauen, um anschließend die Schnittgerade zu diskutieren. Schnittgerade

Ein sehr allgemeines, alternatives Vorgehen
Nachdem die Schüler die grafische Interpretation einer Gleichung mit zwei Variablen erfahren hatten, sollten sie jetzt entsprechend für $4x + 3y + 6z = 12$ eine geometrische Interpretation finden. Es wurde hier nichts vorgegeben, nicht einmal, dass ein dreidimensionaler Raum erforderlich ist. Es braucht etwas Zeit, bis man erkennt, dass für drei unabhängige Variablen auch drei unabhängige Raumrichtungen benötigt werden.
Die Vorgehensweise eignet sich gut für Klassen, die freie Aufgabenstellungen gewohnt sind, eigenverantwortlich und teamfähig arbeiten können. Häufig wird man im Unterricht leider kleinschrittiger vorgehen müssen.

17.4 Ein erstes LGS, Gleichsetzungs- und Einsetzungsverfahren

Nach dem Vorbild von Abschnitt 16.6 *Gleichungen konstruieren – Gleichungen lösen* sollen jetzt lineare Gleichungssysteme untersucht und gelöst werden. Bereits in Abschnitt 17.2 wurde der haptische Umgang mit negativen Zahlen bzw. Variablen benötigt. Um haptisch Gleichungen vernünftig lösen zu können, benötigt man die Darstellung des Negativen mittels Ortskodierung. Ortskodierung

erst konstruieren, dann lösen

Der Aufbau selber benötigt Zeit. Allerdings ist der Prozess des Konstruierens sehr wesentlich für das Verständnis. Es geht nicht darum, viele Aufgaben zu lösen, sondern eine Aufgabe zu konstruieren und hinterher fremde zu lösen. Konstruktion und Lösungstraining gehören zusammen. Noch deutlicher formuliert: Es würde auch einen Sinn ergeben, wenn ohne zu lösen „nur“ die Aufgaben konstruiert würden.
Die Umsetzung der gesamten Übung dauert zwei Stunden. Eine Doppelstunde eignet sich gut, alternativ kann man die Sache auf zwei getrennte Stunden aufteilen.

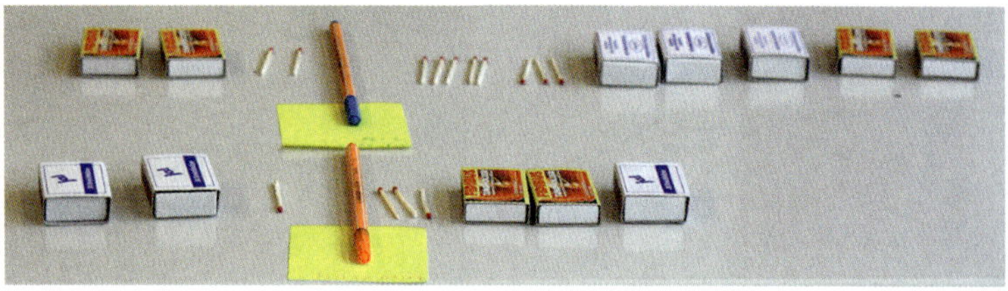

Stiftrichtung

Dem Stift kommen drei Bedeutungen zu: Er markiert das Gleichheitszeichen, seine Farbe wird zur Farbkodierung der Gleichung verwendet und schließlich kennzeichnet er durch eine Ortskodierung das Vorzeichen: Ein Streichholz, das in Stiftrichtung liegt, wird positiv gezählt. Sie sehen das abgebildete LGS also auf dem Kopf stehend.

Aufbau eines linearen Gleichungssystems

Die Variablen x und y werden durch unterschiedlich farbige Schachteln repräsentiert, im Beispiel steht x für eine blaue und y für eine rote Schachtel. Beide Gleichungen werden Schritt für Schritt aufgebaut. Am besten bauen Sie parallel zum Lesen selbst ein LGS auf und lösen es anschließend. Die Darstellung in diesem Buch kann nur formal bzw. sprachlich und mit Bildern erfolgen, es ist jedoch etwas völlig anderes, wenn Sie ins Handeln kommen. Auch wenn alles klar scheint.

Erster Schritt: Streichhölzer auf beiden Seiten des Gleichheitszeichens

Zum Aufbau zweier Gleichungen werden entsprechend zwei Waagen, also zwei Stifte benötigt. Diese werden als Gleichheitszeichen hingelegt und links und rechts davon jeweils gleich viele Streichhölzer. Für jede Gleichung dürfen unterschiedlich viele Hölzer verwendet werden. Man darf auch negative bzw. umgekehrt liegende Streichhölzer auf beiden Seiten hinzufügen.

Zweiter Schritt: Belegung der Variablen

Danach wird festgelegt, wie viele Streichhölzer jeweils in die x-Box kommen und wie viele in die y-Box. Dann werden Streichhölzer wie im Abschnitt 16.6 versteckt.

Durch den Aufbau der Aufgabe wird die Struktur eines LGS klar. So ist den Schülern in der Regel nicht unmittelbar klar, dass die x-Boxen in beiden Gleichungen mit der gleichen Anzahl von Hölzern bestückt werden müssen. Aber genau das ist die Idee einer Unbekannten.

Struktur eines LGS

Für später ist es erforderlich, weitere x- bzw. y-Boxen zu bestücken, da zum Lösen des Gleichungssystems häufig weitere Boxen benötigt werden.

Dritter Schritt: Übersetzung des linearen Gleichungssystems

Anschließend wird die aufgebaute Gleichung mit dem jeweiligen „Gleichungsstift“ auf einen Klebezettel aufgeschrieben und unter bzw. über dem „Gleichheitszeichen“ angebracht, so dass sie später, wenn die Aufgabe durch andere Schüler gelöst wurde, wieder in den ursprünglichen Zustand versetzt werden kann. Das folgende Bild zeigt eine Übersetzung vom haptischen LGS ins Formale:

Umsetzung im Unterricht

Der Lehrer konstruiert zusammen mit den Schülern wie oben beschrieben eine Aufgabe, Schritt für Schritt. Wenn es keine Fragen zu diesem LGS mehr gibt, schließen die Schüler die Augen und der Lehrer legt ein neues Gleichungssystem bzw. verändert das alte. Wie könnte man es lösen? Wer eine Idee hat, wie man das Gleichungssystem zumindest ein bisschen vereinfachen kann, tritt vor. Meist finden die Schüler selbst einen Lösungsweg.

Anschließend werden gemeinsam verschiedene Lösungswege ein- bzw. vorgeführt. Häufig werden im Unterricht zuerst das Gleichsetzungs- und später das geschicktere Einsetzungsverfahren behandelt. Aber Dank der anschaulichen Haptik kann direkt mit dem Einsetzungsverfahren begonnen werden.

Gleichsetzungsverfahren

Der Leser kennt das Verfahren: Beide Gleichungen werden mittels Äquivalenzumformungen nach einer Variablen, z. B. y, aufgelöst. Der Vorteil der Methode mit Schachteln und Hölzern liegt im Begreifbaren und in der Anschaulichkeit: Liegt auf jeder Tischhälfte links vom Stift dasselbe, so ist klar, dass auch auf der anderen Seite Gleichheit herrschen muss.

Äquivalenzumformungen

Bemerkung: Jede lineare Gleichung mit zwei Unbekannten lässt sich wie in Abschnitt 17.2 mit einer Geraden darstellen. An dieser Stelle lässt sich gut die grafische Lösung als Schnittpunkt zweier Geraden einführen bzw. erklären.

Schnittpunkt zweier Geraden

Einsetzungsverfahren

Auch hier ist das materielle „Einsetzen" viel deutlicher, als wenn nur abstrakt mit Zahlen und Variablen gearbeitet wird. Eine typische Verständnisschwierigkeit: Bedeutet $y = 2x$, dass x das Doppelte von y oder dass y das Doppelte von x ist? Der Leser kennt die Problematik. Viel klarer ist die Situation, wenn eine rote Schachtel auf der einen Seite des Stiftes liegt und zwei blaue auf der anderen. Kein Schüler wird jetzt noch zweifeln, dass in den blauen Boxen nur halb so viele Hölzer liegen.

$y = 2x$

Gaußverfahren

Das Einsetzungsverfahren ist eng verwandt mit dem sogenannten Gaußverfahren. Jedoch sind zwei Variablen zu wenig, um den Vorteil aufzuzeigen. In Abschnitt 17.6 wird exemplarisch ein LGS mit drei Variablen gelöst.

Konstruieren eigener und Lösen fremder Aufgaben

Nachdem exemplarisch eine Aufgabe gemeinsam konstruiert und gelöst wurde, bauen die Schüler selbst eine wie oben beschrieben auf. Danach werden die Aufgaben der Mitschüler gelöst. Wichtig ist, dass nach dem Lösen fremder Aufgaben diese wieder in den ursprünglichen Zustand versetzt werden. Da in der Regel keiner mehr genau weiß, wie die Schachteln und Hölzchen genau lagen, muss die Aufgabe anhand der Klebezettel „zurückübersetzt“ werden. Die Schüler übersetzen bei der eigenen Konstruktion vom Konkreten ins Formale und bei der Behandlung fremder Aufgaben vom Formalen ins Konkrete. Versteht man Mathematik als eine Sprache, ist es eine recht hübsche Übung, zuerst von der Muttersprache (direkte, unmittelbare Hölzchensprache) in eine Fremdsprache (abstraktere Formelsprache) zu übersetzen. Beide Übersetzungsrichtungen sind wichtig.

zwei Übersetzungsrichtungen

Mögliche Hausaufgabe
Jeder Schüler entscheidet sich für drei Aufgaben, von denen er denkt, dass er dabei etwas gelernt hat, oder die er zu Hause noch einmal rechnen möchte. Diese werden bildlich abgezeichnet, zu Hause übersetzt und anschließend formal gelöst.

Didaktische Bemerkungen

Konstruktivistisches Vorgehen
Als ersten Schritt konstruieren die Schüler eine Aufgabe. Wer selbst ein LGS entworfen hat, hat ein tieferes Verständnis von der Sache. Es scheint, als ob mit der Konstruktion der Gleichung schneller ein mathematisches Verständnis geschaffen wird, als wenn der Schüler „nur“ Aufgaben löst. Der Schüler arbeitet hier konstruktiv (schöpferisch, aufbauend), während er beim Lösen destruktiv (Vermeidung von Fehlern) orientiert ist. Es wäre schade, auf den konstruktivistischen Teil im Unterricht zu verzichten. Darin steckt eine Kritik am

konstruktiv

Schulbuch: Dieses tut sich schwer darin, konstruktivistisch vorzugehen, es hat eher einen abfragenden Charakter, als dass es (den Schüler) aufbaut. Nicht alle Bücher sind so. Jim Knopf, Momo und Kalle Blomquist: Kinderbücher erschaffen mit ihren Geschichten Bilder und Konzepte. Die abfragende Haltung scheint ein typisches Lehrbuchproblem zu sein.[80]

typisches Lehrbuchproblem

80 Ich hoffe, dass meine Befürchtung falsch ist, nämlich dass das Schulbuch eine materielle Manifestation aktueller schulischer Bildungswirklichkeit darstellt.

Vom Prüfer zum Prüfling
Die Schüler erfahren einen Rollenwechsel. Als Aufgabensteller sind sie Prüfer, später werden sie zu Prüflingen. So existiert neben dem Lösen der Aufgaben eine weitere Ebene, die den Schwierigkeitsgrad der Aufgabe hinterfragt. Was ist eine schwere Aufgabe? Wie kann ich eine Aufgabe schwieriger oder leichter gestalten? Wird die Aufgabe dadurch schwerer, dass ich mit 100 000 Streichholzschachteln arbeite? Oder eher dadurch, dass schließlich die Gleichung $x = x$ stehen bleibt und einer weiteren Interpretation bedarf?

Aufgaben hinterfragen

Aufgaben der Klasse – Kommunikation
Es werden in der Übung eigene, von den Schülern entworfene Aufgaben gelöst. Was würde Sie mehr interessieren? Eine Aufgabe aus einem Schulbuch oder eine von einem Bekannten? Ein Schulbuch kann prinzipiell nur fremde Aufgaben anbieten. Man kann nicht nachfragen, was sich der Autor dabei gedacht hat. Lebendiger wird es mit eigenen Aufgaben. Kommunikationspsychologisch ist im Stellen der Aufgabe eine Selbstkundgabe enthalten.[81] Die Prüflinge geben etwas von sich preis. Wer 100 000 Schachteln verwendet, sagt etwas anderes über sich aus als der, der mit halben Hölzern konstruiert.

Selbstkundgabe

Versprachlichen von Mathematik
Die Exponate regen von sich aus zu Diskussionen an. Es liegt etwas da bzw. „auf der Hand“, worüber man ins Gespräch kommt.

81 Vgl. Schulz von Thun: Miteinander reden, Band 1, Reinbek bei Hamburg, 1981.

17.5 Das Gaußverfahren: Informationen wandern von Planet zu Planet

In diesem Abschnitt wird eine Technik vorgestellt, die stark mit Bildern arbeitet. So wird das schrittweise Lösen von linearen Gleichungssystemen mit der Wanderung von Farbinformationen von Planet zu Planet dargestellt.

Farbinformationen

Als Beispiel soll folgendes lineare Gleichungssystem gelöst werden:

$$\begin{aligned} 2x + 3y - z &= 5 \\ -x + y + 3z &= 10 \\ 3x + 2y - 2z &= 1 \end{aligned}$$

Jede Gleichung ist Träger einer Information. Wir stellen uns vor, dass jede Gleichung das Erbgut eines außerirdischen Wesens beschreibt, dementsprechend gibt es drei solcher Wesen.

Um die Lösungsmenge des linearen Gleichungssystems zu bestimmen, muss es verändert werden. Das entspricht in unserem Bild einer Wanderung von Planet zu Planet. Zugelassen sind natürlich nur Veränderungen, die die Lösungsmenge erhalten. Um im Bild zu bleiben: Alle (Erb-)Informationen müssen auf dem neuen Planeten ankommen. Um zu gewährleisten, dass keine Information verloren geht, können Gleichungen einfach abgeschrieben werden:

Erbinformationen

$$2x + 3y - z = 5$$

Dieses Vorgehen ist absolut richtig, führt aber leider nicht näher zur Lösung. Ebenfalls unmittelbar einsichtig ist, dass man statt der Zeile auch das Vielfache einer Zeile aufschreiben kann. Um in der bildlichen Vorstellung zu bleiben: Durch mehrere grüne Männchen wird das Erbgut nicht verändert.

Das entscheidende Werkzeug zur Vereinfachung ist die Addition zweier Zeilen bzw. allgemeiner: Das Vielfache einer Zeile darf zu dem Vielfachen einer anderen addiert werden.

Additionsverfahren

$$\begin{array}{rcrcrcll} 2x & + & 3y & - & z & = & 5 & \\ -x & + & y & + & 3z & = & 10 & (\cdot 2) \quad + \\ 3x & + & 2y & - & 2z & = & 1 & \end{array}$$

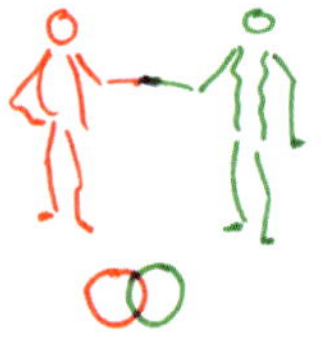

Auch dieses Vorgehen findet eine bildliche Entsprechung: Zwei der Wesen können ein Pärchen bilden und ein Kind bekommen. Dieses Kind trägt dann die Erbinformation (beide Farben, rot und grün) in sich.

Die beiden Gleichungen verschmelzen zu einem gemeinsamen Erbgut. Angedeutet wird das durch die farbigen Ringe hinter der zweiten und dritten Gleichung.

$$\begin{array}{rcrcrcll} 2x & + & 3y & - & z & = & 5 & \\ -x & + & y & + & 3z & = & 10 & (\cdot 2) \quad + \quad (\cdot 3) \\ 3x & + & 2y & - & 2z & = & 1 & \quad + \end{array}$$

$$\begin{array}{rcrcrcl} 2x & + & 3y & - & z & = & 5 \\ & & 5y & + & 5z & = & 25 \\ & & 5y & + & 7z & = & 31 \end{array}$$

So geht es weiter bis zur Lösung ($x = 1$, $y = 2$, $z = 3$). In der Geschichte mit dem Erbgut ist die Idee der Äquivalenzumformung enthalten.

17.6 Gaußverfahren zum Anfassen

Auch lineare Gleichungssysteme mit drei Variablen lassen sich mit Streichhölzern und Schachteln nachbauen und lösen. Sie brauchen dazu drei verschiedene Schachteltypen. Alternativ können Sie auch Schachteln beschriften. Auf die Vorderseite kommt ein „x“, auf die Rückseite ein „$-x$“.

Eine kurze Wiederholung aus Abschnitt 16.7: Um ein beliebiges LGS lösen zu können, müssen negative Operationen zugelassen werden. Eine umgedrehte Streichholzschachtel beschreibt eine negative Variable, aus „*x*" wird durch Umdrehen ein „–*x*". Negative Zahlen werden durch umgedrehte Streichhölzer dargestellt: Zeigt der Zündkopf nach oben, handelt es sich um eine positive, zeigt er nach unten, um eine negative Zahl. In der Abbildung ist links die Variable „*x*" und darunter die Zahl „6" abgebildet, rechts entsprechend „–*x*" und „–6".

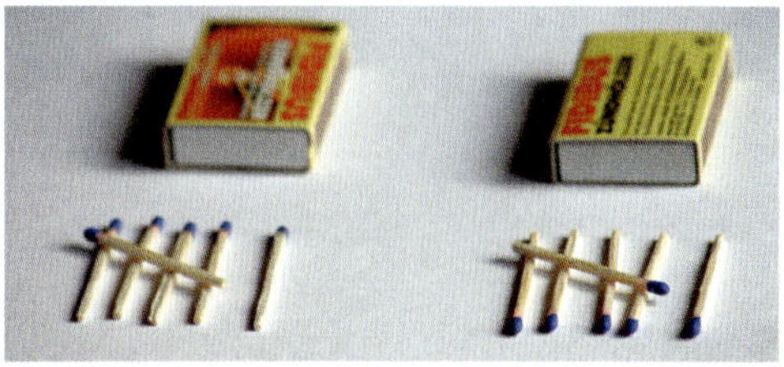

Mit diesen Vereinbarungen lässt sich das LGS aus dem letzten Abschnitt nachbauen:

$$\begin{aligned} 2x + 3y - z &= 5 \\ -x + y + 3z &= 10 \\ 3x + 2y - 2z &= 1 \end{aligned}$$

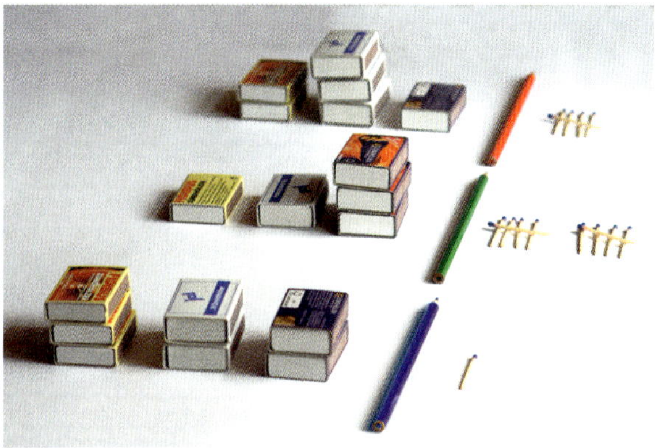

Auf diese Weise lässt sich die Erklärung „Informationen wandern von Planet zu Planet" haptisch ergänzen.

Handlung und Sprache – eine didaktische Zwischenbemerkung
Es ist für unsere Wahrnehmung, unser Gehirn, etwas völlig anderes, wenn ihm ein Sachverhalt konkret dargeboten wird oder wenn „nur" darüber gesprochen wird. Nach Joachim Bauer existiert ein tiefer Zusammenhang zwischen Handlungen und Sprache. „Im Gehirn befinden sich die Nervenzellnetze, die für die Sprachproduktion zuständig sind, an gleicher Stelle wie die Spiegelneurone des bewegungssteuernden Systems. Es ist nicht ausgeschlossen, dass sie teilweise identisch sind. Die Sprache hat sich im Verlauf der Entwicklung des Menschen offensichtlich aus den motorischen

Joachim Bauer

Systemen des Gehirns entwickelt."[82] Wenn man davon ausgehen möchte, dass Mathematik eine Sprache ist, dann ist es nur konsequent, wenn zumindest eine Rechnung exemplarisch auf haptischem Wege gelöst wird. Bei Joachim Bauer heißt es weiter: „Die Sprache ist keine Ansammlung abstrakter Begriffe oder Etikettierungen für die Objekte einer unbelebten Welt. Sie hat ihre Wurzeln in den Handlungen bzw. Handlungsmöglichkeiten samt den dazugehörenden sensorischen Erfahrungen ihrer biologischen Akteure." Dabei muss nicht jeder Schüler selbst ein eigenes LGS aufbauen und verändern. Spiegelneurone sorgen dafür, dass beim Beobachter die gleichen Neuronen feuern, als wenn er die Handlung selbst ausführen würde.

Spiegelneurone

Exemplarisch wird ein erster Lösungsschritt haptisch gezeigt. Im Beispiel wird die zweite Gleichung mit 2 multipliziert, das bedeutet in der haptischen Entsprechung, dass links und rechts des grünen Stiftes die Anzahlen verdoppelt werden:

$$2x + 3y - z = 5$$
$$-x + y + 3z = 10 \quad (\cdot 2) \quad +$$

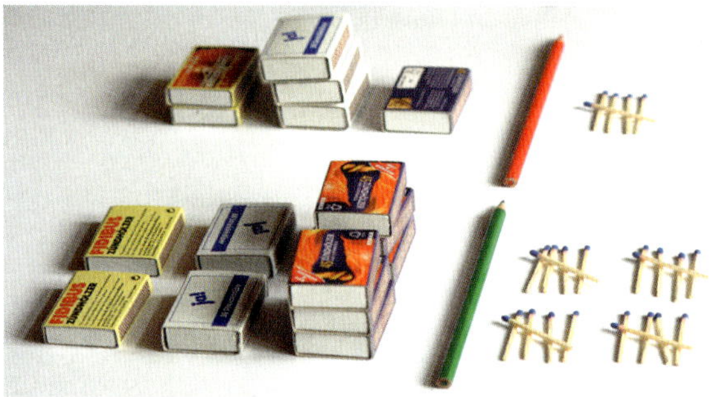

Das Ergebnis der Addition (die der Verschmelzung des Erbgutes entspricht, vgl. letzten Abschnitt) ergibt dieses Bild:

$$5y + 5z = 25$$

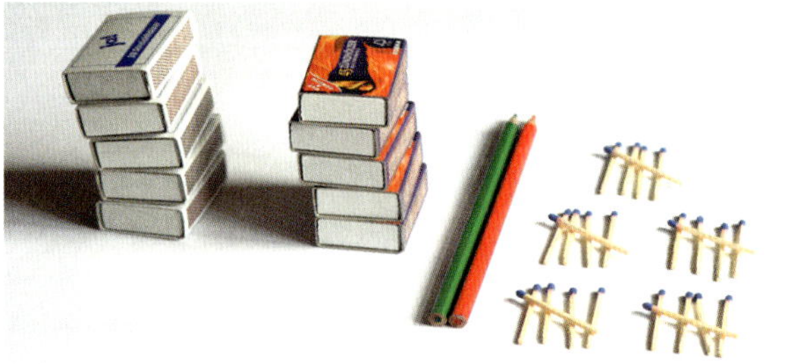

82 Joachim Bauer: Warum ich fühle, was du fühlst – Intuitive Kommunikation und das Geheimnis der Spiegelneurone, Heyne Verlag, München [17]2011, S. 75

Diese Gleichung lässt sich weiter vereinfachen, indem durch 5 geteilt wird:

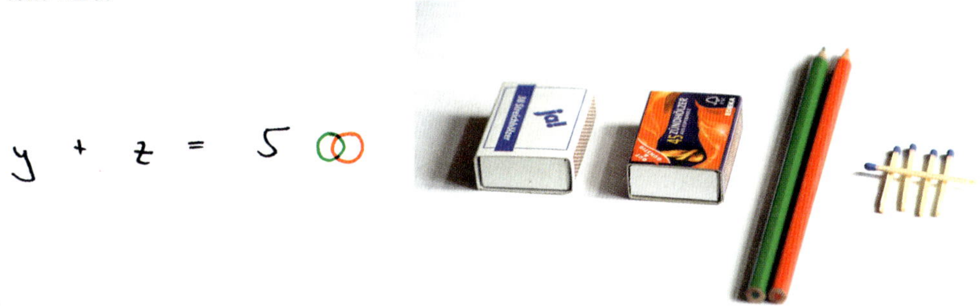

Natürlich sind während der Rechnung die Belegungen der Schachteln für den Aufgabenlöser nicht sichtbar, dennoch könnte er die Richtigkeit der Gleichung $y + z = 5$ unmittelbar durch Öffnen der Schachteln kontrollieren. Das gilt natürlich für jede Zeile des linearen Gleichungssystems.

Möchte man parallel zum Tafelanschrieb jeden Lösungsschritt haptisch darstellen, sollte jedes veränderte LGS auf einem weiteren Tisch aufgebaut werden. Hierzu benötigen Sie eine große Anzahl an Schachteln. Am besten, Sie belegen diese bereits vor dem Unterricht. Sie werden für dieses LGS für jede Variable ca. 20 Schachteln bestücken müssen. Zugegeben, das ist eine Materialschlacht, aber dafür wird das Gaußverfahren quasi selbsterklärend.

Alternativ und mit weniger Aufwand kann nur das ursprüngliche LGS gelegt werden und nur exemplarisch wie in diesem Abschnitt ein Vielfaches einer Zeile zu einer anderen so addiert werden, dass eine Variable wegfällt. Wenn das LGS aufgebaut ist, versteht man unmittelbar, dass zwar das LGS, nicht aber die Lösungsmenge durch eine erlaubte Operation verändert wurde.

Sie können auch lediglich bei auftauchenden Fragen die jeweilige Situation nachbauen. So lässt sich beispielsweise sehr leicht erklären, warum ein LGS in Dreiecksform sehr einfach gelöst werden kann.

Dreiecksform

17.7 Addition von Vektoren

Stift als Vektor

Ein einfaches und überraschendes Experiment: Von einem Startpunkt aus wird unser Held entlang eines durch Stifte markierten Weges losgeschickt. Die einzelnen Stifte stellen Pfeile dar, die er abzugehen hat; die Spitzen der Stifte stehen für die Pfeilspitzen. Offensichtlich haben die Stifte unterschiedliche Richtungen und Längen.

Vertauschung von Vektoren

Richtungsvektor

Wenn jetzt die Reihenfolge der Stifte vertauscht wird, ohne dass dabei ihre jeweilige Richtung geändert wird, kommt dann unser Held wieder am selben Ort heraus? Die einzige Bedingung ist, dass jeder Stift weiterhin in dieselbe Himmelsrichtung zeigt. Er verschiebt sich folglich wie eine Kompassnadel, die, egal wo sie sich befindet, weiter in dieselbe Richtung zeigt (Richtungsvektor). Es hilft, wenn die Art und Weise des Verschiebens zuerst vom Lehrer vorgeführt wird, ohne dass er die Lösung verrät.
Die Frage ist, ob das Ende des Spaziergangs von der Reihenfolge der Stifte abhängt oder nicht.
Wer eine Antwort für einen Spaziergang in der Ebene gefunden hat, mag sich überlegen, ob die Sache auch im Raum funktioniert. Und wenn eine Gruppe auch das erforscht hat, kann sie nach einer Erklärung für die Vertauschbarkeit suchen. Am besten nach einer, die ein kleines Kind versteht.

Umsetzung

Die Schüler versuchen an ihrem Platz in der Gruppe oder in Partnerarbeit, die Lösung zu finden. Mit einem Gegenstand (Radiergummi) wird der Startpunkt und davon ausgehend eine Wegstrecke mit Stiften gelegt. Im Bild ist der Start durch einen blauen Deckel, der Zielpunkt mit einem weißen dargestellt. Im darauf folgenden Bild wird dieselbe Gesetzmäßigkeit für den Raum untersucht.

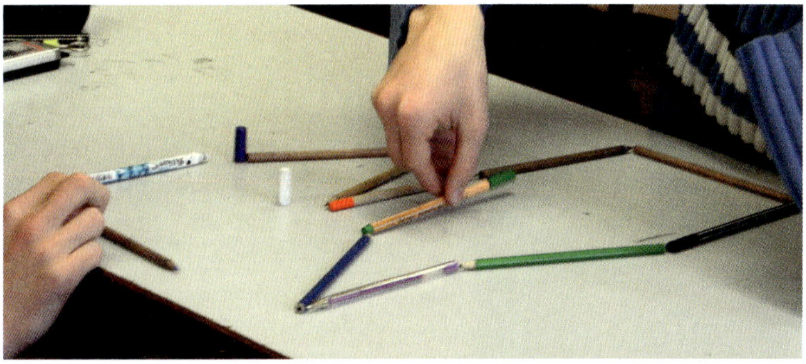

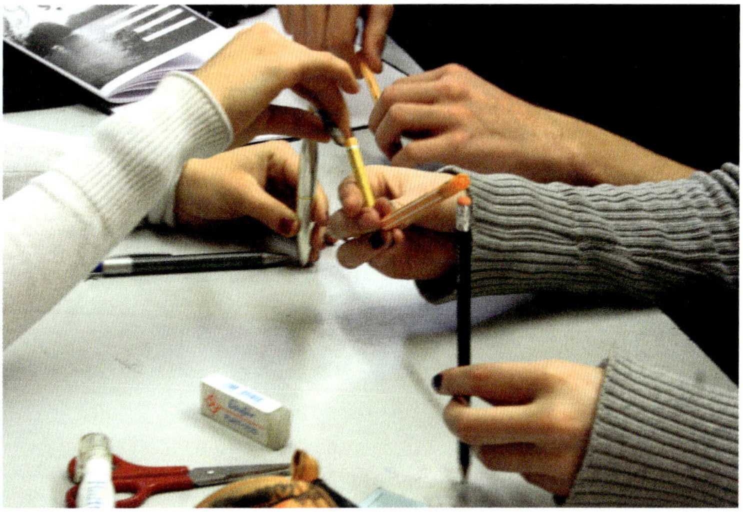

Erklärung mittels Projektionen

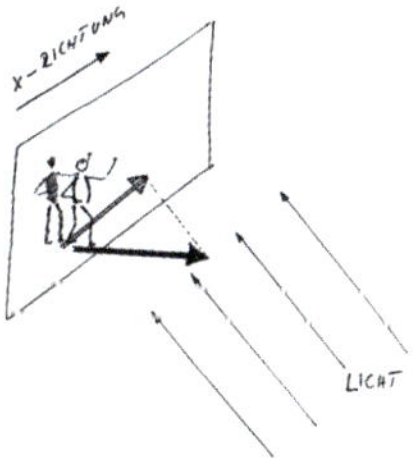

Eine anschauliche Erklärung für die Ebene findet sich mit Hilfe der Projektion auf die Koordinaten: Der Tageslichtprojektor wird „unendlich weit" von der Projektionswand aufgestellt, sagen wir im Norden. Betrachtet man nur den Schatten, also die Projektion auf die x-Achse, so ist der x-Wert des Standortes sehr einfach zu bestimmen:

Entfernt sich unser Held senkrecht (in y-Richtung) von der Wand, bleibt der Ort des Schattens (x-Richtung) unverändert. In einer belie-

bigen Richtung legt der Schatten nur den x-Anteil zurück. Offensichtlich vertauschen die nur in x-Richtung zeigenden Schattenlängen (vgl. auch folgenden Abschnitt).
Analog kann man den Tageslichtprojektor im Osten aufstellen und erhält die Projektion der Bewegung in y-Richtung. Damit ist auch der y-Wert des Zielpunktes festgelegt.

17.8 Einführung der Addition von Vektoren – Projektion einer Verknüpfung

Die Vektoraddition wird mittels Projektion auf die Addition in Koordinaten zurückgeführt. Denn dass man Vektoren koordinatenweise addiert, ist keinesfalls selbstverständlich. Zuerst wird eine Addition von Pfeilen eingeführt.

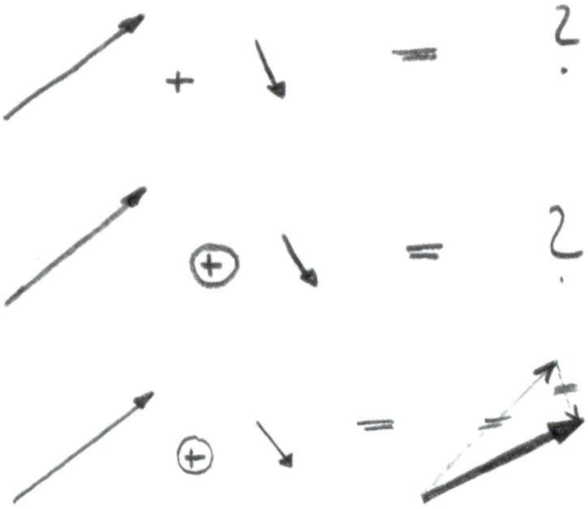

Offensichtlich handelt es sich um eine andere Addition als die gewohnte. Während wir in der Grundschule Zahlen zusammenzählten wie z. B. 3 + 2 = 5, wird hier mit Pfeilen gerechnet. Auf den ersten Blick ist überhaupt nicht klar, was das eine mit dem anderen zu tun hat, und es ist besser, für die „Pfeiladdition“ ein neues Summenzeichen einzuführen.
Die Pfeile werden wie die Stifte in der Übung hintereinandergelegt. Die Pfeilsumme ist der direkte Pfeil.

Komponentenweise Addition
Mittels Projektion lässt sich die komponentenweise Addition einführen. Zwei Stifte repräsentieren die zu addierenden Pfeile bzw. Vektoren.

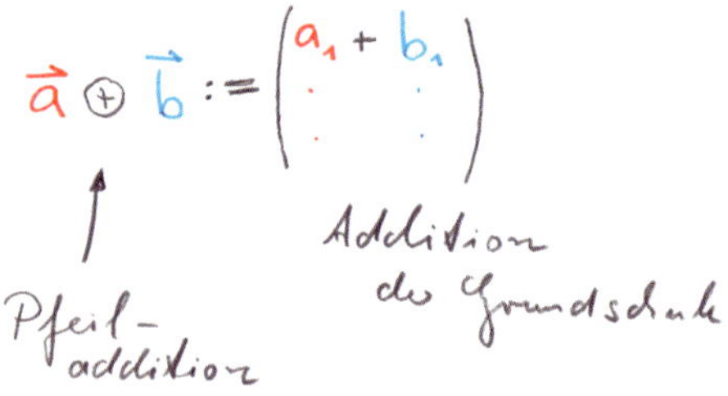

Der Schatten des roten Vektors ist etwas länger als der des blauen. In der Projektion können die Schattenlängen wie in der Grundschule zusammengezählt werden, da sich alles in einer Dimension abspielt, man rechnet also 3 + 2 = 5. Dass die Reihenfolge keine Rolle spielt, ist im Schattenbild selbsterklärend, aber auch formal wundert es niemand, dass 3 + 2 = 2 + 3 gilt.

Erklärung im Schattenbild

Didaktische Bemerkung: Anlehnung an Martin Wagenschein
Die Übung beginnt mittendrin in der Vektorenwelt. Es werden nicht zuerst Ortsvektoren im Koordinatensystem dargestellt, sondern die Schüler werden unvermittelt vor ein komplexeres Problem gestellt.

Schatzsuche – eine erlebnispädagogische Variante[83]

Unterricht draußen

Statt Stifte zu legen, können reale Wege abgeschritten werden: Jede Gruppe erhält mehrere Karten, auf denen jeweils eine Länge und eine Richtungsangabe notiert sind, z. B. „3 Meter nach Süden“ oder „7 Meter nach Nordwesten“. Die Karten werden innerhalb der Gruppe verteilt, damit hat einerseits jedes Mitglied etwas in der Hand, was zum Schatz führt, andererseits werden auf diese Weise die Karten „gemischt“ bzw. gibt es keine ausgezeichnete Reihenfolge mehr. Die Längenangaben sollten mit dem Schulhof kompatibel sein, also dementsprechend nicht zu groß gewählt werden.

Mit Kompass und Zollstock wird von einem gemeinsamen Startpunkt aus der Weg vermessen. Um den Schatz zu finden, muss jede Karte genau einmal verwendet werden. Das Ziel wird von der Gruppe markiert.

83 Vgl. auch Martin Kramer: Mit Erbsen und Zahnstochern zur Mathematik, Beltz Verlag 2012.

Die einzelnen Gruppen gehen unterschiedliche Wege, es gibt ja keine Reihenfolge.

Tipp zur Vorbereitung: Erstellung der Richtungskarten
Statt willkürlich Richtungskarten zu entwerfen, kann man sich bei der Vorbereitung der Vektoraddition bedienen. Am besten legt man zuerst den Zielpunkt fest und vergräbt oder versteckt dort einen Schatz. Als nächstes sucht man einen geeigneten Startpunkt und bestimmt den Richtungsvektor vom Start- zum Zielpunkt. Dieser Vektor wird zu einer der Richtungskarten.
Dann zeichnen Sie einen geschlossenen Vektorzug, damit Sie die Vektorsumme nicht verändern, aus ca. acht Vektoren auf. Jeder Vektor ergibt eine weitere Richtungskarte.

17.9 Die Raumecke als Koordinatensystem[84]

Die linke Ecke des Klassenzimmers wird zum Ursprung eines Koordinatensystems, die x-Achse zeigt entsprechend nach vorne, die y-Achse nach rechts und die z-Achse nach oben (vgl. Abbildung in 18.3).

Erste Übung: Ortsvektoren und der eigene Kopf als Punkt
Nachdem die Achsen definiert sind, bestimmt jeder Schüler den aktuellen Ort seines Kopfes mittels dreier Koordinaten. Eine Längeneinheit beträgt einen Meter. Wenn jemand in der Mitte des Raumes sitzt, erhält er in etwa die Koordinaten $x = 4{,}5$; $y = 4{,}5$ und $z = 1{,}4$. Mit dem ersten Buchstaben des eigenen Namens wird der Punkt notiert. Felix schreibt demnach den Punkt

eigener Kopf als Punkt

$$\mathbf{F}\ (4{,}5 \mid 4{,}5 \mid 1{,}4)$$

auf. Falls es Unklarheiten gibt, kann die Lage eines Kopfes mit einem Zollstock nachgemessen werden. Hierzu verlässt ein Schüler seinen Platz und vermisst die drei Koordinaten, die bis gerade zu seinem Kopf geführt haben. Wenn man möchte, kann man hier auf den Unterschied zwischen dem Punkt **F** (4,5 | 4,5 | 1,4) und dem zugehörigen Ortsvektor $\vec{f} = \overrightarrow{OF} = \begin{pmatrix} 4{,}5 \\ 4{,}5 \\ 1{,}4 \end{pmatrix}$ eingehen.

Namensgebung

84 Eine weitere haptische Annäherung an ein dreidimensionales Koordinatenystem findet sich in Band III, Abschnitt 19.2 *Schiffe versenken und Koordinaten.*

Die Übung lässt sich auf negative Koordinaten erweitern, wenn nach den Koordinaten eines Punktes außerhalb des Klassenzimmers gefragt wird, z. B. der Fußpunkt einer Straßenlaterne oder der eigene Sitzplatz im Chemiesaal ein Stockwerk tiefer.

Zweite Übung: Addition zweier Vektoren

Nachdem jeder Schüler den Ortsvektor „Koordinatenursprung – Kopf" gefunden hat, wird zu diesem ein weiterer Vektor addiert. Da jeder Kopf bzw. Punkt im Raum andere Koordinaten besitzt, schreibt der Lehrer dafür allgemein $\vec{x}$ bzw. $\begin{pmatrix} x \\ y \\ z \end{pmatrix}$ an die Tafel. Die Aufgabe $\begin{pmatrix} x \\ y \\ z \end{pmatrix} + \begin{pmatrix} 0 \\ 0 \\ 0{,}5 \end{pmatrix}$ beantworten die Schüler nonverbal, indem sie ihren Kopf entsprechend positionieren. In diesem Beispiel stehen die Schüler auf. Interessant sind Aufgaben, bei denen alle drei Koordinaten verändert werden.

nonverbales Antworten

Um $\begin{pmatrix} x \\ y \\ z \end{pmatrix} + \begin{pmatrix} 1 \\ 2 \\ -0{,}4 \end{pmatrix}$ zu lösen, gehen alle Schüler einen Schritt nach links, zwei Schritte nach hinten und setzen sich auf den Boden, falls sie zuvor auf einem Stuhl saßen. Auf diese Weise lassen sich auch komplexere Rechnungen nonverbal lösen,

wie z. B. $\frac{3}{4} \cdot \left[\begin{pmatrix} x \\ y \\ z \end{pmatrix} + \begin{pmatrix} 1 \\ 0 \\ 0{,}5 \end{pmatrix}\right] + \begin{pmatrix} 1 \\ 0{,}3 \\ -0{,}2 \end{pmatrix}$.

Weitere Übungen

Der Leser findet schnell weitere Übungen. So können zwei Schüler die Summe oder Differenz ihrer Ortsvektoren bilden oder es können gegenseitig geometrische Figuren im Raum vorgegeben werden, die dann koordinatenweise abgeschritten werden sollen.

Didaktische Bemerkungen

Bedeutung am eigenen Kopf erfahren

Die Idee von Koordinaten bzw. Koordinatensystemen ist, dass man geometrische Objekte im Raum beschreiben und mit diesen rechnen kann. Das wird durch die Übung in selbstverständlicher Weise vermittelt. Der Lehrer kann die Position der Schülerköpfe mittels Koordinatenbeschreibungen verändern – es ist nicht schwer, einen Schritt weiter, etwa zur Robotik hin, zu denken. Ob ein Roboterarm sich mithilfe von Koordinaten zu einem gewünschten Ort bewegt oder ob es um Schülerköpfe geht, ist im Prinzip dasselbe.

Nonverbales Abfragen
Jeder Schüler beantwortet die Aufgabe nonverbal. Der Lehrer sieht unmittelbar, wer sich sicher ist, wer zögert und wer gar nichts versteht. Und trotzdem erfolgt keine Bloßstellung eines Schülers, wie etwa, wenn Felix vor der ganzen Klasse die Antwort an die Tafel zeichnen soll. Da alle handeln, gibt es keine Zuschauer. Das ist eine freundliche, aber sehr effektive Abfragetechnik.

keine Bloßstellung, da keine Bühne

Einführung von Variablen
Jeder Schüler hat zwar einen konkreten Ortsvektor bestimmt, aber um darüber reden zu können, kommt man nicht umhin, diesen zu verallgemeinern. Die **rote Schrift** in der Aufgabenstellung gilt für alle gleich, trotzdem erhält jeder eine persönliche Aufgabe. Dadurch, dass jeder andere Koordinaten hat, wird das Prinzip der **Verschiebung** klar: Auch wenn jeder einen anderen Startpunkt hat, ist die Verschiebung im Raum dieselbe. Das Gehirn braucht wenige konkrete Beispiele, um das Allgemeine an der Sache zu verstehen.

jeder eine persönliche Aufgabe

17.10 Weitere Koordinatensysteme

Kartesische, Zylinder- und Kugelkoordinaten können bereits in der Unterstufe erlebt werden. Einem Freiwilligen werden die Augen verbunden, er übernimmt die Rolle eines Roboters. Ein zweiter ist **Programmierer**[85] und gibt die Koordinatenverschiebungen durch. Ziel ist es, einen Gegenstand von einem Ort zu einem anderen zu bewegen. Hier soll ein Mäppchen auf das Tagebuch gestellt werden.

Rollenspiel

Konkrete Umsetzung
Nachdem dem Roboter die Augen verbunden wurden, wird ein Gegenstand irgendwo auf den Tisch gestellt. Der Zielort wird durch ein Schulheft oder das Tagebuch markiert. Zu Beginn wird die Position der Greifzange (Hand) durch leichtes Antippen auf null gesetzt: $x = 0$, $y = 0$ und $z = 0$. Der Befehl x **+ 15** lässt den Roboterarm aus Robotersicht 10 cm in positive x-Richtung bzw. nach vorne ausfahren, x **– 15** entsprechend 15 cm nach hinten. Der Roboter kann

85 Die Farbkodierung ist dieselbe wie im letzten Abschnitt. Der Programmierer trägt ein rotes Oberteil, entsprechend sind die Verschiebungen ebenfalls in Rot geschrieben.

außerdem seine Greifzange öffnen bzw. schließen. Das Spiel wird einmal vorgeführt, danach versuchen es die Schüler partnerweise.

Zylinderkoordinaten[86]

Nach den kartesischen Koordinaten können Zylinderkoordinaten eingeführt werden. Zur Einführung spielt der Roboter einen Baukran: Mit r kann der Greifarm nach vorne gefahren werden, mit φ dreht sich der Roboter gegen den Uhrzeigersinn und z lässt die Hand auf und ab bewegen. Wieder werden nur Änderungen durchgegeben, so lässt beispielsweise φ – 40° den Roboter 40° im Uhrzeigersinn drehen. Die Übung eignet sich gut, um Winkelweiten zu schätzen.

Baukran

Kugelkoordinaten $(r \mid \varphi \mid \theta)$

Wieder werden neue Koordinaten eingeführt. Kugelkoordinaten sind dank unseres Kugelgelenkes an der Schulter gewissermaßen die organischen Koordinaten. Das Gelenk erhält die Koordinaten $(0 \mid 0 \mid 0)$. Mit r wird der Abstand Gelenk – Greifarm bezeichnet, φ bezeichnet den Azimutwinkel wie schon bei den Zylinderkoordinaten und schließlich gibt θ den Polarwinkel zwischen 0° und 180° an. Der Name „Kugelgelenk" erfährt eine konkrete Bedeutung: Bei festem

Kugelgelenk

86 Unser Gehirn benötigt zwei bis drei konkrete Beispiele, um das allgemeine Prinzip zu verstehen. Daher ist es didaktisch sinnvoll, verschiede Koordinatensysteme einzuführen. Aber auch aus rein naturwissenschaftlicher Sicht ist die Einführung sogenannter krummliniger Koordinaten bei vielen Problemstellungen geschickt.

Abstand *r* bewegt sich der Greifarm auf einer Kugelschale. So betrachtet ist das kartesische Koordinatensystem nicht für die Anatomie des Menschen gemacht. Trotzdem können wir uns diese Koordinaten am einfachsten vorstellen.

17.11 Lineare Unabhängigkeit oder ein geschlossener Rundwanderweg

Ein zentraler Begriff. Und leider etwas umständlich aufzuschreiben: *Vektoren heißen linear abhängig, wenn sich mindestens einer dieser Vektoren als Linearkombination der anderen Vektoren darstellen lässt. Andernfalls heißen die Vektoren linear unabhängig.*

Eine Verbildlichung mittels Figurenarbeit knüpft unmittelbar an die Pfeiladdition von Abschnitt 17.7 an: Fridolin kann den direkten Weg $\vec{c}$ oder über einen Umweg nach Hause gehen. Alternativ zu obiger Definition kann *lineare Abhängigkeit* durch eine anschauliche „Definition" gegeben werden: Kann Fridolin sein Ziel statt auf dem direkten Weg $\vec{c}$ auch auf irgendeinem (Um-)Weg, der durch weitere Richtungen (hier angedeutet durch die Vektoren $\vec{a}$ und $\vec{b}$) gegeben ist, erreichen, so sind die Vektoren $\vec{a}$, $\vec{b}$ und $\vec{c}$ linear abhängig, andernfalls unabhängig.

Vermitteln formaler Exaktheit
„Genauigkeit begreift nur, wer zuerst ungenau ist."[87] Es geht an dieser Stelle um das Nachdenken und das Verstehen von linearer Abhängigkeit und nicht um formale Genauigkeit. So fehlt in obiger anschaulicher Definition beispielsweise die exakte Klärung des Begriffs „Richtung". Mit „Richtung" müsste auch immer „Gegenrichtung" gemeint sein, also mit $\vec{a}$ auch die Gegenrichtung $\overrightarrow{-a}$.

87 Martin Wagenschein, Die pädagogische Dimension der Physik, Braunschweig [3]1962, S. 289. Wagenschein bezieht sich auf die Mathematisierbarkeit gewisser natürlicher Abläufe, was hier auf mathematische Begriffsbildung erweitert wurde.

Häufig unterliegt der Lehrer zu früh der Versuchung, eine exakte Definition anzuschreiben. Von einem pädagogischen Eros beseelt möchte er es seinen Schülern zeigen und sie nicht erst suchen lassen. Aber die Suche nach einem verlegten Schlüssel ist etwas anderes als das Erforschen und Ergründen einer Definition. Es besteht die Gefahr, dass dem Schüler die Idee entgeht, und das mit den besten Absichten des Lehrers. Der Kalkül steht zwar im Heft, aber leider unverstanden. Oft ist es sogar schlimmer: Da dem Schüler alles nur mitgeteilt worden ist, glaubt er die Definition zu verstehen, aber mitunter versteht er gar nicht.

die Idee verstehen

Vertritt man die Auffassung, dass jeder Schüler sich seine eigene mathematische Welt selbst konstruieren muss und dass eine direkte Beschulung nur oberflächlich Wissen weitergibt, sollte der Schüler zumindest die Chance erhalten, eine formal richtige Definition eigenständig zu finden. Auch wenn der erste Versuch einer Definition „falsch" oder unvollständig sein sollte, ist dabei mehr gelernt als durch ein bloßes Nachplappern einer Definition. Wissen lässt sich nicht direkt ins Schülerheft abbilden, es muss wachsen und sich entwickeln wie eine Pflanze.

Wissen lässt sich nicht (formal) abbilden

Figurentheater im Unterricht

Mathematik ist eine Ideenlehre: reine Form ohne Inhalt. Somit besitzt sie im strengen mathematischen Sinn keine Anschauung. Und dennoch sind vielleicht alle Abstraktionen in der Anschaulichkeit geboren. Und das wiederum ist richtungsweisend für die Frage, wie eine mathematische Didaktik aussehen sollte. Eine mögliche Antwort nutzt Figurentheater. Die Aufgabe unseres Helden Fridolin liegt somit in der Anschaulichkeit, um Ideen zu liefern, und nicht in der mathematischen Exaktheit.

Mathematik ist eine Ideenlehre

Teil V

Terme, Gleichungen und Vektorrechnung

Kapitel 18

Ebenen und Geraden

Koordinatenform

Von den verschiedenen Darstellungsformen von Ebenen ist die Koordinatenform für das Rechnen die bedeutsamste. Daher soll auch der Unterricht an dieser Stelle beginnen. Anschließend wird zur konstruktiven und anschaulichen Parameterform übergegangen, um letztendlich wieder zur Koordinatenform zurückzukehren.

18.1 Gleichungen entsprechen Ebenen, Ebenen Gleichungen

Es ist keineswegs klar, dass sich hinter der Gleichung $4x + 5y + 6z = 60$ eine Ebene verbirgt (vgl. 17.3). Die Übung eignet sich gut als Einstieg ins Thema Ebenen.

Konkrete Umsetzung

Welche Punktmenge verbirgt sich hinter der Gleichung $4x + 5y + 6z = 60$? Zuerst wird aus drei Stiften ein Koordinatensystem aufgebaut. Weiter werden etwas Knete und dünne Strohhalme benötigt.

Dann wird ein Kügelchen Knete auf der x-y-Ebene platziert, z. B. an der Stelle $x = 1$, $y = 7$. Mit der Gleichung $4x + 5y + 6z = 60$ lässt sich die zugehörige z-Koordinate berechnen:

$$\begin{aligned} 4 \cdot x + 5 \cdot y + 6 \cdot z &= 60 \\ 4 \cdot 1 + 5 \cdot 7 + 6 \cdot z &= 60 \\ z &= 3{,}5 \end{aligned}$$

Also werden 3,5 cm von einem Strohhalm abgeschnitten und auf das Knetkügelchen gepflanzt. Punkt für Punkt entsteht auf diese Weise eine Ebene.

Die Übung kann in Kleingruppen durchgeführt werden, alternativ kann auch in einem Koordinatensystem gemeinsam eine Ebene gefunden werden. In diesem Fall setzt jeder Schüler zuerst ein Knetkügelchen auf die x-y-Ebene und reserviert damit einen Platz. Dann rechnet er den zugehörigen z-Wert aus und pflanzt anschließend sein Strohhalmstück. Die Methode erinnert an Abschnitt 17.1. Im zweidimensionalen Fall entsteht dort eine Gerade. Auch in dieser Übung trägt jeder Schüler einen Punkt zum geometrischen Objekt bei.

jeder Schüler trägt seinen Punkt bei

Welche Ebenengleichung?

Die z-Werte sollten aus bautechnischen Gründen nicht größer als die Strohhalme werden. Am besten legen Sie als Lehrer die Spurpunkte fest und berechnen daraus die Ebenengleichung. Die Spurpunkte auf der x- bzw. y-Achse dürfen gerne etwas weiter vom Ursprung entfernt liegen.

Erweiterung: weitere Ebenen

Nach der ersten Ebene kann eine zweite eingebaut werden. Wenn man das möchte, hilft es, farblich kodiert zu arbeiten: Jede Ebene bekommt eine eigene Gleichungs- bzw. Strohhalmfarbe. Offensichtlich lässt sich mit zwei Ebenen-Gleichungen $4x + 5y + 6z = 60$ und $-5x - 4y + 20z = 100$ eine (Schnitt-)Gerade beschreiben.

Didaktische Hintergründe

Erste Begegnung mit der Ebene: die Koordinatenform

Die Koordinatenform ist die für das Rechnen bedeutsamste Darstellung einer Ebene. Warum also nicht mit dieser Form beginnen? Nach dieser ersten Begegnung wird man die anschauliche, konstruktive

Parameterform einführen, um später etwa über die Normalenform auf die Koordinatenform zurückzukommen.

Martin Wagenschein

Einstieg „mittendrin"

Der Schüler beginnt „mittendrin" im Thema. Der Unterricht baut nicht schrittweise aufeinander auf, vielmehr wird der Schüler unvorbereitet mit einem komplexeren Problem konfrontiert, bei dem die Lösung keinesfalls klar ersichtlich ist. Dieses Vorgehen erinnert an Martin Wagenschein.

Geometrische und algebraische Welten

Spurpunkte

Wie im Abschnitt 17.1 wird gleich zu Beginn die algebraische Darstellung mit der geometrischen verknüpft. Fast selbsterklärend werden die Spurpunkte als die am einfachsten zu berechnenden gefunden. Ebenso entsteht beim Bau der Wunsch danach, die Ebene „einzugrenzen". Die Einfachheit der algebraischen Berechnung (zwei Variablen werden null gesetzt) entspricht der Einfachheit in der geometrischen Welt (Achsenschnittpunkte).

Gehirngerechtes Lernen

Das Hin und Her zwischen geometrischer Veranschaulichung und formaler Gleichungsschreibweise entspricht einem gehirngerechten Lernen bzw. dem EIS-Prinzip nach Bruner (vergleiche *Zwei Welten – zwei Hemisphären* und *Drei Ebenen der Vermittlung* im Abschnitt 17.1).

18.2 Einführung der Parameterform: Gerade und Ebene in Parameterform abschreiten

Parameterformen sind konstruktiv. Daher lassen sie sich Punkt für Punkt abschreiten. So kann konkret erlebt werden, dass ein Parameter die reellen Zahlen oder ein Intervall durchläuft. Die Schüler nehmen dabei selbst die Rolle von Punkten ein. Der Vorteil von Knete und Strohhalmen (vgl. Kapitel 18.8) besteht darin, dass die Vektoren im Raum stehen können. Auf dem Asphalt, wie in dieser Übung, ist die z-Komponente stets Null.

Im Folgenden wird eine Möglichkeit vorgestellt, wie die Parameterdarstellung erlaufen werden kann. Es gibt viele Varianten, und der Unterrichtsverlauf hängt sehr von den Schülern ab. Wichtig ist, dass Parameterform und geometrische Visualisierung parallel entstehen.

Die Einheit ist eine Schuhlänge. Natürlich sind Schuhe unterschiedlich groß und das führt zu Ungenauigkeiten. Der Vorteil der Einheit liegt am konstruktiven „Abschreiten". Es sind nicht abgemessene und eingezeichnete Koordinaten, es sind einzelne Schritte.

Geraden und Strecken

Um eine Gerade verorten zu können, genauer: Um Punkte adressieren zu können, braucht es ein Koordinatensystem. Es wird auf den Boden aufgezeichnet, die z-Achse stellen sich die Schüler vor. Die Einheit wird festgelegt, z. B. eine Schuhlänge. Erst jetzt lassen sich Vektoren geometrisch interpretieren.

Ein Freiwilliger wählt einen **Stützvektor**, im Beispiel ist es: $\begin{pmatrix} 4 \\ 8 \\ 0 \end{pmatrix}$.

Stützvektor

Dieser wird koordinatenweise vom Ursprung aus abgeschritten, also 4 Schuhlängen in x-Richtung, 8 in y-Richtung und 0 in z-Richtung. Anschließend wird der Stützvektor eingezeichnet. Ein Zollstock dient als Lineal.

Spannvektor

Danach wird ein **Spannvektor** bestimmt, im Beispiel ist es: $\begin{pmatrix} -2 \\ 7 \\ 0 \end{pmatrix}$.

Dieser wird ebenfalls abgeschritten und eingezeichnet. Auf dem Foto ist gerade die x-Komponente abgeschritten worden (2 Schuhlängen in negative x-Richtung).

Einzelner Punkt

Jetzt wird ein einzelner Punkt eingezeichnet. Ein Parameter wird gewählt (z. B. $r = 2$) und ein Freiwilliger läuft entsprechend $\vec{x} = \begin{pmatrix} 4 \\ 8 \\ 0 \end{pmatrix} + 2 \cdot \begin{pmatrix} -2 \\ 7 \\ 0 \end{pmatrix}$ zum Punkt.

Parameter

Haben alle das Vorgehen verstanden, erhält jeder Schüler mittels Durchzählen einen Parameter (… -5; -4,5; -4, … 0 … 3; 3,5; …). Diesen setzt er in die Gleichung $\begin{pmatrix} 4 \\ 8 \\ 0 \end{pmatrix} + r \cdot \begin{pmatrix} -2 \\ 7 \\ 0 \end{pmatrix}$ ein, um seinen Ort auf der Geraden zu berechnen, den er anschließend aufsucht. Auf diese Weise werden alle Schüler nonverbal abgefragt. Da kein Fokus wie beim gewöhnlichen Abfragen gesetzt wird, entsteht dabei keine „Bühne“, daher wird niemand bloßgestellt.

Parameter durchlaufen

Bisher wurden nur einzelne Punkte eingezeichnet. Zur Visualisierung der Geraden wird ein Freiwilliger gesucht, der sich mittels Parameteransage „fernsteuern“ lässt. Bei der Ansage $r = 0$ geht der Schüler zur Spitze des Stützvektors, bei $r = -1$ geht er auf der Geraden eine Spannvektorlänge rückwärts usw.

Es kann auch umgekehrt gefragt werden: Der Freiwillige stellt sich irgendwo hin und stellt damit nonverbal die Frage nach dem Parameter. Auf diese Weise durchläuft er den Parameter r.

Strecken

Erweitert können auch Strecken mit Parametern angegeben werden. Die Aufgabe besteht darin, ein bestimmtes Parameterintervall abzuschreiten. Ein Beispiel: $r \in [-2; 2{,}2]$ entspricht der gepunkteten blauen Strecke auf dem ersten Foto. Auch die umgekehrte Fragestellung ist möglich: Eine Strecke wird markiert und die Parameter hierzu gesucht.

Ebenen und Flächen

Auf ähnliche Weise kann die Entstehung von Flächen nachempfunden werden. Auf den Boden wird der Ursprung gekennzeichnet. Drei Freiwillige wählen einen Stützvektor $\vec{p}$ und zwei Spannvektoren $\vec{a}$ und $\vec{b}$ und zeichnen diese ein.

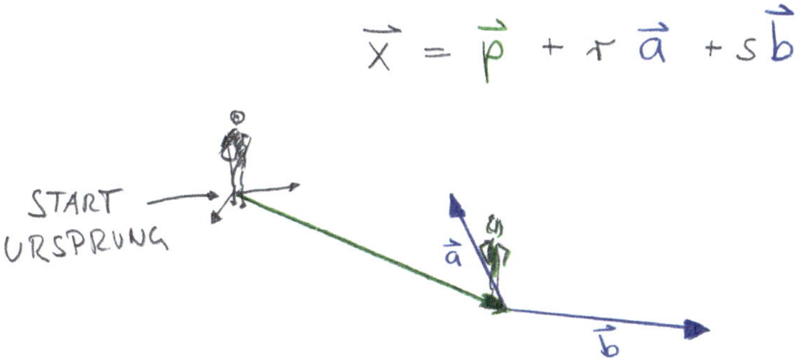

Jeder Schüler wählt für beide Parameter r und s eine Zahl aus. Mit der linken Hand wird der Parameter r, mit der rechten der Parameter s anhand der Finger angezeigt. Für negative Werte zeigen die Finger nach unten.

$r = 3$ 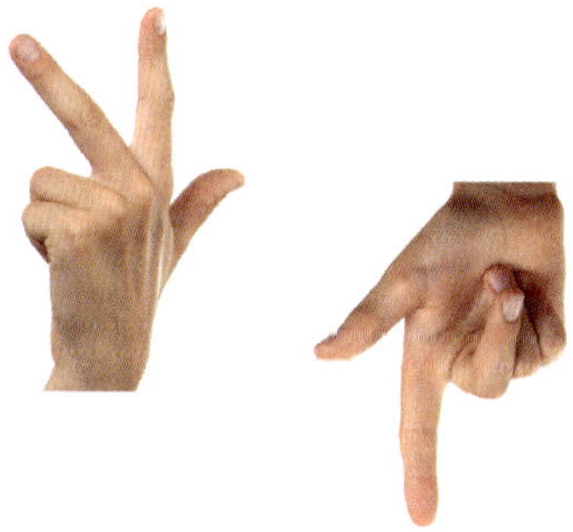 $s = -2$

Anschließend sucht jeder Schüler seinen Ort, entsprechend seiner gewählten Parameter auf. Auf diese Weise werden alle Schüler nonverbal abgefragt. Die Kontrolle, ob jeder am richtigen Punkt steht, kann durch die Schüler selbst geschehen (das System korrigiert sich selbst). Hierzu hält jeder seine linke Hand bzw. seinen gewählten Parameter r nach oben und blickt in Richtung des Spannvektors $\vec{b}$. In dieser Richtung verändert sich der Parameter r nicht und so zeigen alle Hände denselben Wert an. Ein zweiter Kontrollblick erfolgt in Richtung des Spannvektors $\vec{a}$, auf dieser Geraden ändert sich der Parameter s nicht.

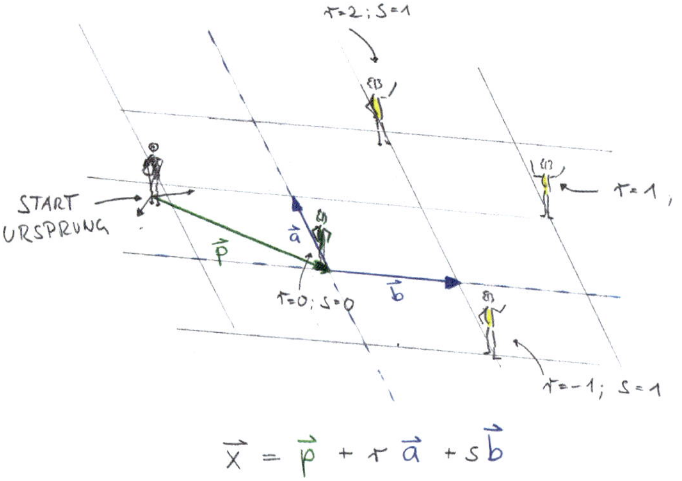

Dieses Verfahren ist mehr als eine Selbstkontrolle. Die Lernenden erfahren hier die Bedeutung und Wirkung der Parameter. Im Grunde ist die konstruierte Ebene nicht anders als das vertraute x-y-Koordinatensystem, welches so aussehen würde: $\vec{x} = \begin{pmatrix}0\\0\\0\end{pmatrix} + r \cdot \begin{pmatrix}1\\0\\0\end{pmatrix} + s \cdot \begin{pmatrix}0\\1\\0\end{pmatrix}$.

Die Achsen stehen jetzt (durch die Wahl der Spannvektoren) nicht mehr senkrecht. Die Skalierung der Achsen (entlang der Spannvektoren) sind um den Betrag des Parameters als entsprechendes Raster eingezeichnet. Aus einem Quadrat wird ein Parallelogramm. Man kann diesen Gedanken der linearen Raumverzerrung hinsichtlich der Determinanten einer linearen Abbildung weiterführen. Die lineare Abbildung von der Standardbasis auf die Basis der Spannvektoren wird durch die Matrix $A = \begin{pmatrix}a_1 & b_1\\a_2 & b_2\end{pmatrix}$ dargestellt. Die Verzerrung (hier in der Fläche) entspricht der Determinante von A. Die Darstellung von linearen Abbildungen sprengt den schulischen Rahmen. Es ist jedoch interessant, dass der Ansatz der Handlungsorientierung nicht nach der Schule aufhört und ebenso im universitären Bereich Anwendung finden kann.

Erweiterung: Begrenzte Flächen
Wie im Fall der Geraden können die Parameter begrenzt werden. Mit einer Schnur kann die Fläche markiert werden, vgl. Skizze.

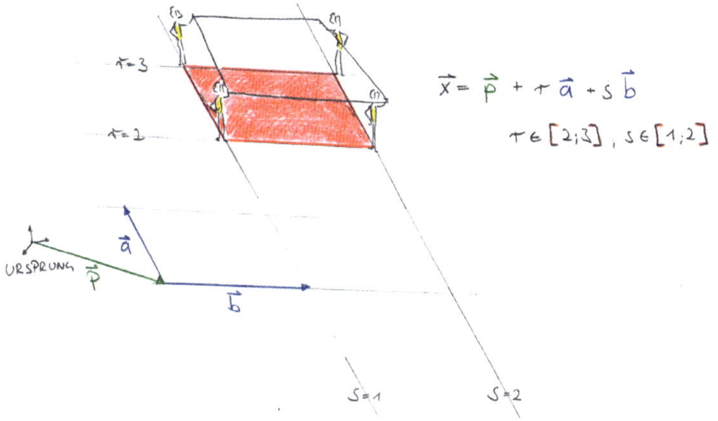

Parameter eines Punktes bestimmen: Übung LGS
Bisher haben die Schüler durch die Wahl der beiden Parameter den zugehörigen Punkt aufgesucht. Die Reihenfolge kann umgekehrt werden: Ein Schüler markiert einen Punkt. Hierzu sollen die zugehörigen Parameter angegeben werden.
Wenn man die Stütz- und Spannvektoren exakt einzeichnet und die Koordinaten angibt, dann lassen sich anschließend die Parameter mit einem linearen Gleichungssystem berechnen. Damit kann der Punkt bestimmt werden. Die Umsetzung ist dem Leser überlassen. Im folgenden Unterkapitel erläuft eine Spielfigur die Parameterform. Auch wenn es sich inhaltlich nicht unterscheidet, lohnt sich der zweite Blick von außen. Schüler bauen mit Stiften die Situation selbst nach.

18.3 Parameterform oder die Konstruktion einer Geraden

Schritt für Schritt, Punkt für Punkt entsteht eine Gerade

Eine Gerade soll erlaufen werden. Zuerst bedarf es eines festen Punktes, des Koordinatenursprungs. Ein Radiergummi oder eine Münze markiert den Ausgangspunkt. Der aktuelle Standort des Läufers wird mit seinem Anfangsbuchstaben beschrieben. Da meistens ein x verwendet wird, heißt unser Held Xaver. Die Figur kann auch aus einem Filzstiftdeckel bestehen. $\vec{x} = \begin{pmatrix} 0 \\ 0 \\ 0 \end{pmatrix}$	
Vom Ursprung aus können wir mit einem Vektor im Prinzip jeden Punkt im Raum erreichen. Wir überlegen uns, wo eine Gerade entlangführen soll, und platzieren entsprechend einen grünen Stift, der mit der Spitze die gedachte Gerade berührt. Später wird dieser zum **Stützvektor** der Geraden.	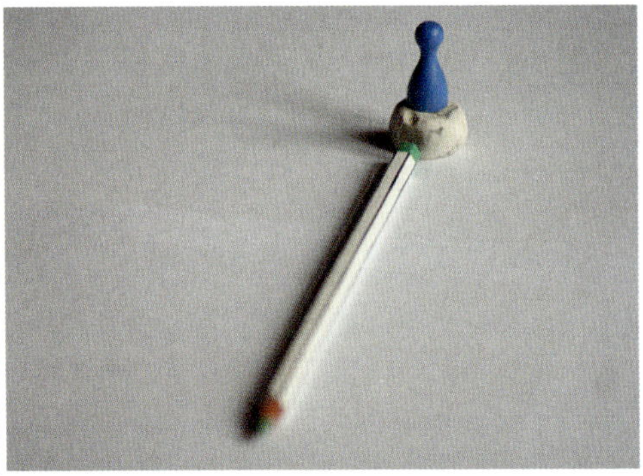
Der aktuelle Standort unseres Helden nach seinem Abschreiten ist $\vec{x} = \begin{pmatrix} p_1 \\ p_2 \\ p_3 \end{pmatrix} = \begin{pmatrix} -6 \\ -15 \\ 0 \end{pmatrix}$ Die Koordinaten sind in cm angegeben und beziehen sich auf das jeweilige „Tischkoordinatensystem“: Die x-Achse entspricht der mir zugewandten Tischkante, die linke Kante der y-Achse. Offensichtlich hat sich unsere Figur nicht nach oben bewegt, also bleibt die z-Koordinate bei null. Die Figur hat sich ca. 6 cm in negativer x-Richtung und ca. 15 cm in negativer y-Richtung bewegt.	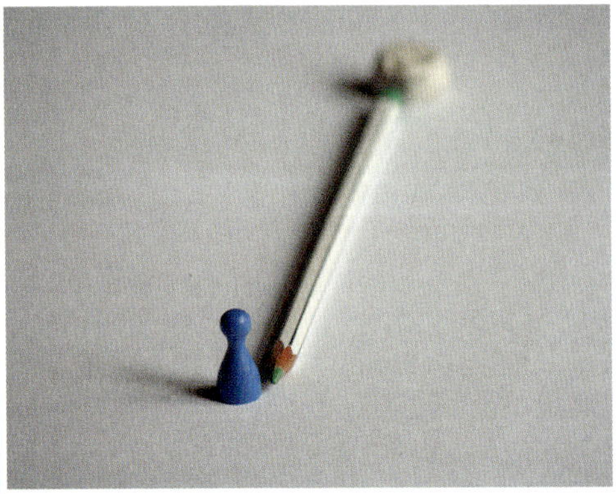

Auf die gedachte Gerade wird jetzt ein roter Stift, der **Spannvektor** gelegt. Offensichtlich gibt es zwei entgegengesetzte Möglichkeiten und unendlich viele unterschiedliche mögliche Längen des Spannvektors.
Die aktuelle Position des Läufers errechnet sich wie folgt:

$$\vec{x} = \begin{pmatrix} p_1 \\ p_2 \\ p_3 \end{pmatrix} + \begin{pmatrix} a_1 \\ a_2 \\ a_3 \end{pmatrix} = \begin{pmatrix} -6 \\ -15 \\ 0 \end{pmatrix} + \begin{pmatrix} -17 \\ -4 \\ 0 \end{pmatrix}$$

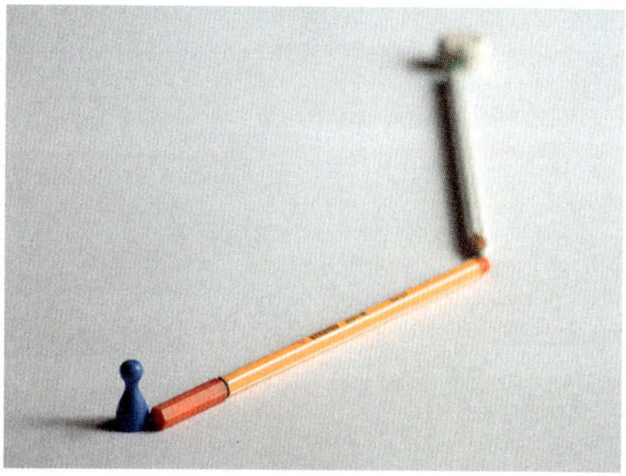

Der Läufer kann auf der Geraden auch zweimal den Spannvektor ablaufen und befindet sich dann am Ort

$$\vec{x} = \begin{pmatrix} p_1 \\ p_2 \\ p_3 \end{pmatrix} + \begin{pmatrix} a_1 \\ a_2 \\ a_3 \end{pmatrix} + \begin{pmatrix} a_1 \\ a_2 \\ a_3 \end{pmatrix} = \begin{pmatrix} p_1 \\ p_2 \\ p_3 \end{pmatrix} + 2 \cdot \begin{pmatrix} a_1 \\ a_2 \\ a_3 \end{pmatrix}$$

bzw.

$$\vec{x} = \begin{pmatrix} -6 \\ -15 \\ 0 \end{pmatrix} + 2 \cdot \begin{pmatrix} -17 \\ -4 \\ 0 \end{pmatrix}$$

Auch ein Gehen in umgekehrter, negativer Richtung ist möglich. Allgemein gilt für den aktuellen Standort:

$$\vec{x} = \begin{pmatrix} -6 \\ -15 \\ 0 \end{pmatrix} + t \cdot \begin{pmatrix} -17 \\ -4 \\ 0 \end{pmatrix}$$

bzw.

$$\vec{x} = \begin{pmatrix} p_1 \\ p_2 \\ p_3 \end{pmatrix} + t \cdot \begin{pmatrix} a_1 \\ a_2 \\ a_3 \end{pmatrix}$$

Im Bild rechts beträgt t in etwa – 0,05, da die Figur nach Ablaufen des Ortsvektors ungefähr noch ein Zwanzigstel des Richtungsvektors rückwärtsgegangen ist.

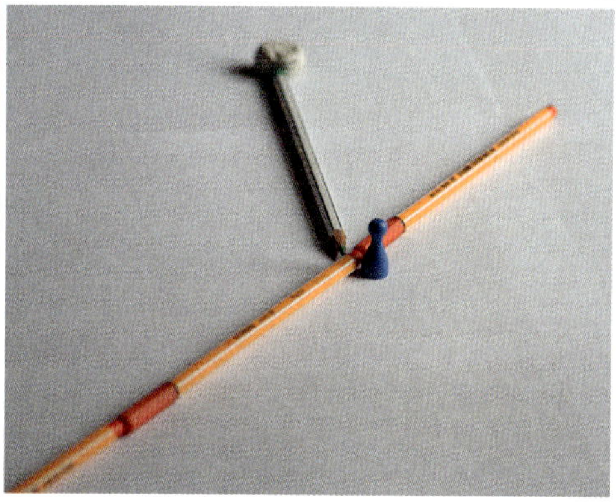

Bei dieser Übung ist es wichtig, dass jeder Schüler selbst eine Gerade konstruiert. Nach jedem Schritt der Figur wird farblich kodiert und der aktuelle Standort formal in Vektorschreibweise festgehalten.

Didaktische Bemerkungen

Konstruktives Vorgehen, Transferaufgaben
Der schrittweise, konstruktive Aufbau enspricht der Idee der Parameterform. Weiter ist unmittelbar klar, dass es bei festem t nur einen

möglichen Ort der Figur gibt. Der Lehrer kann nach der Übung gerne Transferaufgaben stellen. Einige Beispiele, die haptisch beantwortet werden:

Transferaufgaben

- „Legt bitte nur den Teil der Gerade für t zwischen – 3 und – 1."
- „Wie ändert sich die Parameterform, wenn der Spannvektor in die entgegengesetzte Richtung zeigt?"
- „Ist die Darstellung der Gerade in Parameterform eindeutig? Verändere alles, was möglich ist, um dennoch dieselbe Gerade zu erhalten."

Konkret das Abstrakte lernen

wenige Beispiele genügen

Das Gehirn braucht wenige Beispiele, um das Allgemeine zu verstehen. Bei dieser Übung hat jeder Schüler ein konkretes, individuelles Beispiel vor sich liegen. Er kann bei seinem Nachbarn nicht direkt abschauen, aber er kann mit ihm über die Richtigkeit der Vorgehensweise diskutieren. Schließlich eignet sich als gemeinsamer Tafelaufschrieb nur die allgemeine Schreibweise. Während also der Schüler

$$\vec{x} = \begin{pmatrix} -6 \\ -15 \\ 0 \end{pmatrix} + \begin{pmatrix} -17 \\ -4 \\ 0 \end{pmatrix}$$

in sein Heft schreibt, steht an der Tafel:

$$\vec{x} = \begin{pmatrix} p_1 \\ p_2 \\ p_3 \end{pmatrix} + \begin{pmatrix} a_1 \\ a_2 \\ a_3 \end{pmatrix}$$

Variablen ermöglichen gemeinsamen Aufschrieb

Ohne Variablen wäre eine gemeinsame Notation unmöglich. Die vielen Beispiele erzwingen quasi den Wunsch nach einem allgemeinen Aufschrieb. Trotzdem ist es wichtig, dass der Schüler konkret für sich ein eigenes Beispiel konstruiert. Erst dann ist klar, ob er das Allgemeine umsetzen kann.

Nonverbale Abfragetechnik

„Stellt bitte eure Figur entsprechend dem Parameterwert $t = -\sqrt{2}$ auf." Die Schüler beantworten die Aufgabe nonverbal über die Figur, also über das Material. Mit einem Blick erkennt der Lehrer, wem die Sache leichtfällt und wer noch Schwierigkeiten hat. Wenn jeder Schüler ein eigenes Modell vor sich hat, kann nicht direkt abgeschaut werden. Man muss das Prinzip verstanden haben, um die Figur an die rechte Stelle zu setzen.

Weiter wird kein Schüler vorgeführt. Man vergleiche herkömmliches Abfragen: „Klaus, wo würde die Figur stehen, wenn $t = -\sqrt{2}$ gilt?" Jetzt schauen alle Schüler auf Klaus, der sich plötzlich auf einer Bühne stehen sieht, und als Unbeteiligter fragt man sich, ob gerade Mathematik oder der Umgang mit Lampenfieber geprüft wird.

Bühne

18.4 Eine Gerade aus Köpfen

Eine Gerade soll mit Hilfe von Schülerköpfen dargestellt werden. Die Schüler finden selbst Stütz- und Spannvektor.

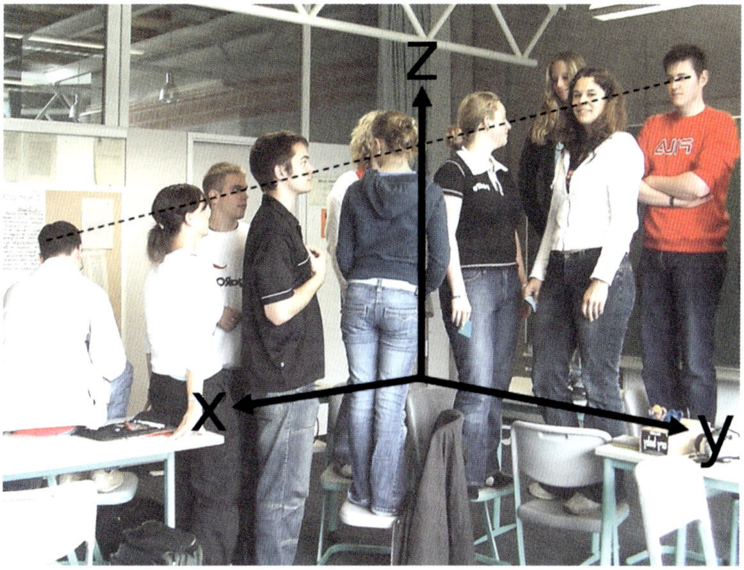

Konkrete Umsetzung im Unterricht:
Es wird von −6 ab in 0,5-Schritten durchgezählt. Der erste Schüler erhält so die Zahl „−6“, der zweite „−5,5“, der dritte „−5“. Und so weiter. Der Lehrer schreibt einen von t abhängigen Ortsvektor an die Tafel:

$$\vec{p} = \begin{pmatrix} 2 \\ 3 \\ 2 \end{pmatrix} + t \cdot \begin{pmatrix} -\frac{1}{2} \\ \frac{1}{2} \\ -\frac{1}{4} \end{pmatrix}$$

Jeder Schüler rechnet sich mit dem erhaltenen t seinen persönlichen Ortsvektor aus und bringt seinen Kopf in die richtige Position. Hierzu werden die Kanten einer Ecke im Klassenzimmer als Achsen eines dreidimensionalen Koordinatensystems aufgefasst. Es ist an dieser Stelle noch unklar, dass sich eine Gerade ergibt.

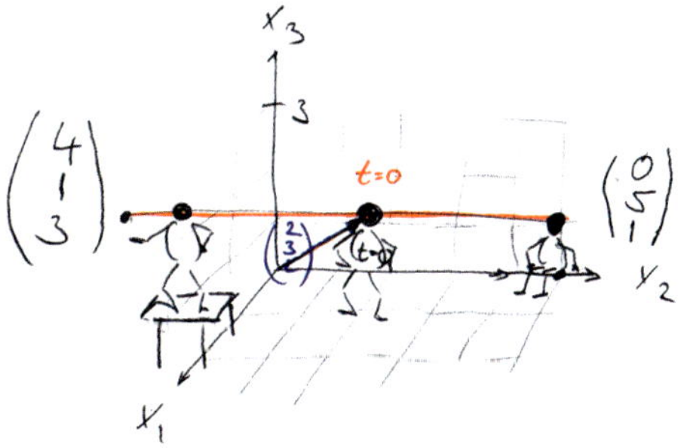

Im Anschluss daran soll eine Schnur entsprechend der Geraden gespannt werden. Die Schüler schreiben auf ihren Zettel (Rückseite) ihren Parameter (z. B. $t = 2$) und hängen diesen wie ein Wäschestück an die Leine. An dieser Stelle können Stütz- und Spannvektor sehr gut diskutiert werden.

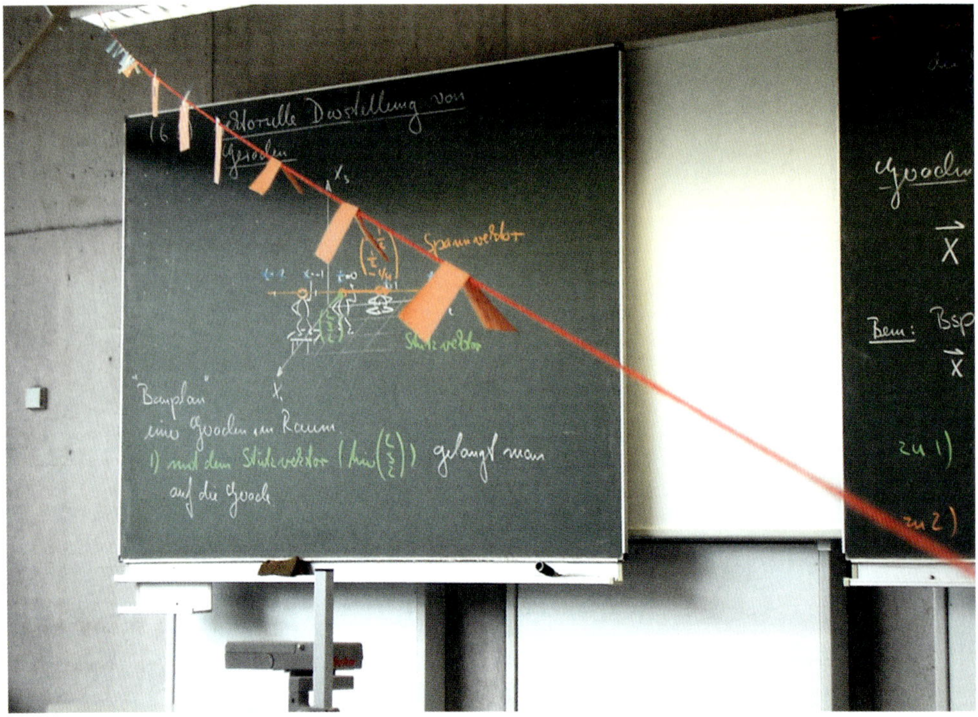

Erweiterung

Ebenen in Parameterform

Nach demselben Prinzip können auch Ebenen in Parameterform gefunden werden, in diesem Fall werden zwei Parameter s, t und die Parameterform einer Ebene vorgegeben. Übersichtlicher ist es jedoch, auf dem Tisch mit Stiften zu arbeiten, was im nächsten Abschnitt gezeigt wird.

18.5 Unendlich viele Geraden oder die Ebene in Parameterform

Von der Gerade zur Ebene ist es nur ein kleiner Schritt. In diesem Abschnitt wird die Parameterdarstellung einer Ebene über parallele Geraden gefunden.

Zuerst konstruiert jeder Schüler wie in Abschnitt 18.2 eine Gerade:

$$\vec{x} = \begin{pmatrix} 13 \\ -10 \\ 0 \end{pmatrix} + t \cdot \begin{pmatrix} -10 \\ -8 \\ 0 \end{pmatrix}$$

Die allgemeine Formulierung wird an die Tafel geschrieben:

$$\vec{x} = \begin{pmatrix} p_1 \\ p_2 \\ p_3 \end{pmatrix} + t \cdot \begin{pmatrix} a_1 \\ a_2 \\ a_3 \end{pmatrix}$$

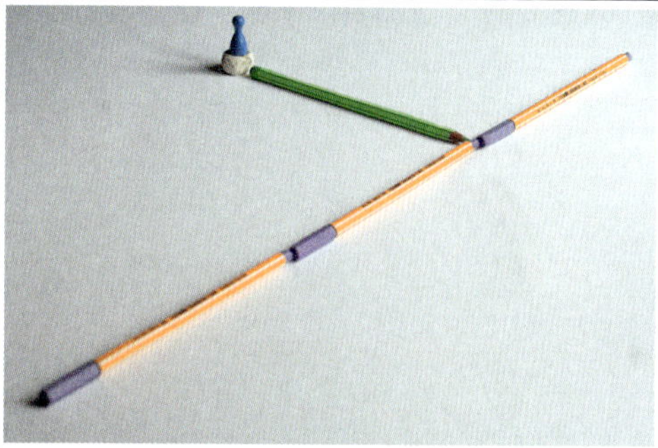

Jetzt wird ein zweiter Vektor hinzugefügt bzw. -gezählt:

$$\vec{x} = \begin{pmatrix} 13 \\ -10 \\ 0 \end{pmatrix} + t \cdot \begin{pmatrix} -10 \\ -8 \\ 0 \end{pmatrix} + \begin{pmatrix} 1 \\ -14 \\ 0 \end{pmatrix}$$

Dadurch verschiebt sich die Gerade. Natürlich benötigt man eine vom Spannvektor verschiedene Richtung, um eine neue Gerade zu konstruieren. An dieser Stelle kann man den Begriff der linearen Unabhängigkeit einführen.

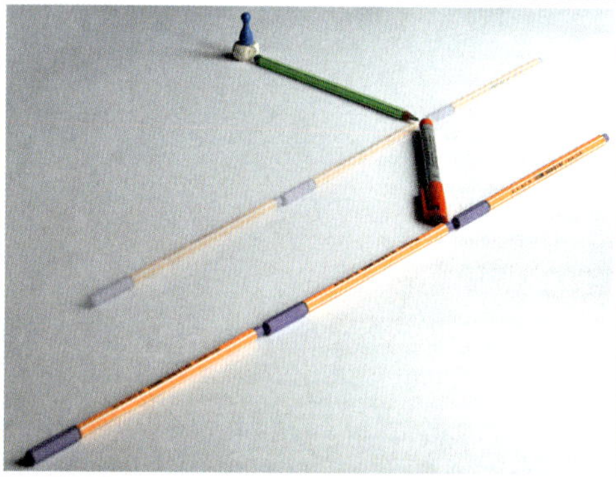

Entsprechend kann man auch mehrmals, sagen wir **s-mal**, in die neue Richtung gehen. Auf diese Weise entstehen parallele Geraden. Offensichtlich lässt sich eine Ebene durch unendlich viele Geraden beschreiben:

$$\vec{x} = \begin{pmatrix} 13 \\ -10 \\ 0 \end{pmatrix} + t \cdot \begin{pmatrix} -10 \\ -8 \\ 0 \end{pmatrix} + s \cdot \begin{pmatrix} 1 \\ -14 \\ 0 \end{pmatrix}$$

An dieser Stelle ist häufig noch nicht klar, warum man einen neuen Parameter s benötigt. Schreitet man entsprechend Abschnitt 18.3 nun die Ebene mit einer Figur ab, wird klar, dass die Figur sich in beide vorgegebene Richtungen unabhängig bewegen kann. Jeder aktuelle Ort des Läufers, bzw. jeder Punkt auf der Ebene, entspricht eindeutig einem t und einem s. Für die Figur in der Abbildung gilt $t = \frac{1}{2}$ und $s - 1$.

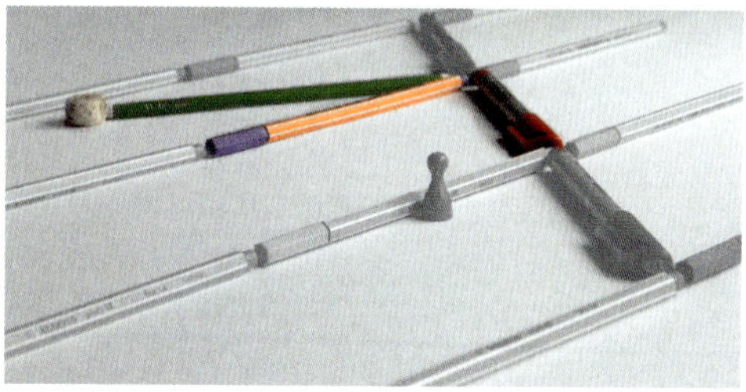

Nonverbales Abfragen

der Schüler wählt aus

Wie im Fall der Geraden gibt es auch hier eine entsprechend freundliche Abfragetechnik. Jeder Schüler wählt einen Koordinatenursprung durch einen Radiergummi aus. Die beiden Spannvektoren werden farblich in Blau und Rot unterschieden.

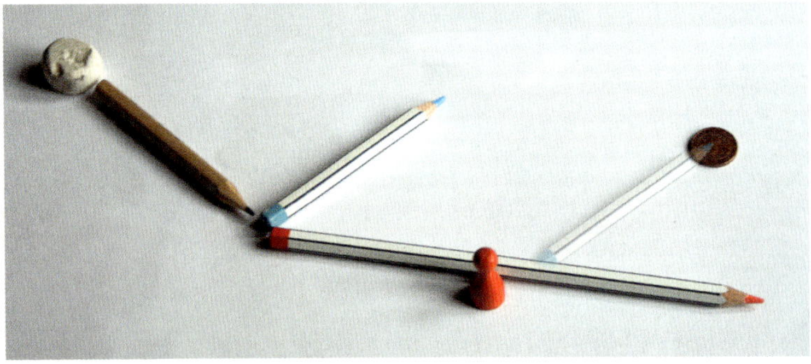

Jetzt sollen in die Ebenengleichung $\vec{x} = \begin{pmatrix} p_1 \\ p_2 \\ p_3 \end{pmatrix} + t \cdot \begin{pmatrix} a_1 \\ a_2 \\ a_3 \end{pmatrix} + s \cdot \begin{pmatrix} b_1 \\ b_2 \\ b_3 \end{pmatrix}$

die Parameter $t = 1$ und $s = \frac{1}{2}$ eingesetzt werden. Die entsprechende Stelle soll mit einer Münze markiert werden. Wo liegt der Punkt, wenn man s und t vertauscht? Eine gute Hilfe ist es, mit einer Figur die Wege abzuschreiten. Weitere Fragestellungen sind möglich:

- Was ergibt sich für $s = t$?
- Welches geometrische Objekt ergibt sich für $t = -1$ und $1 < s < 2$?
- Für welche Punkte gilt $2 < s < 4$ und $1 < t < 1{,}5$?
- Was erzwingt die Bedingung $s < 3$?

18.6 Stifte und Geodreiecke als Geraden und Ebenen

eigene Aufgaben

Es ist interessanter, eigene Aufgaben zu entwerfen, als fremdbestimmt Probleme im Schulbuch zu lösen. Über das Material können ohne Vorbereitung und sehr einfach eigene Aufgaben gestellt werden.

Konkrete Umsetzung

Erste Übung: Bestimmung einer Ebenengleichung

Mit Knete wird ein Geodreieck von einem Schüler in eine beliebige Position gebracht, die den Ausschnitt einer unendlich ausgedehnten Ebene zeigt. Als Koordinatensystem dient die linke Raumecke, genauer

zeigen die x-Achse nach vorne, die y-Achse nach rechts und die z-Achse nach oben. Als Längeneinheit wird 1 m festgelegt.
Das Geodreieck markiert eine Ebene, deren Gleichung von den Schülern gefunden werden soll. Je nachdem, welches Thema gerade an der Reihe ist, kann das eine Parameterform, eine Normalenform oder Koordinatenform sein. Das Objekt darf dabei nicht berührt werden, erforderliche Werte werden vom Material übernommen.

Lösungsvorschlag
Durch Peilen können die Spurpunkte abgeschätzt werden. Sind A, B und C bestimmt, lässt sich die Aufgabe einfach lösen.
Wenn Sie die Aufgabe stellen, können Sie selbst die Spurpunkte festlegen. $(3 \mid 0 \mid 0)$, $(0 \mid 4 \mid 0)$ und $(0 \mid 0 \mid 2)$ ergebenen die Ebenengleichung $4x + 3y + 6z = 12$. Durch eine lehrerzentrierte Aufgabenstellung werden die Zahlenwerte „netter", gleichzeitig geht aber auch das Beliebige und Individuelle verloren. Aus diesem Grund ist es besser, wenn ein Schüler, zumindest ab dem zweiten Durchgang, das Geodreieck positioniert.

Zweite Übung mit zwei Ebenen: Bestimmung der Schnittgeraden
Zwei Schüler positionieren mit unterschiedlich farbigen Stiften zwei Geodreiecke im Klassenraum. Der Lehrer kann darauf achten, dass die Schnittgerade durch den Raum verläuft. Das ist im ersten Durchgang anschaulicher, als wenn die Gerade irgendwo außerhalb verläuft.

Aufgabenstellung: Es sollen Koordinatengleichungen der beiden Ebenen bestimmt werden und daraus die Schnittgerade. Anschließend soll geometrisch die Lage der Schnittgerade geschätzt und mit dem Rechenergebnis verglichen werden.
Werden die Spurpunkte der Ebenen durch Peilen genau bestimmt, erhält man eine gute Übereinstimmung von Schätzung und Rechnung. Die Schnittgerade wird anschließend mit Hilfe einer Schnur visualisiert. Um ihre Lage zu ermitteln, kann über die Geodreiecke gepeilt werden. Blickt man auf die Seitenkante eines Geodreiecks in Richtung Schnur, so ist diese bei exakter Lage durch die Kante verdeckt.

Didaktische Bemerkungen

Schüler- und Lehrerrolle und die Beliebigkeit der Aufgabenstellung

beliebige Aufgabenstellung

Es macht einen großen Unterschied, ob der Lehrer in seiner Rolle Geodreiecke in Stellung bringt oder ein Schüler: Handelt der Schüler, ist die Aufgabenstellung beliebig, positioniert der Lehrer, ist – aus Schülersicht – vielleicht eine Absicht enthalten. Es könnte ja sein, dass die Sache nicht immer funktioniert, sondern nur bei bestimmten Ebenenlagen.

Erhaltung der Beliebigkeit trotz Steuerung

kein Spezialfall

Eine Aufgabenstellung durch den Schüler ist daher offensichtlich allgemein gestellt. Interessanterweise entsteht durch einen Hinweis wie „Neige das eine Geodreieck etwas weiter" kein Spezialfall, die Allgemeinheit bleibt „weitestgehend" erhalten. Das ist didaktisch interessant: Der Lehrer kann steuernd eingreifen, ohne die Beliebigkeit der Aufgabenstellung in Frage zu stellen.

Persönliche versus fremdbestimmte Aufgaben

persönlicher Bezug

Ein weiteres Argument für die Regie durch Schüler: Der Lehrer trägt jetzt keine Verantwortung mehr für „krumme" Zahlen. Er hat die Aufgabe ja nicht gestellt. Und schließlich wird die Aufgabe erst durch Schülerhände zur Schülersache. Was mich betrifft: Lieber beschäftige ich mich mit eigenen Aufgabenstellungen und nehme dafür Kommazahlen in Kauf, als dass mir vom Schulbuch oder vom Lehrer eine Aufgabe diktiert wird. Es fehlt der persönliche, unmittelbare Bezug.

Stifte werden zu Vektoren, Geodreiecke und Schulhefte zu Ebenen

Stift und Geodreieck sind im Unterricht wie im Abitur erlaubt. Sie helfen ungemein bei der Veranschaulichung und lassen die fachlichen Themen viel konkreter erscheinen.

Weiter stehen Geraden und Vektoren in unterschiedlichen Farben zur Verfügung und können somit farblich kodiert werden. Mit Stiften als Geraden können anschaulich gegenseitige Lagen zweier Geraden diskutiert werden. Wenn man angefangen hat, mit Bleistiften zu arbeiten, wird man sie wegen der Einfachheit der Visualisierung und der Allgegenwärtigkeit immer wieder verwenden.

Hände werden zu Ebenen
Auch eine Hand kann eine Ebene visualisieren. Eine Schnittgerade lässt sich mit zwei Händen darstellen:

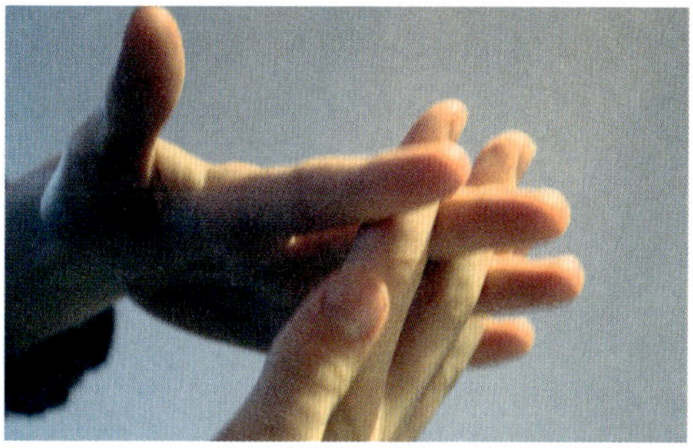

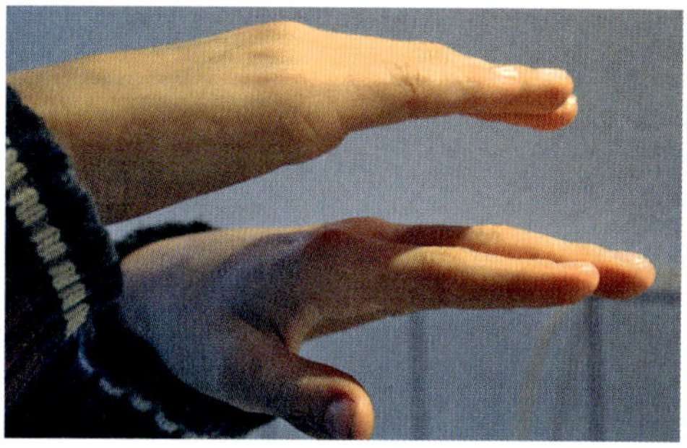

Wird eine dritte Hand etwa vom Nachbar hinzugefügt, entsteht in der Regel ein Schnittpunkt. Sind zwei Hände parallel, entsteht keine Schnittgerade.
Auf diese Weise kann man die gegenseitige Lage von Ebenen mit Händen visualisieren. Mit dem Nachbarn zusammen stehen vier Hände bzw. vier Ebenen zur Verfügung. Das ermöglicht eine nonverbale Abfrage:[88]

nonverbales Abfragen

- „Wie können drei Ebenen zueinander liegen, damit das zugehörige LGS unendlich viele Lösungen besitzt?"
- „Wie können drei Ebenen zueinander liegen, damit das zugehörige LGS keine Lösung besitzt?"

Eine weiterführende Frage:
- „Kann ein LGS mit drei Variablen und vier Gleichungen keine Lösung besitzen? Wie könnten in diesem Fall die Ebenen liegen?"

88 Lösungen zu Fragestellungen dieser Art bzw. zum Zusammenhang *Lösungsmenge – Lage der zugehörigen Ebenen* finden Sie unter *www.unterricht-als-abenteuer.de* auf einem weiterführenden Arbeitsblatt zum Herunterladen.

18.7 Normalengleichung einer Ebene

Die linke Hand wird zum Koordinatenursprung. Zuerst nimmt jeder Schüler einen roten Vektor bzw. Stift in die Hand und richtet diesen in beliebiger Richtung aus. Er wird später mit $\vec{n}$ für **Normalenvektor** bezeichnet.

Als nächstes wird ein „x-beliebiger" Stift in den Ursprung gesteckt und zwar so, dass die Gleichung $\vec{n} \cdot \vec{x} = 0$ erfüllt ist. Anschließend werden nach und nach weitere x-beliebige Stifte hinzugefügt. Die Abbildung zeigt die Situation mit vier x-beliebigen Stiften.

Offensichtlich liegen alle Spitzen der x-beliebigen Vektoren auf einer Ebene. Verdreht man die Hand bzw. den Ursprung, wird anschaulich klar, dass sich mit dem Normalenvektor und mit Hilfe des Skalarproduktes alle Ebenen durch den Ursprung beschreiben lassen.

Ein Beispiel macht die Sache konkreter: Wie muss der Normalenvektor gehalten werden, dass er senkrecht durch die Ebene $2x_1 + 3x_2 + 6x_3 = 0$ geht? Um diese Frage zu beantworten, muss natürlich zuerst ein Koordinatensystem festgelegt werden, z. B. durch die linke Raumecke (vgl. den Abschnitt 18.3 *Eine Gerade aus Köpfen*).

Erweiterungen

Normierung des Einheitsvektors

Da jeder Schüler eine andere Stiftlänge benützt, ist unmittelbar klar, dass es nicht auf die Länge des Normalenvektors ankommt, um die Lage der jeweiligen Ebene zu beschreiben. Entsprechend gibt es unterschiedliche Gleichungen für dieselbe Ebene. So gehört zu dem Normalenvektor $\vec{n} = \begin{pmatrix} 2 \\ 3 \\ 6 \end{pmatrix}$ die Koordinatengleichung $\begin{pmatrix} 2 \\ 3 \\ 6 \end{pmatrix} \cdot \begin{pmatrix} x_1 \\ x_2 \\ x_3 \end{pmatrix} = 0$ bzw. $2x_1 + 3x_2 + 6x_3 = 0$. Die Länge des gewählten Normalenvektors beträgt hier im Beispiel $|\vec{n}| = \sqrt{2^2 + 3^2 + 6^2} = 7$. Verlängert man ihn um einen Faktor, entspricht das der Multiplikation der zugehörigen Koordinatengleichung um diesen Faktor.

Möchte man eine eindeutige Zuordnung zwischen Gleichung und Normalenvektor, muss man letzteren normieren. Der Normierungsgedanke kann anschaulich gezeigt werden: Für den roten Stift ist jetzt nur noch eine Länge zugelassen, z. B. die des roten Stabilo in der Abbildung.

Die Gleichung $\vec{n} \cdot \overrightarrow{(x-p)} = 0$

Jeder Schüler sucht sich einen festen Punkt im Raum als Ursprung aus. Das Geodreieck wird zur Ebene und wird etwas weiter vom Ursprung entfernt in einer beliebigen Lage gehalten. Jetzt wird ein beliebiger Punkt auf dem Geodreieck ausgesucht, der den Namen des Schülers bekommt, zum Beispiel P für Paul. Entsprechend heißt sein Ortsvektor $+\vec{p}$. Wird ein x-beliebiger Punkt X auf dem Geodreieck bzw. der Ebene um den Vektor $-\vec{p}$ verschoben, so ergibt sich der Ortsvektor $\overrightarrow{(x-p)}$. Die verschobene Ebene geht durch den Ursprung, also gilt $\vec{n} \cdot \overrightarrow{(x-p)} = 0$.

P für Paul

Didaktische Hintergründe

Das Allgemeine im Konkreten

Jeder Schüler positioniert seinen Normalenvektor in einer anderen Richtung, ebenfalls gibt es unterschiedliche Längen. Das menschliche Gehirn benötigt wenige konkrete Beispiele, um auf das allgemeine Prinzip zu schließen. Während im Raum die Konkretisierung mit Stiften geschieht, findet das Allgemein-Formale an der Tafel gleichzeitig statt, indem der Lehrer die Gleichung $\vec{n} \cdot \vec{x} = 0$, für alle gültig, aufschreibt.

Wichtige Bemerkung

In diesem Abschnitt geht es mir nicht darum, Rezepte für die Einführung der Koordinatengleichung zu geben, vielmehr um die Möglichkeit der Verwendung von Stiften als Vektoren und Geodreiecken als Ebenen. Die didaktische Stärke liegt darin, dass dieses Material unmittelbar für konkrete Fragestellungen zur Verfügung steht. Jeder Leser wird eigene Beispiele für seinen Unterricht finden und entwickeln.

eigene Beispiele

18.8 Von einer Koordinatengleichung über eine Parameterform zur Normalenform

Die Idee ist einfach: Mit etwas Knete und verschiedenfarbigen Strohhalmen werden Rechenschritte nachgebaut.

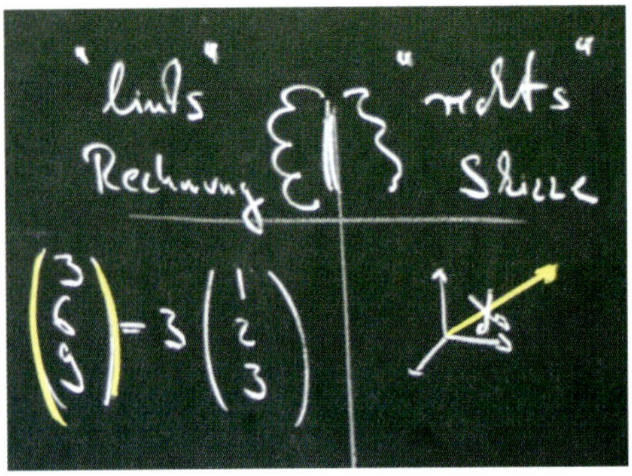

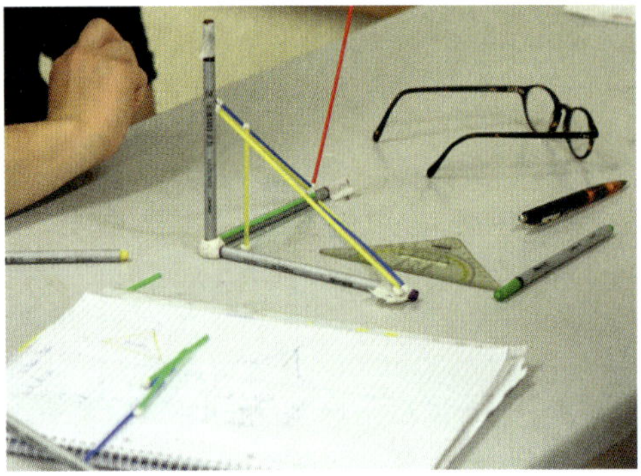

So findet die jeweilige algebraische Formulierung ihre materielle Entsprechung. Der Schüler erkennt unmittelbar die geometrische Bedeutung seiner Rechnung.

Aufgabenstellung

Durch die Koordinatengleichung $4x + 5y + 6z = 60$ wird eine Ebene im dreidimensionalen Raum beschrieben. Nacheinander sollen eine Parameter-, eine Normalenform und daraus wieder eine Koordinatenform gefunden werden.

Insgesamt gibt es also drei Teilaufgaben:
a) Von einer Koordinatengleichung zu einer Parameterform
b) Von einer Parameterform zu einer Normalenform
c) Von der Normalenform wieder zu einer Koordinatengleichung

Die Farben der Strohhalme erhalten folgende Bedeutung:
- **Spannvektoren (blau)**
- **Ortsvektoren (grün)**
- **Normalenvektor (rot)**
- **ggf. Spurvektoren (gelb)**

Eine Längeneinheit entspricht 1 cm.

Wichtig ist, dass das Rechnen und der Nachbau parallel bzw. ineinander verzahnt ablaufen. Die Stärke der Übung liegt in der Parallelität: Das, was ich gerade berechnet habe, lässt sich konkret und anschaulich geometrisch interpretieren.

Didaktische Zwischenbemerkungen

Das Material selbst wird zum Lehrer, indem es Fragen in dieser Art aufwirft: „Wie würde sich die Parametergleichung verändern, wenn ich einen anderen Ortsvektor verwende?" – „Wie verändert sich mein Modell, wenn ich einen anderen Spannvektor berechne?" – „Wie viele Wahlmöglichkeiten habe ich für Spann- und Ortsvektoren?" Ich habe versucht, drei typische Fragestellungen zu skizzieren, aber die besten entstehen unmittelbar und konkret im Unterricht.

das Material als Lehrer

die besten Fragen entstehen aus der konkreten Situation

Vielleicht lässt sich die Bedeutung der Parallelität im Lernprozess deutlicher an unserem Denkorgan selbst aufzeigen. Grob besteht unser Datengenerator aus einer linken und rechten Gehirnhälfte. Nach dem Hemisphärenmodell werden in der linken Seite rationale, sprachliche, analytische, zeitlich lineare und logische Prozesse verarbeit, während die rechte Gehirnhälfte ganzheitlich, bildhaft, kreativ, intuitiv, räumlich und körperorientiert ist. Kurz: Die linke Hemisphäre ist für Logik, die rechte für Kreativität und Intuition zuständig. In diesem Sinne ist das Wechselspiel zwischen Rechnen und grafischer Interpretation äußerst wertvoll. Das Strohhalmmodell ist also keine Krücke, auf die man verzichten kann, sondern ein weiterer Kanal bzw. Zugang zur Vektorrechnung. In der in diesem Abschnitt folgenden Tabelle steht die Rechnung entsprechend links und die grafische Umsetzung rechts.

Wechselspiel Rechnen und grafische Interpretation

Gesetz der Gleichzeitigkeit

Ich möchte noch einen dritten didaktischen Blickwinkel beleuchten, der aus der Gestaltpsychologie stammt. Die Übung nutzt die *Gleichzeitigkeit* von Gedanken und ihrer materiellen Entsprechung. Das lässt sich didaktisch verallgemeinern. Wenn wir zwei Dinge gleichzeitig erleben, unterstellen wir ihnen einen Zusammenhang. Ein Beispiel: Das Telefon klingelt und das Licht geht aus. Unwillkürlich suchen wir nach einer kausalen Erklärung, was das Telefonklingeln mit dem Ausgehen des Lichts zu tun hat. Dabei handelt es sich um eine Unterstellung. Es könnte ja lediglich ein Zufall sein. Es ist interessant zu wissen, dass wir einen Zusammenhang zwischen Ereignissen nur aufgrund deren Gleichzeitigkeit postulieren.

zeitliche Nähe

Man kann sich vorstellen, was *zeitliche Nähe* von Themen im Unterricht bedeuten kann: Werden in einer Stunde unmittelbar zwei Themen nacheinander behandelt, werden diese als zusammengehörig empfunden! In unserem Falle ist das gewünscht: Die geometrische Interpretation soll mit der Rechnung verknüpft werden. Daher ist die Gleichzeitigkeit didaktisch so wichtig. Natürlich wird man nicht gleichzeitig, sondern abwechselnd rechnen und bauen können. Dennoch wird sich Denken und Modellieren überschneiden. Man denkt, während man baut, und man blickt während der Rechnung aufs Modell.

Gesetz der Nähe

Noch etwas zur Gestaltpsychologie: Zwei Dinge werden als zusammengehörig empfunden, wenn sie *räumlich nah* beieinander liegen (Gesetz der Nähe). Aus diesem Grund sollte der Heftaufschrieb in der Nähe des Modells sein. Es ist ein Unterschied, ob die Dinge unmittelbar um mich sind oder ob ich sie aus einiger Entfernung betrachte. Beobachten wir manche Unterrichtssequenzen vom Blickwinkel des Gesetzes der Nähe, erscheint ein Lehrerdemonstrationsversuch fragwürdig, weil er räumlich von den Schülern entfernt ist und damit wenig mit ihnen zu tun hat. Wenn ich die Wahl habe, dass Schüler ein Experiment aus der Nähe statt vom Platz aus betrachten, dann lasse ich sie gerne nach vorne kommen, sie sind dann schlichtweg „näher“ an der Sache dran.

Demonstrationsversuch

Konkrete Umsetzung

Die Schüler arbeiten in kleinen Gruppen zusammen. Dabei besprechen sie zuerst in der Gruppe die Vorgehensweise. Wenn allen am Tisch der Bauplan der Aufgabe klar ist, rechnet jeder für sich allein. Insgesamt sind drei Darstellungswechsel von Ebenen, also drei Aufgaben zu bewältigen. Bevor es losgeht, holt einer pro Gruppe[89] etwas Knete, drei Streifen Kreppband und verschiedenfarbige Strohhalme.

Aus drei Stiften entsteht ein rechtshändiges[90] Koordinatensystem. Dieses kann an einer Tischkante platziert werden. Die *x*-, *y*- und *z*-Achsen werden mit einem Fähnchen aus Kreppband beschriftet (vgl. Abbildung).

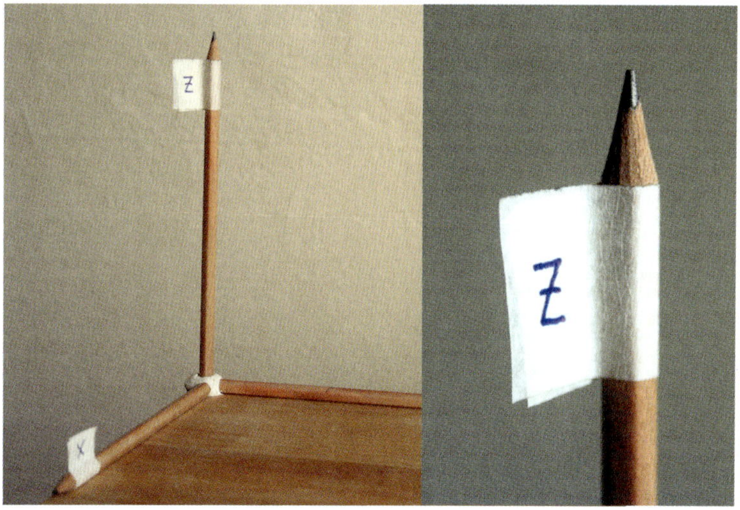

89 Vgl. die Rolle des Materialwarts in: M. Kramer: Didaktik für Abenteurer (2018)

90 Gemeint ist das im Unterricht übliche rechtshändige Koordinatensystem: Der Daumen der rechten Hand steht für die *x*-Achse, der Zeigefinger für die *y*-Achse und der Mittelfinger für die *z*-Achse.

Lösungen der einzelnen Teilaufgaben

An dem Beispiel der durch die Koordinatengleichung $4x + 5y + 6z = 60$ gegebenen Ebene werden die einzelnen Schritte aufgezeigt. Folgendes ist lediglich als eine Möglichkeit in der Umsetzung zu verstehen.

a.) Von einer Koordinatengleichung zu einer Parameterform	
Zuerst werden drei Punkte der Ebene berechnet. Mit Hilfe der Koordinatengleichung $4x + 5y + 6z = 60$ kann man beliebig viele Punkte der Ebene berechnen, indem man für zwei Koordinaten Werte vorgibt. Am einfachsten setzt man jeweils zwei Koordinaten gleich null und erhält so die *Spurpunkte*. Als Beispiel wird der auf der x-Achse liegende Spurpunkt A berechnet: Wähle $y = z = 0$. Damit ergibt sich für die x-Koordinate: $4x + 5y + 6z = 60$ $4 \cdot x + 5 \cdot 0 + 6 \cdot 0 = 60$ $x = 15$ Für den Spurpunkt A ergibt sich A (15 | 0 | 0).	Der Spurpunkt A (15 | 0 | 0) wird 15 cm vom Ursprung entfernt mit einem kleinen Stück Knete auf der x-Achse markiert: 
Analog berechnen sich die anderen Spurpunkte: B (0 | 12 | 0) C (0 | 0 | 10)	Die fehlenden Spurpunkte werden modelliert[87]: 

87 Man könnte bereits an dieser Stelle die Ebene durch ihre Spurgeraden hervorheben.

a.) Von einer Koordinatengleichung zu einer Parameterform (Fortsetzung)

Als **Ortsvektor** wählen wir den Vektor $\overrightarrow{OA}$.	Der 15 cm lange **Ortsvektor** wird eingebaut, indem der Ursprung mit dem Punkt A durch einen grünen Strohhalm verbunden wird. 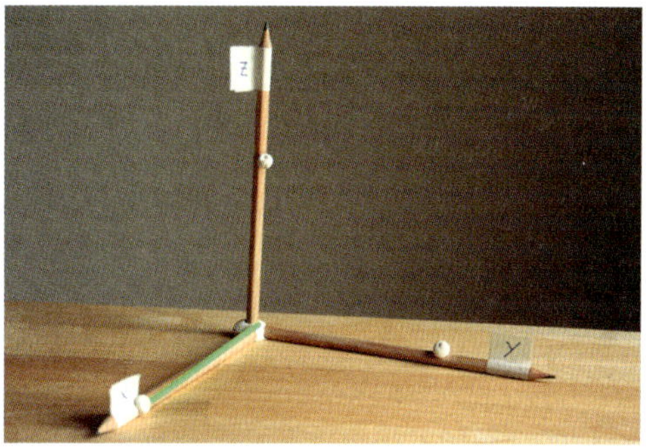
Als **Spannvektoren** wählen wir $\overrightarrow{AB}$ und $\overrightarrow{AC}$. Damit ergibt sich eine Parameterdarstellung der Ebene: $\vec{x} = \overrightarrow{OA} + r\overrightarrow{AB} + s\overrightarrow{AC}$ $\vec{x} = \begin{pmatrix} 15 \\ 0 \\ 0 \end{pmatrix} + r\begin{pmatrix} 0-15 \\ 12-0 \\ 0 \end{pmatrix} + s\begin{pmatrix} 0-15 \\ 0 \\ 10 \end{pmatrix}$	Die Spannvektoren können vor ihrer Berechnung eingebaut werden. 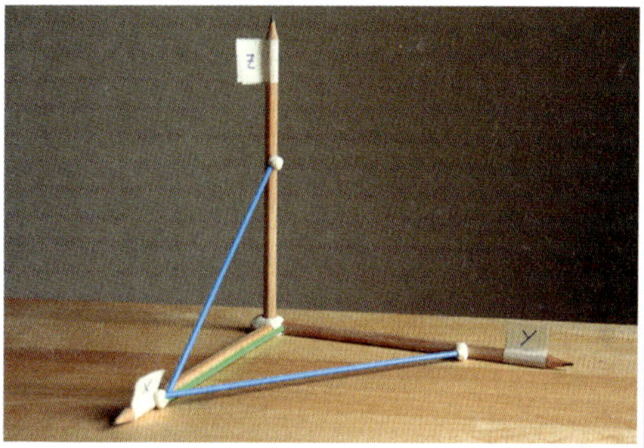
Für den Spannvektor $\overrightarrow{AB}$ gilt: $\overrightarrow{AB} = \begin{pmatrix} -15 \\ 12 \\ 0 \end{pmatrix} = \frac{1}{3}\begin{pmatrix} -5 \\ 4 \\ 0 \end{pmatrix}$	Entsprechend wird der Spannvektor $\overrightarrow{AB}$ gekürzt: 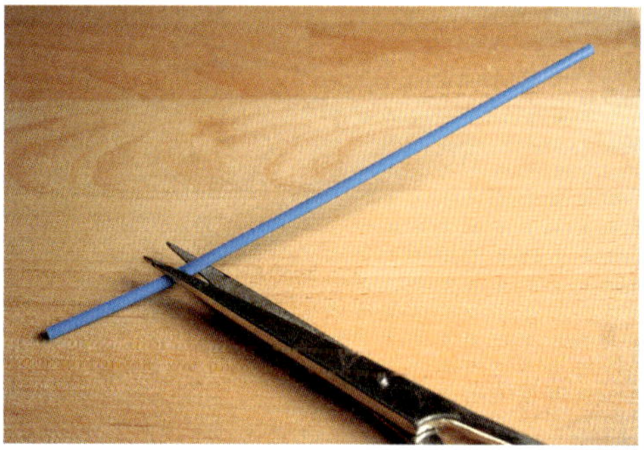

Analog wird der andere Spannvektor um den Faktor 5 gekürzt. Die neue Parameterform lautet:

$$E: \vec{x} = \begin{pmatrix} 15 \\ 0 \\ 0 \end{pmatrix} + r^* \begin{pmatrix} -5 \\ 4 \\ 0 \end{pmatrix} + s^* \begin{pmatrix} -3 \\ 0 \\ 2 \end{pmatrix}$$

b.) Von einer Parameterform zu einer Normalenform

Für die Normalenform wird ein **Normalenvektor** z. B. mit dem Kreuzprodukt berechnet.

$$\vec{n} = \begin{pmatrix} -5 \\ 4 \\ 0 \end{pmatrix} \cdot \begin{pmatrix} -3 \\ 0 \\ 2 \end{pmatrix} = \begin{pmatrix} 8 \\ 10 \\ 12 \end{pmatrix} = 2 \cdot \begin{pmatrix} 4 \\ 5 \\ 6 \end{pmatrix}$$

Er steht senkrecht auf beiden Spannvektoren.
Wir kürzen den Normalenvektor um den Faktor 2. Für das Modell berechnen wir die Länge:

$$|\vec{n}| = \left| \begin{pmatrix} 4 \\ 5 \\ 6 \end{pmatrix} \right| = \sqrt{4^2 + 5^2 + 6^2} \approx 8{,}77$$

Für die Normalenform ergibt sich:

$$(\vec{x} - \vec{p}) \cdot \vec{n} = 0$$

$$\left(\begin{pmatrix} x \\ y \\ z \end{pmatrix} - \begin{pmatrix} 15 \\ 0 \\ 0 \end{pmatrix} \right) \cdot \begin{pmatrix} 4 \\ 5 \\ 6 \end{pmatrix} = 0$$

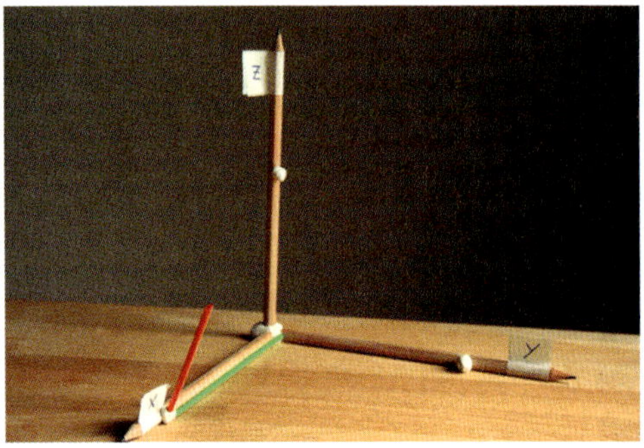

c.) Von der Normalenform wieder zu einer Koordinatengleichung

Die Normalenform wird ausmultipliziert:

$$\left(\begin{pmatrix} x \\ y \\ z \end{pmatrix} - \begin{pmatrix} 15 \\ 0 \\ 0 \end{pmatrix}\right) \cdot \begin{pmatrix} 4 \\ 5 \\ 6 \end{pmatrix} = 0$$

$$\begin{pmatrix} x \\ y \\ z \end{pmatrix} \cdot \begin{pmatrix} 4 \\ 5 \\ 6 \end{pmatrix} = \begin{pmatrix} 15 \\ 0 \\ 0 \end{pmatrix} \cdot \begin{pmatrix} 4 \\ 5 \\ 6 \end{pmatrix}$$

$$4x + 5y + 6z = 60$$

Zur Darstellung ziehen wir durch die Spurpunkte die entsprechenden **Spurgeraden**.

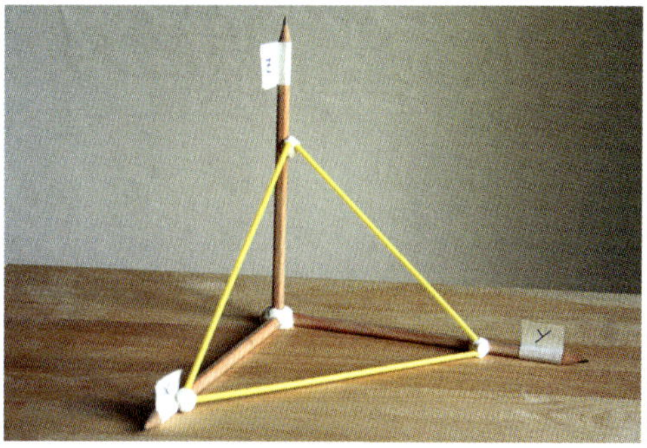

Alternativen

Statt streng die Farbkodierung vorzugeben, kann „nur“ eine exakte Darstellung der aktuellen Rechnung verlangt werden. Jeder Rechenschritt soll synchron auch dargestellt werden. Als Material stellen Sie Knete und Strohhalme unterschiedlicher Farbe zur Verfügung. Wie die einzelnen Schülergruppen damit die grafische Interpretation umsetzen, bleibt ihnen überlassen.

Im Bild wurden zwei Tischkanten als Achsen gedeutet, und mit einem roten Strohhalm wurde die z-Achse markiert. Die Spurgeraden sind hier grün.

Zentral bei dieser Übung ist, dass dem Schüler zuvor bewusst ist, warum er alles nachbauen soll. Unter Umständen empfindet er sonst das Modellieren mit Knete und Strohhalmen als Bürde. Und damit ist die Qualität der Übung dahin!

Die Koordinatengleichung $4x + 5y + 6z = 60$ wurde gewählt, weil die zugehörige Ebene flach genug im Raum liegt und so die Strohhalme nicht beliebig lang werden. Alternativ können die Schüler selbst die Spurpunkte setzen. Wenn sie nach der Parameter- und Normalenform wieder zu ihrer ursprünglichen, von ihnen gewählten Koordinatengleichung zurückgefunden haben, dann hat die Gruppe vermutlich alles richtig gemacht.

Erweiterte Aufgabenstellungen

Punkt an Ebene spiegeln

1.) Eine hübsche Übung besteht darin, einen Punkt an einer Ebene zu spiegeln. Sei E wieder die Ebene $4x + 5y + 6z = 60$. Ein Punkt R wird durch seinen **Ortsvektor** mit einem grünen Strohhalm dargestellt. Die Koordinaten des Spiegelpunktes R' werden zuerst mit Hilfe des Modells abgeschätzt, dann folgt die Rechnung. Alle gedanklichen Konstruktionen (z. B. Lotgerade, Fußpunkt) werden synchron zur Rechnung modelliert.

Gerade an Ebene spiegeln

2.) Ebenso kann vom Lehrer (oder Schüler) eine Gerade vorgegeben werden, die gespiegelt werden soll.

3.) Zwei Schüler legen je eine Ebene durch Vergabe von Spurpunkten fest. Dabei erhält jeder eine andere Farbe. Zuerst überlegen sich die Schüler die Schnittgerade am Modell und berechnen diese anschließend.

Modell liefert Probe

Belohnung durch die Realität

Bemerkung: Bei allen Aufgaben liefert das Modell eine Art Probe. Wenn die geometrische Interpretation nicht zur Rechnung passt, muss eines von beiden falsch sein! Wegen dieser Tatsache können die Schüler prinzipiell eigene Aufgaben erfinden, die sie selbst überprüfen können. Weiter ist in der Art der Aufgabenführung ein Belohnungsgedanke enthalten: Es ist einfach nett, wenn alles aufgeht und man versteht, dass die jeweilige Gleichung direkt das Modell beschreibt. Man beachte die Korrespondenz: Die einzelnen Gleichungen werden durch Geraden bzw. Ebenen dargestellt. Das Modellieren an sich, also das zeitliche Gestalten, zeigt den Lösungsweg.

Heftaufschrieb

Heftaufschrieb

Der Zusammenhang zwischen abstrakten Rechenoperationen und konkretem Bauen kann in einem geeigneten Heftaufschrieb festgehalten werden. Hierzu wird die Heftseite zweigeteilt: In die linke Spalte kommt die analytische Rechnung, in die rechte die entsprechende Visualisierung (vgl. auch Abschnitt 12.9).

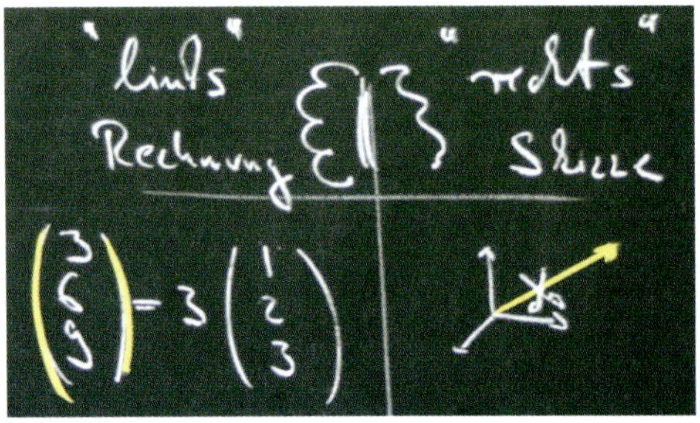

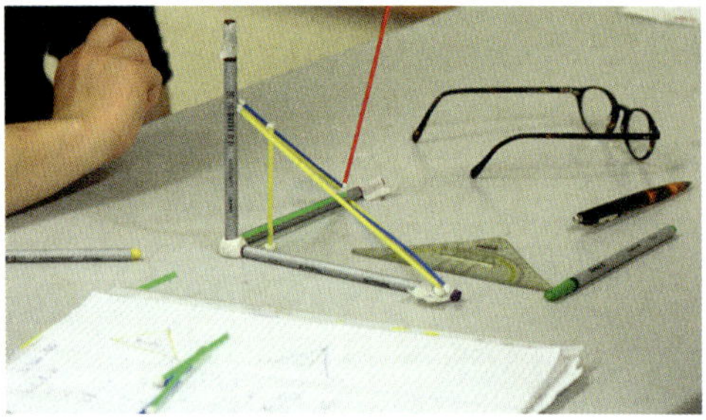

Literatur

BAUER, Joachim: Schmerzgrenze. Vom Ursprung alltäglicher und globaler Gewalt. Karl Blessing Verlag, München, 3. Auflage 2011

BAUER, Joachim: Warum ich fühle, was du fühlst. Heyne Verlag, München, 14. Auflage 2009

BAUER, Joachim: Prinzip Menschlichkeit. Heyne Verlag, München, 5. Auflage 2008

BERGHAUS, Margot: Luhmann leicht gemacht. Böhlau Verlag, Köln Weimar Wien, 3. Auflage 2011

BEUTELSPACHER, Albrecht: „In Mathe war ich immer schlecht ...“. Vieweg+Teubner, Wiesbaden, 5. Auflage 2009

BROOK, Peter: Der leere Raum. Alexander Verlag Berlin, 8. Auflage 2004

Burger, Dionys: Silvestergespräche eines Sechsecks. Aulis Verlag Deubner, Köln, 9. Auflage 2006

DÖRNER, Dietrich: Die Logik des Misslingens. Rowohlt Taschenbuch Verlag, Reinbek bei Hamburg, 13. Auflage 2000

ELSCHENBROICH, Donata: Weltwunder. Verlag Antje Kunstmann, München 2005

ENZENSBERGER, Hans / BERNER, Rotraut: Der Zahlenteufel. dtv 1999

FOERSTER, Heinz von: Wissen und Gewissen. Suhrkamp Verlag Frankfurt am Main, 9. Auflage 2015

GRELL, Jochen: Techniken des Lehrerverhaltens. Beltz Verlag, Weinheim und Basel, 15. Auflage (Nachdruck) 2001

KLIPPERT, Heinz: Kommunikationstraining. Beltz Verlag, Weinheim und Basel, 11. Auflage 2006

KLIPPERT, Heinz: Teamentwicklung im Klassenraum. Beltz Verlag, Weinheim und Basel, 6. Auflage 2002

KRAMER, Martin: Schule ist Theater. Schneider Verlag Hohengehren, Esslingen am Neckar 2008

LUHMANN, Niklas: Soziale Systeme. Grundriß einer allgemeinen Theorie. Suhrkamp Verlag Frankfurt am Main, 2012 (1987)

PEITGEN, Heinz-Otto / JÜRGENS, Hartmut / SAUPE, Dietmar: Bausteine des Chaos – Fraktale. Klett-Cotta / Springer-Verlag, Stuttgart, 1992, Nachdruck 2012

PETERSSEN, Wilhelm H.: Kleines Methoden-Lexikon. Oldenbourg Schulbuchverlag, München, 3. Auflage 2009

PRIOR, Manfred: MiniMax-Interventionen. Carl-Auer Verlag, Heidelberg, 12. Auflage 2015

SCHLEY, Winfried: Teamkooperation und Teamentwicklung in der Schule. In: Altrichter, H. / Schley, W. / Schratz, M. (Hrsg.): Handbuch zur Schulentwicklung. Studien Verlag Innsbruck/Wien 1998

SCHULZ VON THUN, Friedemann: Miteinander reden. Bd. 3: Das „Innere Team“ und situationsgerechte Kommunikation. Rowohlt Taschenbuch Verlag, Reinbek bei Hamburg, 19. Auflage 2010

SIMON, Fritz B.: Einführung in Systemtheorie und Konstruktivismus. Carl-Auer Verlag, Heidelberg, 7. Auflage 2015

SINGH, Simon: Fermats letzter Satz. Die abenteuerliche Geschichte eines mathematischen Rätsels. dtv Verlag, München, 18. Auflage 2015

Spektrum der Wissenschaft Dossier: Mathematische Unterhaltungen, 02/2002; Mathematische Unterhaltungen II, 02/2003; Mathematische Unterhaltungen III, 02/2004. Spektrumverlag Heidelberg

SPITZER, Manfred: Geist im Netz. Modelle für Lernen, Denken und Handeln. Spektrum Akademischer Verlag, Heidelberg, 6. Auflage 2008

SPITZER, Manfred: Lernen. Gehirnforschung und die Schule des Lebens. Spektrum Akademischer Verlag, Heidelberg, 8. Auflage 2009

SPITZER, Manfred: Medizin für die Bildung. Ein Weg aus der Krise. Spektrum Akademischer Verlag, Heidelberg 2010

WELLHÖFER, Peter R.: Gruppendynamik und soziales Lernen. UVK/Lucius, München, 4. Auflage 2012

Sachverzeichnis

Gestalter des Unterrichts

MARTIN KRAMER

Teamwork, Empathie, unabhängiges Denken

Was Schüler für morgen brauchen und wie es sich heute unterichten lässt

16,5 x 24 cm, 296 Seiten in Farbe, Hardcover

ISBN 978-3-7727-1508-2

Wie würde Ihnen das gefallen: Schülerinnen und Schüler erstellen die Klausur und korrigieren diese anschließend selbst? Dabei sind sie glücklicher, lernen mehr und nachhaltiger, als wenn Sie als Lehrkraft diese Aufgaben übernehmen.
Das ist kein Traum, sondern das Ergebnis systemischer und kommunikativer Überlegungen.

In dieser Praxiseinführung zu systemischen Denken und Handeln geht Martin Kramer durch die wichtigen Bereiche des Unterrichts und macht konkrete Vorschläge, wie Schülerinnen und Schüler eine Klassenarbeit erstellen, die bestmöglichste Sitzordnung finden, Übungsstunden selbstständig gestalten, sich untereinander regelmäßig Feedback geben und vieles mehr.
Mit dem Ansatz einer positiven Pädagogik gestalten Schüler aktiv den Unterricht und erleben so Selbstwirksamkeit.

Fachbuch

Stand 2024